中等职业教育课程改革规划新教材

电机及其应用

主　编　葛永国
副主编　程　鹏
参　编　姚锦卫　付丽芬　朱玉冉
　　　　王会东　张顺新

机械工业出版社

本书为理论与实践一体化教材。通过对机电类专业岗位群所需知识与技能进行分析，将培养学生的操作技能的实训穿插于基本理论知识的讲述过程中，体现“做中学、学中做”的职业教育特色，意在培养学生的学习兴趣，为其毕业后顺利就业打下基础，同时培养学生主动探索知识、理论联系实际的良好习惯。

全书共分9章，包括：直流电机的结构和原理；直流电机的特性与应用；三相异步电动机的结构和原理；三相异步电动机的特性与应用；三相异步电动机的运行维护与故障检修；单相异步电动机；电力拖动系统中一些问题的讨论；三相同步电机及其他电机简介；变压器应用与维修。每章以“学习目标”概括全章内容，使读者一目了然；每节及实训后有思考与分析，以利于学生总结与深化。

本书可作为职业院校的机械、数控、机电技术应用、电工电子等专业的教材，也可作为维修电工考证培训用书或在岗人员的自学用书。

为了方便教学，本书配有电子教案，供选本书作为教材的单位免费索取，可登录 www.cmpedu.com 下载。

图书在版编目(CIP)数据

电机及其应用/葛永国主编. —北京：机械工业出版社，2009.8（2024.7重印）
中等职业教育课程改革规划新教材
ISBN 978-7-111-27912-9

Ⅰ.电… Ⅱ.葛… Ⅲ.电机学—教材 Ⅳ.TM3

中国版本图书馆CIP数据核字(2009)第130740号

机械工业出版社(北京市百万庄大街22号 邮政编码100037)
策划编辑：王 娟 责任编辑：郑振刚 责任校对：樊钟英
封面设计：马精明 责任印制：常天培
北京中科印刷有限公司印刷
2024年7月第1版第9次印刷
184mm×260mm · 13印张 · 315千字
标准书号：ISBN 978-7-111-27912-9
定价：28.00元

电话服务 网络服务
客服电话：010-88361066 机 工 官 网：www.cmpbook.com
010-88379833 机 工 官 博：weibo.com/cmp1952
010-68326294 金 书 网：www.golden-book.com

 机工教育服务网：www.cmpedu.com

前　　言

本书是依据《教育部关于进一步深化中等职业教育教学改革的若干意见》等教育部文件编写的。在编写过程中，借鉴最近颁布的《教育部关于印发中等职业学校机械制图等9门大类专业基础课程教学大纲的通知》的指导精神，坚持“做中学、做中教”，积极探索理论和实践相结合的教学模式，突出职业教育特色，强化学生的实践能力和职业技能培养，提高学生的实际动手能力，实现了理论与实践一体化。

“电机及其应用”是中等职业学校机电类专业的一门重要的专业课程，理论要求较高，往往难以引起学生的学习兴趣。基于以上情况，本书尽量简化理论，注重基础知识的应用，并将与生产生活实际紧密结合的实训项目穿插在理论知识的学习过程中，让学生参与实践，感受到动手做的乐趣，主动去探索知识，掌握职业技能，为其以后走向工作岗位打下基础。实训项目实现容易，所用器材便宜、常见，同时加入了职业资格证书考核内容，具有很强的实用性和可操作性。每个实训项目后，结合实训内容设有思考与分析，以培养学生解决实际问题、学以致用的能力，利于学生职业生涯的可持续发展。

全书共分9章，每章以“学习目标”概括全章内容，使读者对本章内容及要求一目了然；每节及实训后有思考与分析，方便学生总结与深化，培养学生解决实际问题的能力；所涉及的电机包括直流电机、三相异步电动机、单相异步电动机、三相同步电机、无刷直流电动机、步进电动机、伺服电动机和单相串励电动机；最后一章对变压器的应用与维修进行了简单介绍。

本书参考学时约为80学时，各个学校可根据自己的专业方向，选讲有关内容。授课过程中，要以问题引导学生，让学生独立完成实训项目。

本书由葛永国任主编，程鹏任副主编，葛永国编写了第1、8章，程鹏编写了第3章，朱玉冉编写了第4章，姚锦卫编写了第7、9章，付丽芬编写了第6章，王会东编写了第5章，张顺新编写了第2章。

编者在编写过程中参考了大量参考资料，在此向这些资料的所有著作者表示感谢！

由于编者水平有限，书中难免有不妥或错漏之处，恳请读者批评指正。

编者

目　录

前言

第 1 章　直流电机的结构和原理 …… 1

1.1　直流电动机的基本工作原理 …… 1

实训　单线圈直流电动机的制作与测试 …… 3

1.2　永磁式直流电动机的结构和原理 …… 6

实训　玩具电动机的拆卸及发电实验 …… 7

1.3　电磁式直流电机的结构、分类与铭牌 …… 13

1.4　电枢反应和改善换向的方法 …… 20

实训　电刷中性面位置的确定 …… 22

第 2 章　直流电机的特性与应用 …… 24

2.1　直流电动机的机械特性 …… 24

2.2　直流电动机的起动、反转和调速 …… 29

实训 1　他励直流电动机的起动、调速和反转 …… 32

实训 2　积复励直流电动机的正确连接 …… 33

2.3　直流电动机的制动 …… 34

2.4　直流发电机 …… 39

实训 1　他励直流发电机电压的建立与特性测试 …… 41

实训 2　并励直流发电机电压的建立与特性测试 …… 43

实训 3　积复励、差复励直流发电机的判别与特性测试 …… 44

实训 4　并励直流电动机调速特性测试和能耗制动 …… 44

第 3 章　三相异步电动机的结构和原理 …… 47

3.1　三相异步电动机的基本工作原理 …… 47

3.2　三相异步电动机的基本结构与分类 …… 51

实训　三相笼型异步电动机的拆装与通电试车 …… 53

3.3　三相异步电动机的铭牌 …… 58

3.4　定子绕组的分类及展开图的绘制 …… 62

实训　三相对称绕组展开图的绘制 …… 63

第 4 章　三相异步电动机的特性与应用 …… 72

4.1　三相异步电动机的机械特性和工作特性 …… 72

4.2　三相异步电动机的起动 …… 76

实训　三相异步电动机起动电流的测量 …… 82

4.3　三相异步电动机的反转和制动 …… 83

4.4　三相异步电动机的调速 …… 88

实训　三相异步电动机额定转速的判断 …… 94

第 5 章　三相异步电动机的运行维护与故障检修 …… 95

5.1　三相异步电动机的正常维护 …… 95

实训　三相异步电动机运行监视与记录 …… 99

5.2　电动机故障判断与排除方法 …… 99

实训 1　三相异步电动机定子绕组首尾端的判别 …… 102

实训 2　双刀闸控制的缺相保护电路设计 …… 103

5.3　电动机常见故障的检修 …… 105

5.4　三相异步电动机定子绕组拆换工艺及测试 …… 110

第 6 章　单相异步电动机 …… 116

6.1　单相异步电动机的脉振磁场与自起动原理 …… 116

6.2　单相异步电动机的结构 …… 118

6.3　单相异步电动机定子绕组布线方法 …… 122

6.4　单相异步电动机的机械特性与控制 …… 127

实训　三相异步电动机改接成单相异步电动机使用 …… 131

6.5　单相异步电动机的故障及排除方法 …… 132

6.6　单相异步电动机的检修 …… 134

实训 1　离心开关的检修 …… 134

实训 2　电容器的检修 …… 135
实训 3　单相绕组匝间短路的检修 …… 136
实训 4　单相定子绕组手绕法和束绕法重绕工艺 …… 137
第 7 章　电力拖动系统中一些问题的讨论 …… 140
7.1　生产机械的负载特性 …… 140
7.2　电力拖动系统运行的稳定性 …… 143
7.3　电动机调速时的功率和转矩问题 …… 147
7.4　传动机构的作用 …… 150
7.5　电动机的发热与工作方式 …… 154
7.6　电动机的选择 …… 157
第 8 章　三相同步电机及其他电机简介 …… 160
8.1　三相同步电机 …… 160
8.2　无刷直流电动机 …… 165
8.3　步进电动机 …… 169
8.4　伺服电动机 …… 176
8.5　单相串励电动机 …… 180
第 9 章　变压器应用与维修 …… 183
9.1　变压器的基本原理与结构 …… 183
9.2　变压器的运行特性 …… 186
9.3　三相电力变压器 …… 188
9.4　自耦变压器和仪用互感器 …… 191
9.5　小型变压器的故障与修理 …… 193
实训 1　小型变压器的修理 …… 194
实训 2　变压器绕组同名端的判定 …… 197
参考文献 …… 199

第 1 章　直流电机的结构和原理

学习目标

1. 掌握直流电动机的基本工作原理。
2. 能够制作单线圈直流电动机，并会通电测试。
3. 能够拆卸玩具电动机，并说出其结构及各部分名称。
4. 理解玩具电动机的旋转原理和可逆原理。
5. 会画玩具电动机电枢绕组的展开图。
6. 能够描述直流电动机的结构和分类。
7. 理解直流电动机铭牌数据的含义。
8. 了解电枢反应，掌握改善换向的方法。
9. 能够正确调整电刷的位置。

直流电机是将直流电能与机械能相互转换的装置。它可用作直流发电机或直流电动机：直流发电机将机械能转变为电能，为负载供电；直流电动机将直流电能转换为机械能，用以拖动负载工作。直流电机的功率大小和用途虽然不同，但其基本结构和原理大体都是相同的。

1.1　直流电动机的基本工作原理

包括直流电机在内的一切旋转电机，实际上都是依据两条基本原则制造的：一条是导线切割磁力线运动产生感应电动势；另一条是载流导体在磁场中会受到电磁力的作用。

1.1.1　两条定则和两条定律

1. 左手定则与右手定则　左手定则也称“电动机定则”，如图 1-1a 所示。它是判断通电导体在磁场中受力方向的定则。判断方法是：伸开左手，使拇指与其余四指垂直，并都与手掌在同一平面上；设想将左手放入磁场中，使磁力线垂直穿过手心，除拇指外的其余四指指向电流方向，这时拇指所指的方向就是磁场对电流作用力（电磁力）的方向。

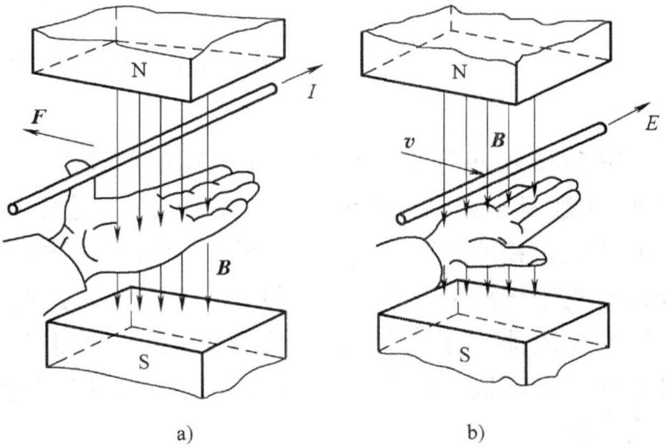

图 1-1　左手定则与右手定则

a）左手定则　b）右手定则

右手定则也称“发电机定则”，如图 1-1b 所示。它是判断导体在磁场中运动时导体中感应电动势方向的定则。判断方法是：伸开右手，使拇指与其余四指垂直，并都和手掌在同一平面上；设想将右手放入磁场中，让磁力线垂直穿过手心，使拇指指向导体运动的方向，这时其余四指所指的方向就是感应电动势的方向。

2. 电磁力定律　载流导体在磁场中将会受到力的作用，若磁场与载流导体互相垂直（见图1-1a），则作用在导体上的电磁力大小为

$$F = BIl \tag{1-1}$$

式中　F——电磁力(N)；

B——磁感应强度(T)；

I——导体中的电流(A)；

l——导体的有效长度(m)。

3. 电磁感应定律　在磁场中切割磁力线运动的导体将会产生感应电动势，若磁场、导体和导体的运动方向三者互相垂直（见图1-1b），则导体中产生的感应电动势大小为

$$E = Blv \tag{1-2}$$

式中　E——感应电动势(V)；

B——磁感应强度(T)；

l——导体有效长度(m)；

v——导体运动速度(m/s)。

1.1.2　直流电动机的工作原理

1. 电磁转矩的产生　现在用图1-2所示直流电动机的物理模型来分析电磁转矩产生的过程。

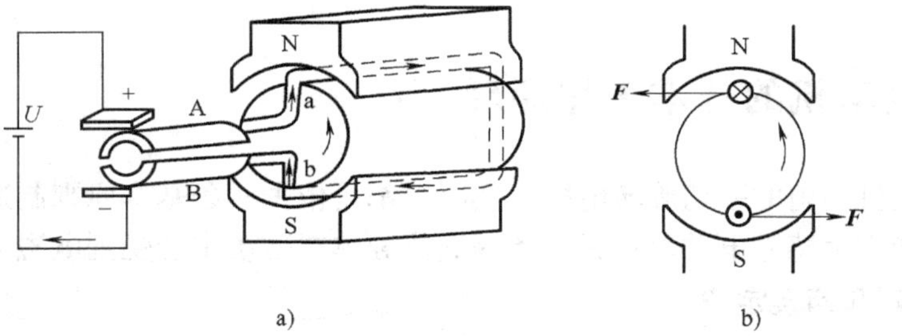

图1-2　最简单的直流电动机的物理模型

a）简化模型　b）截面图

图1-2a所示为最简单的直流电动机的模型，N和S是一对固定的磁极（称为主极或主磁极，一般是电磁铁，也可以是永久磁铁）。磁极之间有一个可以转动的铁质圆柱体，称为电枢铁心。铁心表面固定着一个用a和b两根绝缘导体构成的电枢线圈，线圈的两端分别接到相互绝缘的两个圆弧形铜片A和B上。这两个圆弧形铜片称为换向片，它们的组合体称为换向器。在换向器上放置着固定不动而且与换向片滑动接触的电刷，线圈通过换向器和电刷接通外电路。电枢铁心、电枢线圈和换向器构成的整体称为直流电动机的转子或电枢。

当接通电源U时，直流电流将从a边流入，b边流出，由电磁力定律可知线圈a边和b边将受到一对大小相等、方向相反的电磁力的作用，其方向由左手定则确定。由于这对电磁

力不在一条直线上，因此它们将形成一个转矩，使电动机的转子沿逆时针方向加速旋转。这个转矩是由电磁力产生的，称为电磁转矩。

由于换向片随转子一起转动，当线圈转到水平位置时（两磁极中间，即磁极的几何中性线上），换向器与电源断开，线圈中没有电流流过，此时线圈不会受到电磁转矩的作用，但因惯性，电枢会继续旋转。当线圈 a 边旋转至 S 极附近，b 边旋转至 N 极附近时，电枢线圈中的直流电流将改变方向。此时，电流从 a 边流出，b 边流入，而电磁力和电磁转矩的方向不变，这就保证了转子能连续转动。可见，电枢线圈 ab 每旋转半圈，其中的直流电流就改变一次方向，相当于接入的是交流电。这正是换向器产生的效果。

由此可知，要使电枢受到一个方向不变的电磁转矩的作用，关键在于当线圈边在不同极性磁极下时，如何将线圈中的电流方向及时地加以变换，即进行所谓“换向”。为此必须增添一个称为换向器的装置，配合电刷使用以保证每个极下线圈边中的电流始终是一个方向，电动机就能连续旋转了。这就是直流电动机的转动原理。

2. 恒定转矩的产生　由于主极磁场在空间上近似于正弦分布，只有一个线圈的直流电动机产生的电磁转矩是脉动的，如图 1-3a 所示。当线圈处在主磁极磁场轴线上时，转矩最大；线圈位于相邻主磁极之间时，电磁转矩为零。如果使用两组电枢线圈，让它们在空间上垂直相交（相互角度成 90°）并串联，换向片增加到 4 片，则转矩波形如图 1-3b 所示。

实际的直流电动机，电枢四周上均匀地嵌放许多线圈，相应地，换向器由许多换向片组成，使电枢线圈所产生的总电磁转矩足够大并且比较均匀，电动机的转速也就比较均匀。

3. 直流电动机的运行过程　直流电动机与电源接通后，运行过程如图 1-4 所示。电枢电流 I_a 流过导体产生电磁转矩 T，克服负载转矩 T_L 和空载转矩 T_0，从而驱动电枢旋转。电磁转矩是原动转矩，其方向决定着电动机的转向。同时，转动的电枢导体在磁场中切割磁力线会产生感应电动势 E_a，其方向与电流方向相反，是反电动势，外电源电压克服反电动势送入电流而做功，从而将电能转换成机械能。直流电动机稳定运行时的转矩平衡方程式为

$$T = T_L + T_0 \tag{1-3}$$

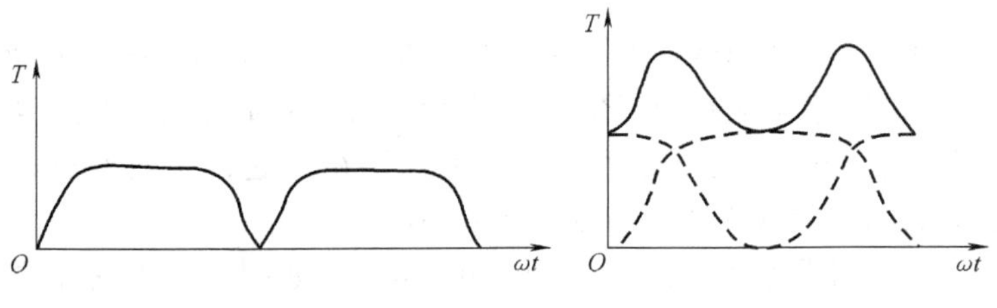

a)　b)

图 1-3　直流电动机的脉动转矩

a）一个线圈时　b）两个线圈串联时

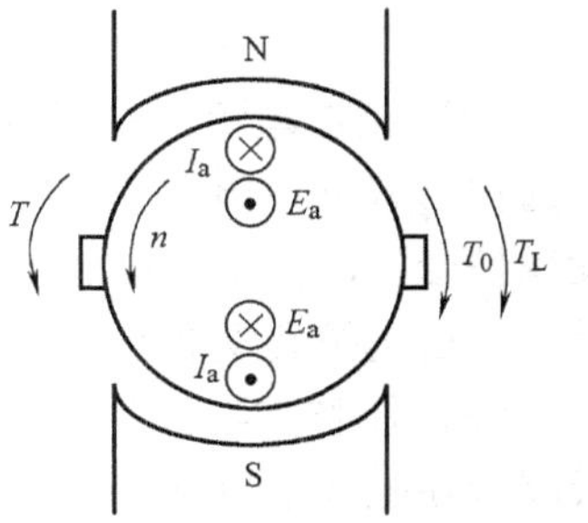

图 1-4　直流电动机的运行过程

实训　单线圈直流电动机的制作与测试

1. 实训目的　通过亲身制作与测试，了解直流电动机的基本结构，理解换向器的作用和原理，掌握电动机的起动与运行情况。制作完成的单线圈直流电动机如图 1-5 所示。

2. 材料与工具　所需材料与工具如图 1-6 所示。

（1）材料：8cm×12cm 木板一块、直径为 1mm 的漆包线 1m、5 号电池夹 1 个、鳄鱼夹 2 个、曲别针 2 个、小螺钉 2 个、磁铁 1 块、双面胶若干。

（2）工具：万用表、电烙铁、螺钉旋具、尖嘴钳、斜口钳、壁纸刀。

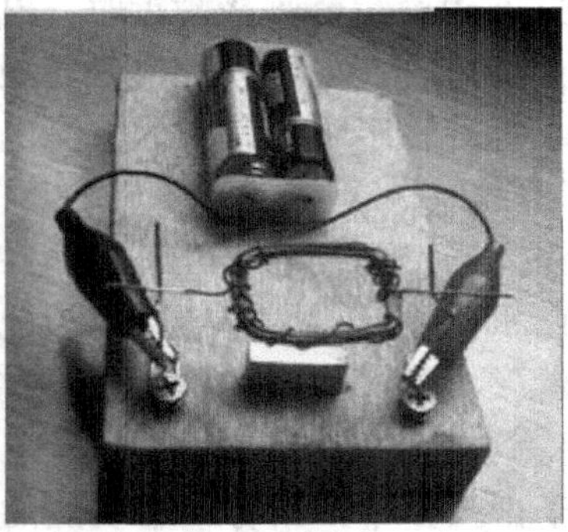

图 1-5　制作完成的单线圈直流电动机

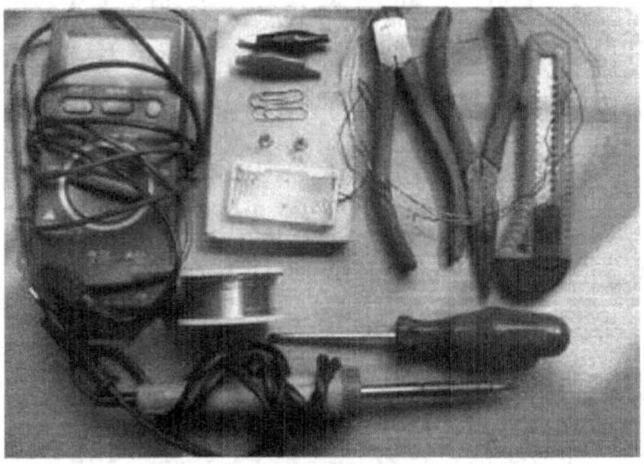

图 1-6　所需材料与工具

3. 制作步骤

（1）绕制线圈：带上手套，用手把漆包线抻直，如图 1-7a 所示，注意不要弄伤手。如果磁体是长方形的，可以在一个小木条上绕出长方形的线圈，如图 1-7b 所示；如果磁铁是圆形的，则绕制成圆形线圈好一些。漆包线两头各剩 10cm 左右时把线圈取下，然后用两头分别把线圈缠紧，只留 2～3cm 就可以了，如图 1-7c 所示。

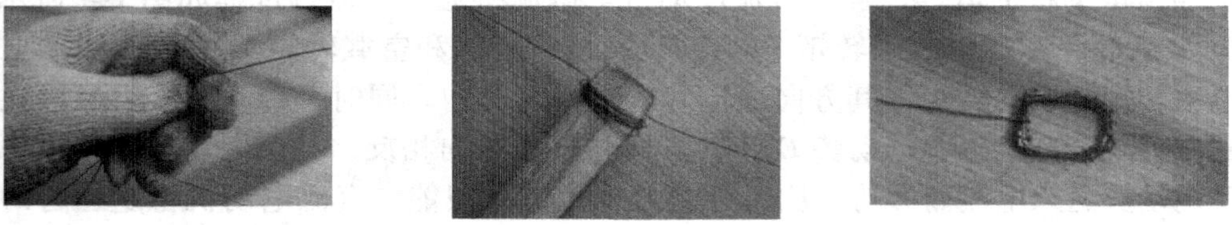

a)　b)　c)

图 1-7　线圈绕制

a）抻直　b）绕制　c）整形

（2）制作电源：先用斜口钳把电池夹上的导线绝缘层剥掉，如图 1-8a 所示；把鳄鱼夹上的护套取下，预先套在导线上(注意颜色相配)，如图 1-8b 所示，否则有时候焊接完了才发现护套没法上了；然后将剥去绝缘层的电池夹，导线与鳄鱼夹焊接在一起，如图 1-8c 所示；最后把护套安装在鳄鱼夹上，电源部分就完成了，如图 1-8d 所示。

（3）制作支架：用尖嘴钳分步骤把曲别针弯成图片最下端的样子，如图 1-9a 所示；把线圈套在磁体上以确定支架的位置，并用螺钉固定结实，如图 1-9b 所示；确定支架的高度，要求线圈尽量贴近下面的磁铁又不发生刮碰，如图 1-9c 所示；在支架确定好的位置处用尖嘴钳弯一下，支架就做好了，放上线圈，如果位置不合适再作进一步的调整，如图 1-9d 所示。

（4）刮绝缘漆：用壁纸刀刮掉线圈与支架接触位置上漆包线的绝缘漆，如图 1-10 所示。该处漆包线一端的绝缘漆全部去掉，另一端的绝缘漆只去掉与线圈平面垂直方向上的半个

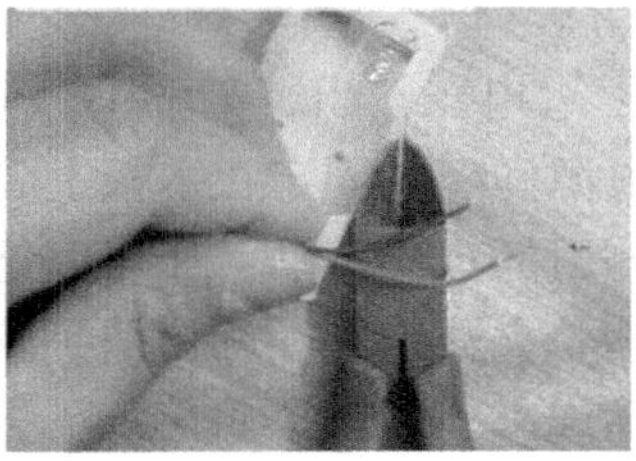
a)

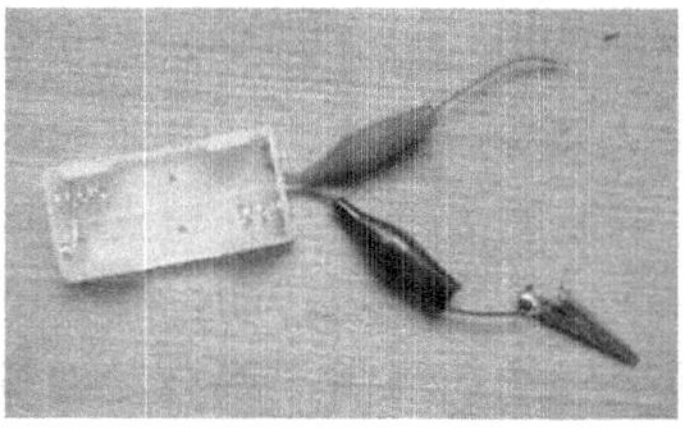
b)

c)

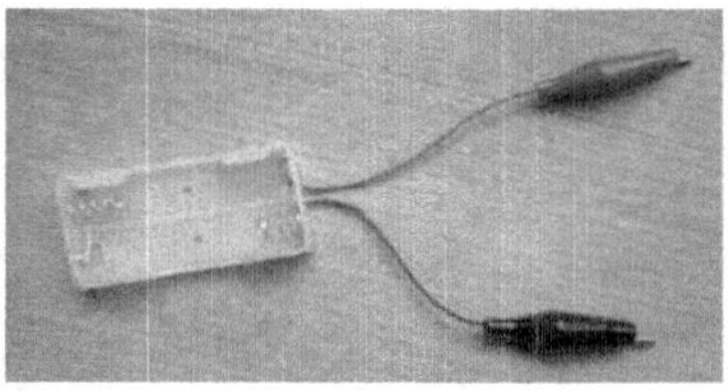
d)

图 1-8　电源制作过程

a）剥线头　b）套上护套　c）焊接　d）装上护套

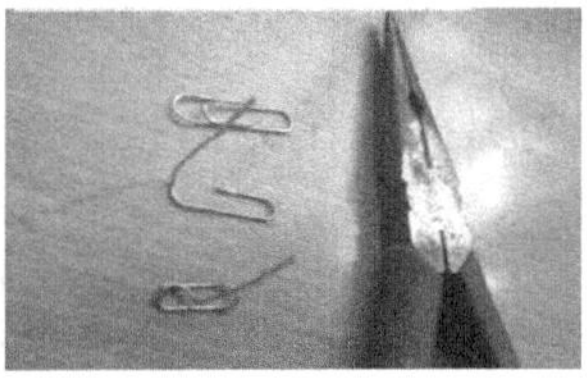
a)

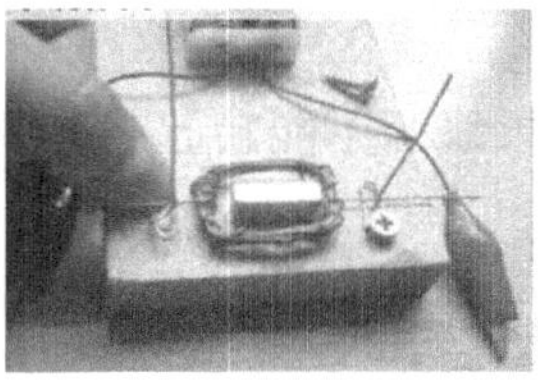
b)

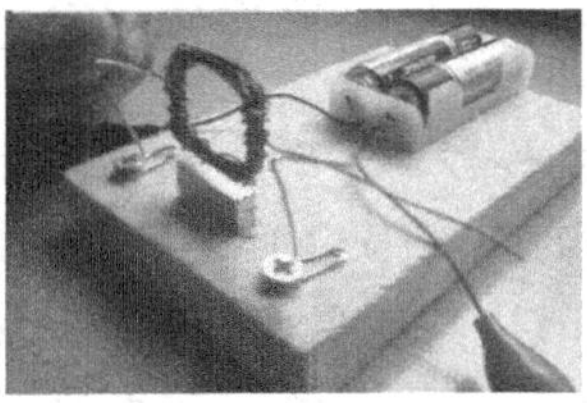
c)

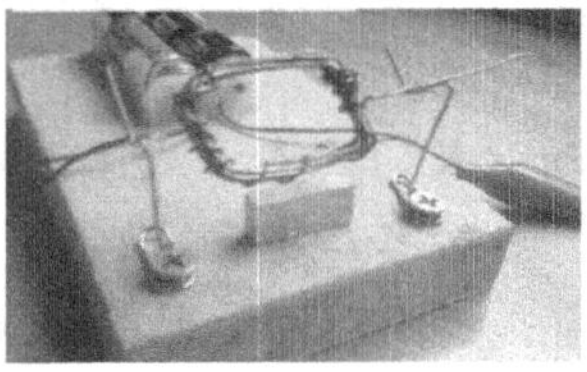
d)

图 1-9　线圈支架制作过程

a）曲别针　b）确定位置　c）确定高度　d）调整

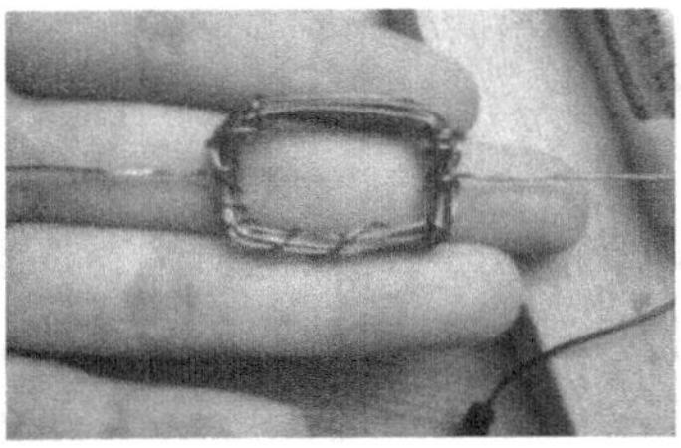
a)

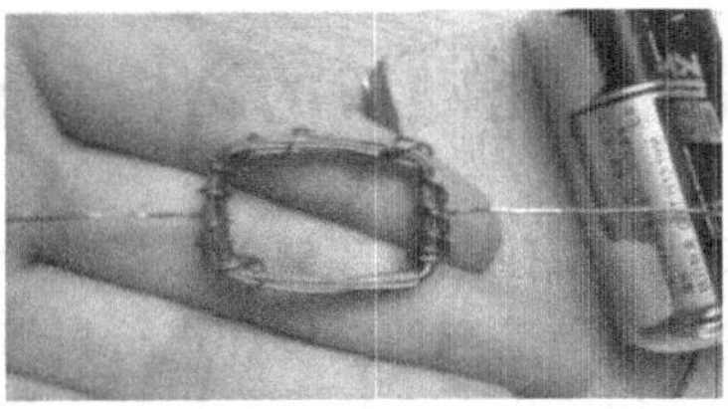
b)

图 1-10　刮绝缘漆的位置

a）左侧　b）左侧与右侧

面。认真比较图 1-10a 与图 1-10b，注意刮绝缘漆的位置。

4. 通电测试　装上电池，用万用表测量鳄鱼夹是否有电压输出，如图 1-11a 所示。万用表的显示结果应为两节 5 号电池的电压；用双面胶把电源和磁铁固定在木板上，线圈放在支架上，要求线圈去漆的部分与支架接触良好，轻轻一碰就能轻松转动，还可以把线圈两端的导线弯一下，防止线圈转动过程自己滑下来；把两个鳄鱼夹分别夹在两个曲别针做成的支架上，然后轻轻转动线圈，就会发现线圈自己轻快地转动起来，如图 1-11b 所示。如果电池是新的，就可能会觉得这个电动机转动之快超乎想象。

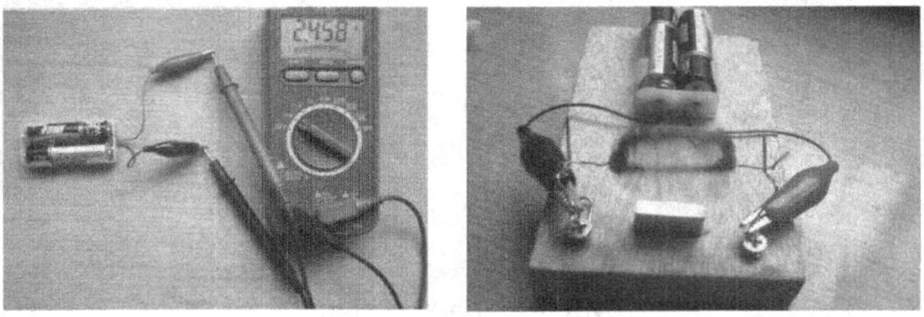

a)　　　　　　　　b)

图 1-11　通电测试

a）测电池电压　b）线圈通电旋转

① **注意**：如果线圈不能转起来，请尝试用手指向另外一个方向拨动线圈或掉转线圈的两端。

思考与分析

(1) 通电测试中可能出现的问题：线圈不转动；线圈转动快慢不均；线圈转动方向不固定。试分析为何原因。

(2) 影响转动效果的因素：线圈匝数多少；电池电压大小与电量；电池连接情况；永久磁铁磁场强弱；漆包线漆是否刮干净；半面漆刮的宽窄与位置；线圈与磁铁之间的距离；线圈形状是否平衡；线圈两边是否在轴线上；支架两边高度是否相同。试分析原因。

(3) 若有条件，在电路中串联电流表，或用稳压直流电源代替电池，观察线圈起动时和运行时电路中电流的大小和方向。改变电源电压，情况又怎样？进行分析总结。

(4) 线圈为什么有时需要用手拨一下才能转动？想想这种电动机能干什么用？要能实用还需要进行哪些改进？举例说明电动机在生产生活中的应用。

1.2　永磁式直流电动机的结构和原理

从结构上来看，任何电机都包括磁场部分和电路部分。直流电机运行时静止不动的部分称为定子，其主要作用是产生磁场和进行机械支撑；运行时转动的部分称为转子，其主要作用是产生电磁转矩和感应电动势，是直流电机进行能量转换的枢纽，所以通常又称为电枢。

定子产生磁场称为励磁，直流电动机根据其励磁方式不同，可分为永磁式和电磁式两种。所谓永磁式电动机，指定子磁场是由永久磁铁产生的；所谓电磁式电动机，就是在电动机的定子内放有励磁绕组，定子磁场是由励磁绕组通交流电流而产生的。

实训　玩具电动机的拆卸及发电实验

玩具电动机几乎都是小型永磁式有刷直流电动机，其外形如图 1-12 所示。这些电动机的基本结构完全相同，只是外形、定子磁极的形状和大小或转子的磁极数有所不同。从外部看，可以看到常用玩具电动机机体为钢结构，有一根轴、一个尼龙端盖和两个电池接线端子。

图 1-12　玩具电动机的外形

由于受到尺寸和成本的限制，玩具电动机的结构并不复杂，其分解图如图 1-13 所示。从图中可以看出，定子由外壳、定子磁极、端盖和电刷等组成；转子(也叫电枢)由转轴、叠片铁心、转子线圈和换向器等组成。

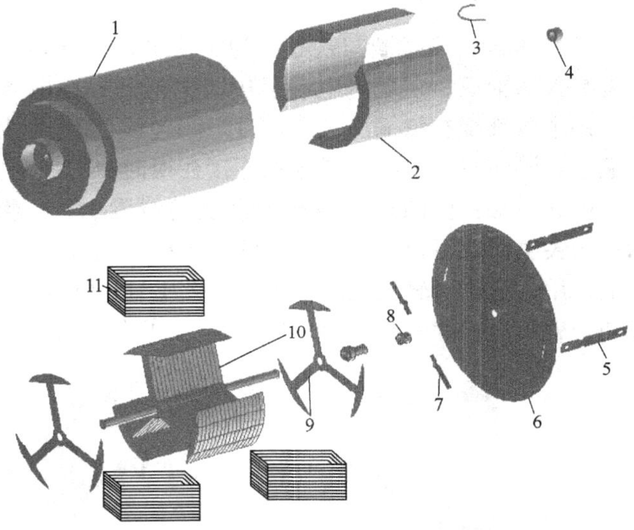

图 1-13　玩具电动机的分解图

1—外壳　2—定子磁极　3—磁极销　4—衬套　5—端子　6—端盖　7—电刷　8—换向器　9—绝缘片　10—叠片铁心　11—转子线圈

1. 拆卸步骤　拆卸玩具电动机不需要专门的技术和工具。然而，凡是经过拆卸的电动机，虽然可以再次组装，但是难以保证轴的安装精度，也很难恢复原有的特性。所以尽可能拆装那些废弃的电动机，拆卸步骤如下：

(1) 开启固定爪、取下端盖。玩具电动机的尼龙端盖由构成钢壳的两个爪固定，如图 1-14 所示。用修理钟表的一字形螺钉旋具一点一点地撬开，就可以松开端盖并将其卸下。在端盖的内部可以看到电动机的电刷，如图 1-15 所示。

图 1-14　固定爪位置

图 1-15　端盖内的电刷

(2) 取出转子。捏住转子轴并把转子从外壳中取出，转子如图 1-16 所示。随后将转子轴重新放进端盖的轴承中，可以看到转子、电刷及换向器，如图 1-17 所示。转子重新放入时注意先把两个电刷弯成孔状，避免安装时与换向器相碰。端盖上的电刷通过端子分别与电源正、负极相连接，电刷靠弹簧的压力紧压在换向器上。用手转动电动机轴，随着转子转动，电刷轮流接触每个换向片，将电池中的电能传输到电枢上。

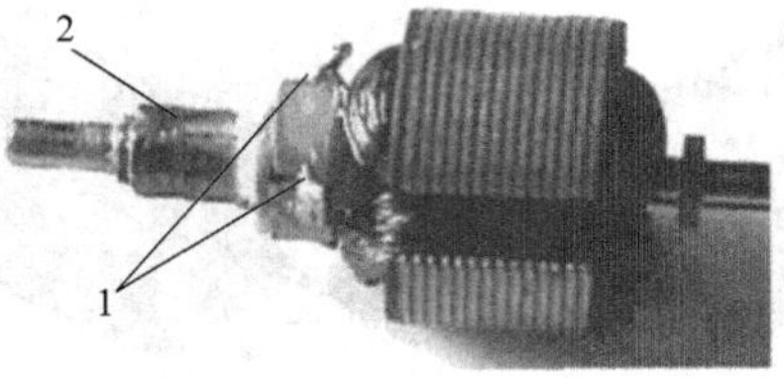

图 1-16　转子
1—电枢线圈终端　2—换向器

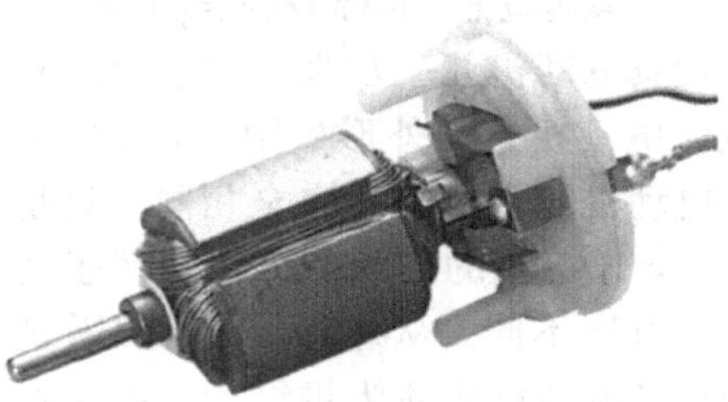

图 1-17　转子、电刷及换向器

（3）拆卸转子线圈与铁心。为了使电动机轴转动灵活，在电动机的外壳和端盖的中央都装有含油轴承。在玩具电动机中，电枢是一组电磁铁，电枢铁心是一组叠在一起的薄铁片，每个极都绕有细铜漆包线。每根漆包线（每个极用一根漆包线）的两端均焊接在相邻接线端上，同时三个接线端子分别连接在换向器的一个换向片上。

拆卸方法：剪断连接在换向器上的线圈引线，慢慢拆除线圈的漆包线，如图 1-18a 所示；用尖嘴钳取下衬套和换向器的固定销，绝缘片也要取下，最后取下铁心；把转子立在铁板上，用尖嘴钳轻轻夹住转子轴，如图 1-18b 所示。用铁锤敲击尖嘴钳，铁心会向轴的下方移动，就可以一片一片地拆下铁心片，如图 1-18c 所示。

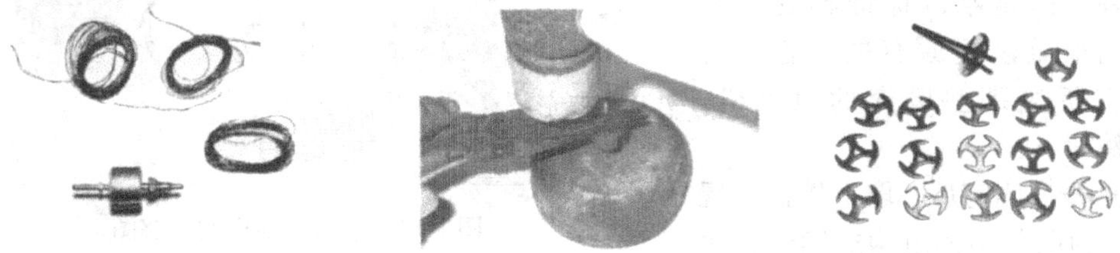

a)　b)　c)

图 1-18　转子的拆卸
a）电枢线圈　b）敲出铁心　c）铁心片

（4）拆卸电动机外壳。电动机外壳的拆卸如图 1-19 所示。每块弧形永久磁铁的一端卡

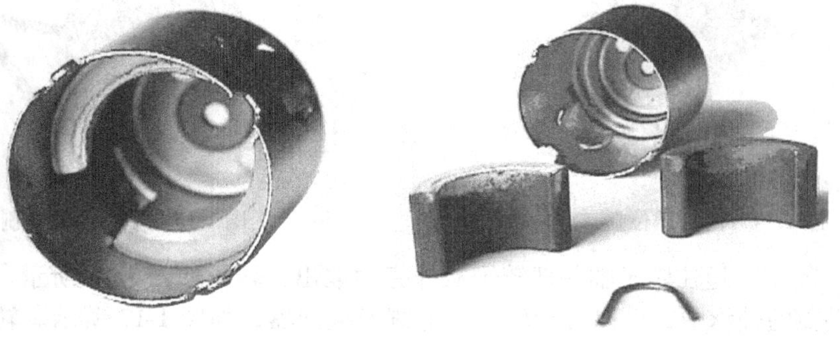

a)　b)

图 1-19　电动机外壳的拆卸
a）外壳的组成　b）拆卸后的组件

在外壳上切入的槽中，用固定夹压在两块磁铁的另一端。用尖嘴钳夹住固定磁铁的固定夹，并将其拔出，然后把被磁力吸引而紧贴外壳内部的永久磁铁取出，拆卸后的组件如图 1-19b 所示。至此，电动机拆卸完毕。

2. 玩具电动机发电实验　玩具电动机的发电实验装置如图 1-20 所示，实验过程如下：

（1）把电池连接到电动机的端子，并确认电动机已经旋转。这时要记住电池的正极和负极分别与哪个端子相连，还要记住电动机的旋转方向。

（2）取下电池，把连接电动机的导线连接到检流计上（或万用表最小直流电流挡），按照刚才电池带动电动机旋转的方向转动电动机轴。随着转轴的转动，检流计的指针随之摆动，这说明电动机已经发电了。

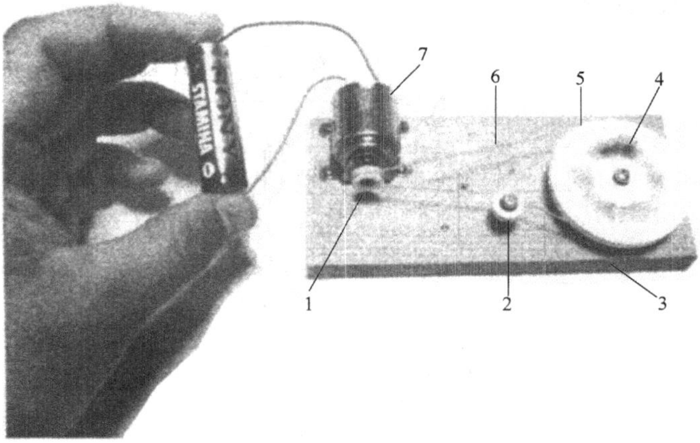

图 1-20　玩具电动机的发电实验装置
1—小带轮　2—导向带轮　3—板　4—手柄
5—大带轮　6—橡皮带　7—电动机

（3）根据检流计摆动的方向，就可以判断发电的极性，可以发现，虽然电动机的旋转方向相同，但是，发电时的电流方向和电池给电动机供电时的电流方向是相反的。

（4）改变电动机轴转动的速度，从检流计指针摆动的幅度就可以确认发电电压发生了变化。可以得出结论：电动机转速越高，发电电压越高；转速越低，发电电压越低。

在这个实验装置中，无论怎样努力快速地转动电动机轴，也很难达到电池驱动电动机时的转速，发电电压较低，只能使检流计指针少许摆动。

思考与分析

（1）电枢铁心为什么必须用薄铁片叠成？薄铁片之间绝缘吗？需要改进吗？

（2）电枢铁心或外壳换成木头或塑料，或把转子抽掉，电动机会怎样？

（3）这种电动机与单线圈电动机有何不同？两个电刷安放于什么位置？

（4）如果电枢铁心不是三极转子，即电枢铁心槽数为 5、7、9 或 11 个时，对电动机会有怎样的影响？槽数可以为偶数吗？

（5）电动机能够发电是基于什么道理？发电电压大小与哪些因素有关？发电时的电压极性由谁来决定？

1.2.1　玩具电动机的转动原理

仔细观察玩具电动机电枢、电刷和磁极的位置，画出它们的立体位置图。转子的三个磁极在空间上互差 120°，均匀配置形成三极转子。通入转子线圈电流，某一转子磁极与定子磁极位于同一直线上时，该转子磁极受到的电磁转矩为零，使装置处于不能转动的稳定状态，这时要想转动转子就必须切断通入该转子磁极线圈中的电流。

转子位于不同位置时各线圈通电情况和转子各极转矩如图 1-21 所示。三极转子，不论哪一个磁极与定子构成稳定状态，都会有另外两个磁极处于不稳定状态。通入转子线圈电流，它们就会产生转矩，而位于稳定状态的转子线圈没有电流，就不产生转矩。磁极之间同性相斥、异性相吸而形成的作用力，通常称之为“磁力”，定、转子磁极之间的磁力是电动机旋转的原动力。

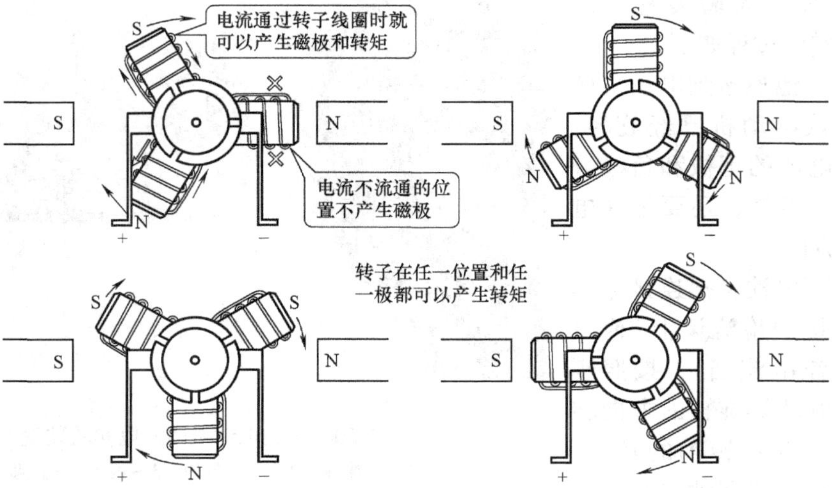

图 1-21　三极转子产生转矩的原理示意图

思考与分析

（1）换向器与电刷组合的作用是什么？电刷位置可以改变吗？

（2）怎样改变电动机的旋转方向和转速的大小？

（3）电吹风上的小型永磁式直流电动机(三极转子)，必须用手拧一下转轴，才能起动，但转动无力。试分析故障原因。

1.2.2　直流发电机的发电原理及直流电机的可逆原理

1. 直流发电机的发电原理　直流发电机发电原理示意图如图 1-22 所示。线圈在图 1-22a 和图 1-22b 所示位置时，虽然位于相同磁极下的线圈边不同，但感应电动势方向相同，ab 和 cd 两边中的感应电动势方向由右手定则确定。由于主磁极磁场在空间呈正弦规律分布，当线圈转到水平位置(即几何中性线上)时，线圈中无感应电动势产生。虽然线圈中的感应电

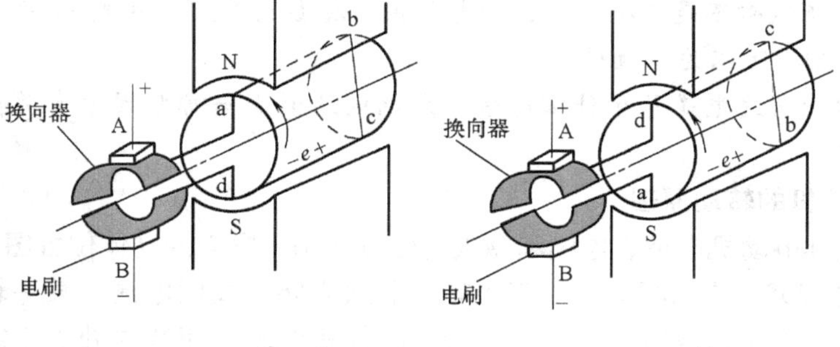

图 1-22　直流发电机发电原理示意图

a）线圈位置一　b）线圈位置二

动势是交变的，但从整个线圈来看，电刷 A 的极性总为正，电刷 B 的极性总为负，在电刷 A、B 之间可获得如图 1-23a 所示的脉动直流电压。与电动机相同，直流发电机也需要在电枢上装许多线圈，以获得平稳的输出电压，其波形如图 1-23b 和图 1-23c 所示。

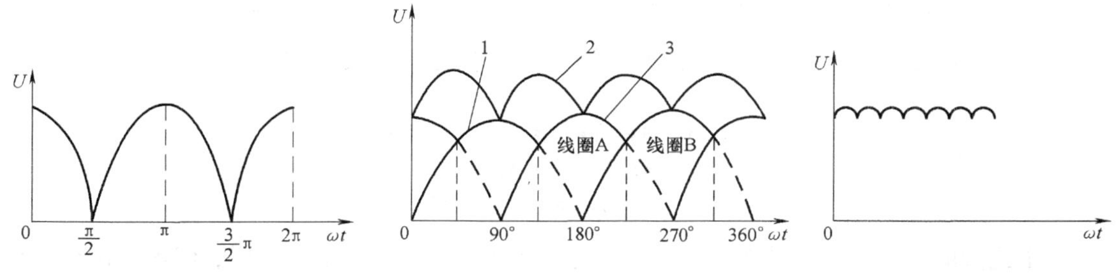

a)　　b)　　c)

图 1-23　直流发电机的脉动电压

a）一组线圈时　b）两组线圈串联时　c）有许多线圈时

1—线圈 B 输出电压　2—线圈 A、B 的合成电压　3—线圈 A 输出电压

2. 直流发电机的运行过程　当原动机拖动电枢旋转时，如图 1-24 所示，电枢导体切割磁力线产生感应电动势，其方向可用右手定则确定。从线圈内部来看，感应电动势 e_a 是交变的，但由于换向器和电刷的作用，将线圈产生的交变电动势变换为电刷两端方向恒定的电动势 E_a，使外电路的电流按一定方向流动。另一方面，电枢上通电导体在磁场中会受到电磁力的作用，并产生与电枢转向相反的电磁转矩 T，即制动转矩，原动转矩 T_1 克服此制动转矩与空载阻转矩 T_0 而做功，将机械能转换成电能。

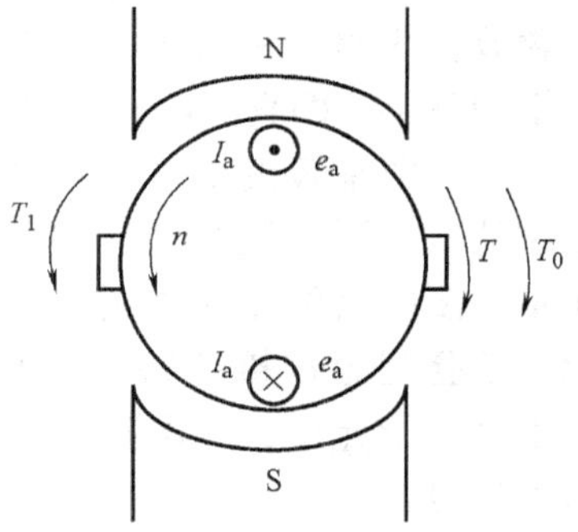

图 1-24　直流发电机运行过程

直流电机稳定运行时，转速恒定，其轴上的拖动转矩必须与轴上的阻转矩（制动转矩）保持平衡。直流发电机稳定运行时的转矩平衡方程式为

$$T_1 = T + T_0 \tag{1-4}$$

3. 直流电机的可逆性　直流电机在一定的条件下，可作为发电机运行，把机械能转变为电能供给直流负载；而在另外的条件下又可把电能转换为机械能拖动机械负载，这就是直流电机的可逆性。但并不是说厂商提供的直流电机可以不分发电机和电动机了，这是因为电机是有额定工作状态的，制造厂家为该电机设计了最佳工作状态，若混用，电机会不同程度地偏离最佳工作状态，使性能变坏。

思考与分析

直流发电机和电动机的电磁转矩、电枢电动势、电枢电流、端电压的方向有何不同？

1.2.3　玩具电动机电枢绕组绕制方法及展开图

1. 线圈的绕制方法　详细查看电枢中线圈的连接关系，把电枢从某一槽中间沿轴向切开、分左、右方向展开成一个平面，可画出其示意图，如图 1-25 所示。

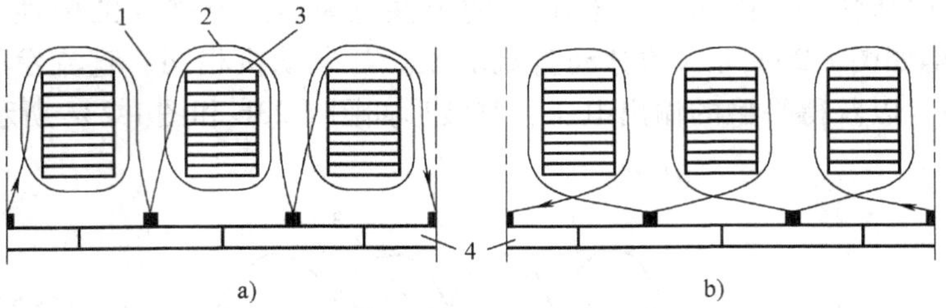

图 1-25　电枢绕组的绕制方法示意图
a）右行　b）左行
1—槽　2—线圈　3—齿　4—换向片

每个线圈的一条边嵌入某个槽的上层，另一个边嵌入另一个槽的下层，线圈的两个出线端分别焊接在相邻的换向片上。对于三极转子的直流电动机，可以用一条绝缘导线进行绕制。绕制方法有左行和右行两种：右行指顺时针绕齿一周后换向片向右前进一个位置，左行指逆时针绕齿一周后换向片向左退后一个位置。

2. 电枢绕组的展开图　电枢绕组是直流电机的核心部分，它是由许多分布在转子表面的线圈按一定的规律连接而成的闭合绕组。每个槽中的线圈(也称元件)边分上下两层叠放，线圈的一边放在一个槽的上层，另一边放在另一个槽的下层，即直流电机的电枢绕组一般都是双层绕组。

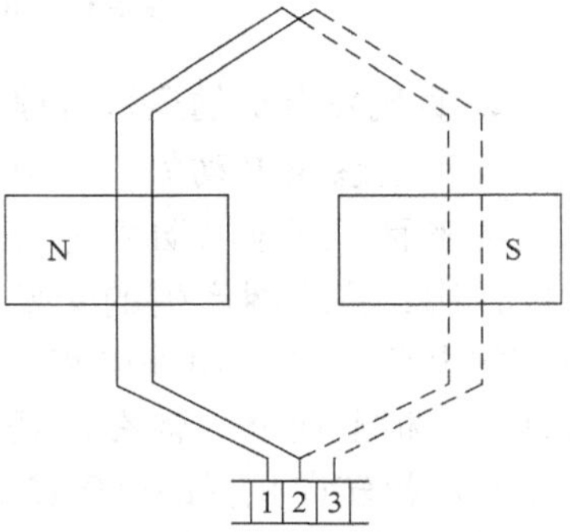

图 1-26　单叠绕组

展开图是假设把电枢从某一齿中间沿轴向切开展开而形成的一个平面绕组连接图。以单叠绕组为例，如图 1-26 所示，图中上层元件边用实线表示，下层元件边用虚线表示。单叠绕组连接的特点是相邻的两个元件边依次串联，每串联一个元件，在电枢表面移过一个槽，对应地在换向器上移过一个换向片，同一个元件的两个出线端分别连接于相邻的两个换向片上。绕组绕向一般采用右行，左行绕组的端接交叉，费铜较多，很少采用。

为了便于画出绕组展开图，先将绕组元件、槽及换向片编号，元件的上层边直接用所在槽的号码表示，换向片的编号是所连上层边的号码。绘制展开图时，磁极放在绕组的上面，N 极的磁力线方向是进入纸面的。各磁极在圆周上的位置必须是均匀对称的，每个磁极的宽度一般约等于 0.6～0.7 的极距。

因为电枢是旋转的，电枢槽和元件的号码可以从任意的地方开始，一般取位于左起第一个相邻磁极分界线上的电枢槽为第 1 槽，放在它上层的是第 1 号元件的上层边，和第 1 号上层边相连接的换向片是第 1 号换向片。其余自左向右依次排列，按次序把全部的元件边和换向片连接起来。

电刷应放置在磁极的中心下方。为了画图方便，换向片的宽度一般等于槽与槽之间的距离。通常电刷的宽度是换向片宽的 1.5～3 倍，元件数较少时，图上所画的电刷宽度取一个以内换向片的宽度。由此，可绘出三极转子玩具直流电动机的绕组展开图，如图 1-27 所示。

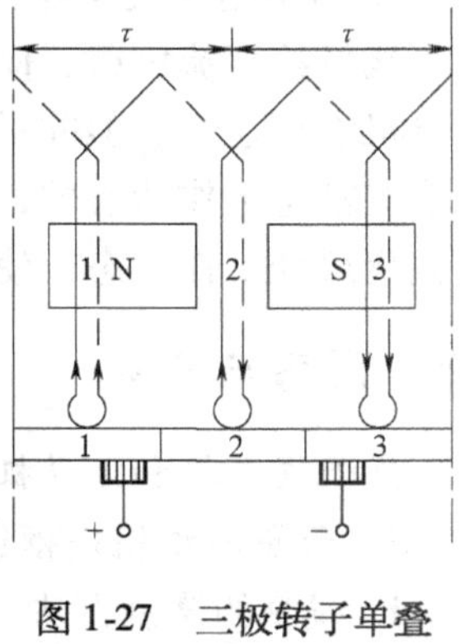

图 1-27　三极转子单叠绕组展开图

思考与分析

(1) 试着用左手定则分析三极转子电动机的旋转方向。

(2) 电枢绕组元件中有哪些电量？是交流还是直流？

(3) 小型永磁式直流电动机，定子为 2 极，电枢铁心为 7 槽，绕成右行单叠绕组。试画出其绕组展开图。把展开图改画成电路图，你会发现什么？

(4) 从节省材料的角度看，右行与左行哪个更好？

1.3　电磁式直流电机的结构、分类与铭牌

1.3.1　电磁式直流电机的基本结构

电磁式直流电机分定子和转子两部分，其结构如图 1-28 所示。定子部分由机座、主磁极、换向磁极、端盖和电刷装置等组成，转子部分由电枢铁心、电枢绕组、换向器、转轴和风扇等组成。

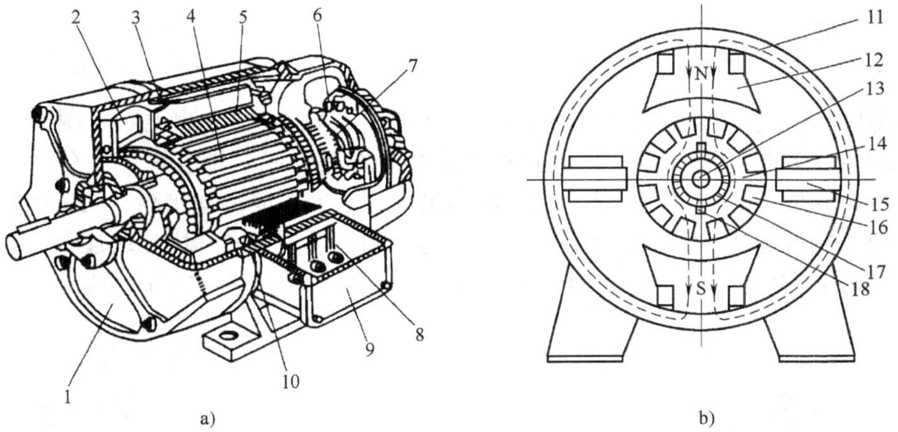

图 1-28　电磁式直流电机的结构

a) 装配图　b) 截面图

1—端盖　2—风扇　3、11—机座　4—电枢　5、12—主磁极　6—刷架　7、17—换向器　8—接线板　9—出线盒　10—换向器　13—转轴　14—电枢铁心　15—换向磁极　16—电枢绕组　18—电刷

1. 机座与端盖　机座有两个作用：一是作为主磁极的一部分，二是作为电动机的结构框架。机座中作为磁通通路的部分称为磁轭，机座一般用厚钢板弯成筒形以后焊成，或者用铸钢件(小型机座用铸铁件)制成。机座的两端装有端盖，端盖装在机座两端并通过端盖中的轴承支撑转子，将定、转子连为一体。同时端盖对电机内部还起防护作用。

2. 主磁极　主磁极的作用是建立主磁场。绝大多数直流电机的主磁极不是用永久磁铁而是由励磁绕组通以直流电流来建立磁场的。主磁极由主磁极铁心和套装在铁心上的励磁绕组构成，如图 1-29 所示。主磁极铁心靠近转子一端扩大的部分称为极靴，它的作用是减小气隙磁阻，改善主磁极磁场分布，并使励磁绕组容易固定。为了减少转子转动时由于齿槽移动引起的铁耗，主磁极铁心用厚 1 ~ 1.5mm 的低碳钢板冲压成一定形状叠装固定而成。主磁极上装有励磁绕组，整个主磁极用螺栓固定在机座上。主磁极的个数一定是偶数，励磁绕组

的连接必须使得相邻主磁极的极性为 N、S 极交替出现。

3. 换向磁极　换向磁极是安装在两相邻主磁极之间的一个小磁极，它的作用是改善直流电机的换向情况，使电机运行时不产生有害的电火花。换向磁极结构和主磁极类似，是由换向极铁心和套在铁心上的换向极绕组构成，并用螺栓固定在机座上，如图 1-30 所示。换向磁极的个数一般与主磁极的极数相等，在功率很小的直流电机中，也有不装换向磁极的。换向磁极绕组和电枢绕组串联，流过较大的电流，因此和主磁极的串励绕组一样，换向磁极绕组导线有较大的截面积。

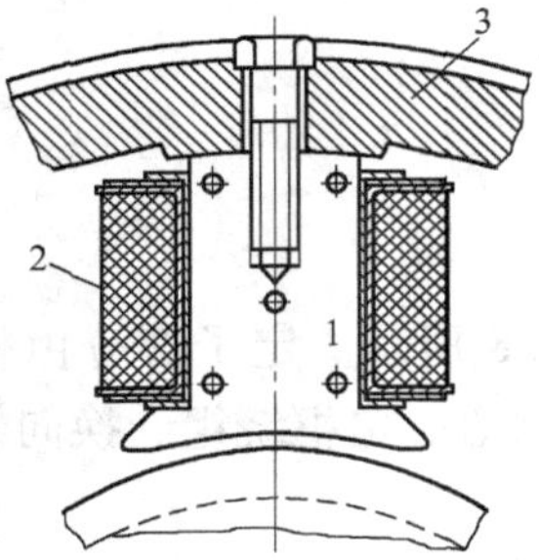

图 1-29　主磁极结构

1—铁心　2—励磁绕组　3—机座

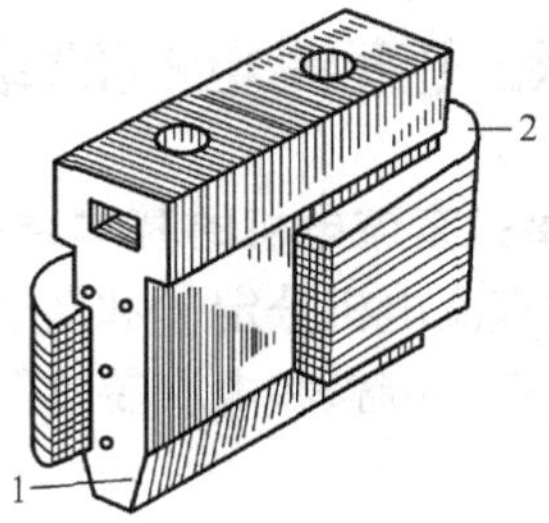

图 1-30　换向磁极结构

1—铁心　2—绕组

4. 电刷装置　电刷装置是电枢电路的引出(或引入)装置，它由电刷、刷握、刷杆和连线等部分组成，如图 1-31 所示。电刷是石墨或金属石墨组成的导电块，放在刷握内用弹簧以一定的压力安放在换向器的表面，旋转时与换向器表面形成滑动接触。刷握用螺钉固定在刷杆上。每一刷杆上的一排电刷组成一个电刷组，同极性的各刷杆用导线连在一起，再引到出线盒。刷杆装在可移动的刷杆座上，如图 1-32 所示，以便调整电刷的位置。

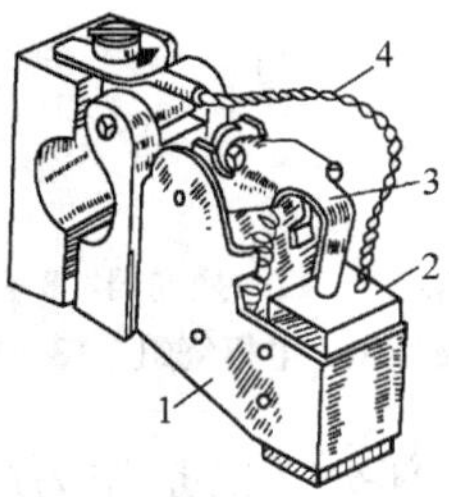

图 1-31　电刷装置

1—刷握　2—电刷　3—压紧弹簧　4—刷辫

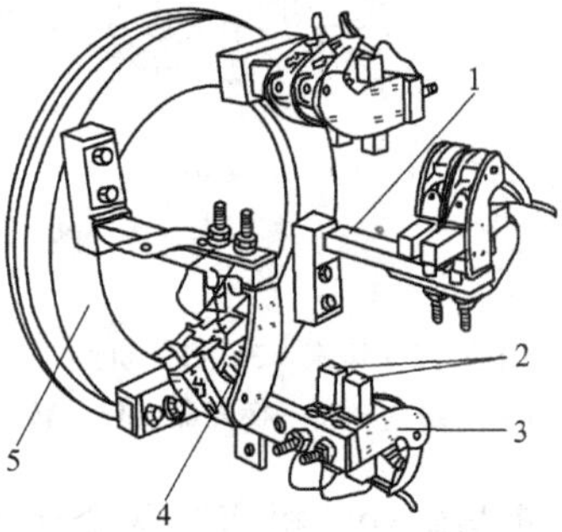

图 1-32　支架机构

1—刷杆　2—电刷　3—刷握　4—弹簧压板　5—杆座

5. 电枢铁心　电枢铁心既是主磁路的组成部分，又是电枢绕组的支撑部分，为了减少电枢铁心内的涡流损耗，电枢铁心一般用厚 0.5mm 且冲有齿、槽的硅钢片叠压夹紧而成。电枢结构示意图如图 1-33 所示。小型电机的电枢铁心冲片直接压装在轴上；大型电机的电枢铁心冲片先压装在转子支架上，然后再将支架固定在轴上。为改善通风，冲片可沿轴向分成几段，以构成径向通风道。

6. 电枢绕组　电枢绕组由一定数目的线圈按一定的规律连接而成，它是直流电机的电

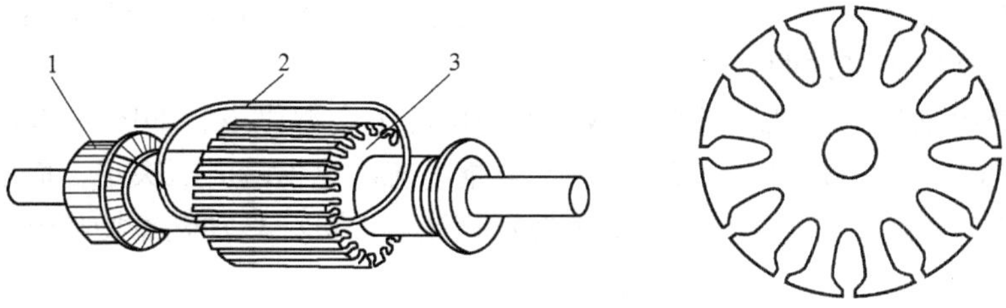

a)　　b)

图 1-33　电枢结构示意图

a）电枢铁心与电枢绕组　b）电枢铁心冲片

1—换向器　2—电枢绕组　3—电枢铁心

路部分，也是进行机电能量转换的部分。线圈用绝缘的圆形或矩形截面的导线绕成，分上、下两层嵌放在电枢铁心槽内，上、下层以及线圈与电枢铁心之间都要妥善地绝缘，并用槽楔压紧，如图 1-34 所示。大型电机电枢绕组的端部通常紧扎在绕组支架上。

7. 换向器　在直流发电机中，换向器起整流作用；在直流电动机中，换向器起逆变作用，因此换向器是直流电机的关键部件之一。换向器由许多鸽尾形的换向片排成一个圆筒，其间用云母片绝缘，两端再用两个 V 形环夹紧而构成，如图 1-35 所示。每个电枢线圈首端和尾端的引线，分别焊入相应换向片的升高片内。小型电机常用塑料换向器，这种换向器将换向片排成圆筒，再用塑料热压制成。

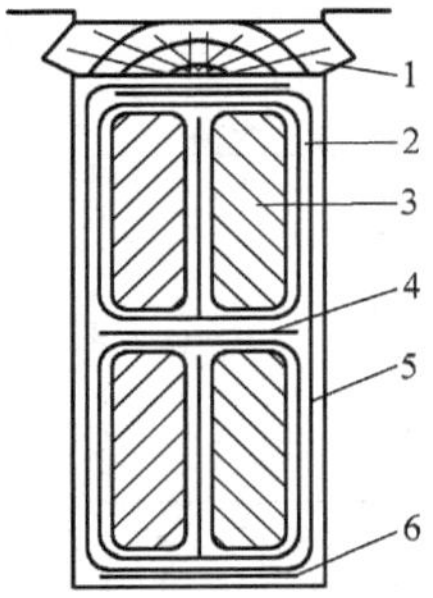

图 1-34　电枢铁心槽内嵌放的电枢绕组

1—槽楔　2—线圈绝缘　3—电枢导体

4—层间绝缘　5—槽绝缘　6—槽底绝缘

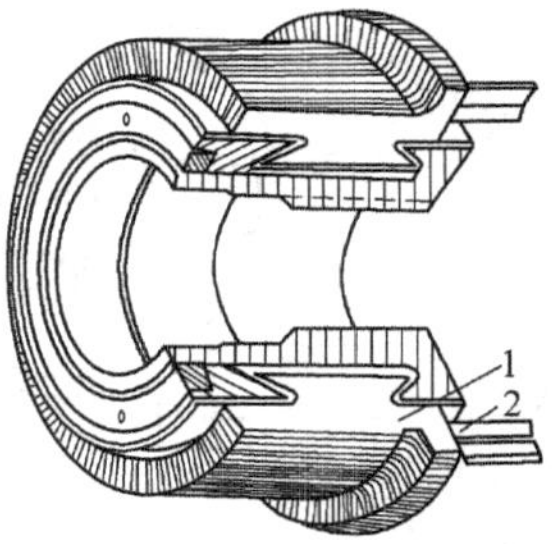

图 1-35　换向器结构

1—换向片　2—连接部分

思考与分析

（1）主磁极铁心与电枢铁心结构一样吗？为什么？

（2）换向磁极的作用是什么？它装在什么位置？绕组如何连接？流过换向磁极绕组的电流是什么电流？

（3）直流电机有哪些主要部件？试说明它们的作用和结构。

1.3.2　直流电机的分类

电枢绕组和励磁绕组可以共用一个电源，也可以采用两个电源单独供电。即使是采用一个电源供电，也有不同的连接方式。根据励磁绕组与电枢绕组连接方式的不同，直流电机可以分为他励、并励、串励和复励 4 种。

直流电动机的文字符号用字母“M”表示，直流发电机的文字符号用字母“G”表示。以下以直流电动机为例来说明。

1. 他励直流电动机　励磁绕组与电枢绕组采用两个电源供电，如图1-36所示。两个绕组各有各的电源，它们之间没有电的直接联系。电枢电流由电枢端电压决定，而励磁电流由励磁绕组端电压决定。永磁式直流电动机也属于他励直流电动机，其励磁磁场与电枢电流无关。

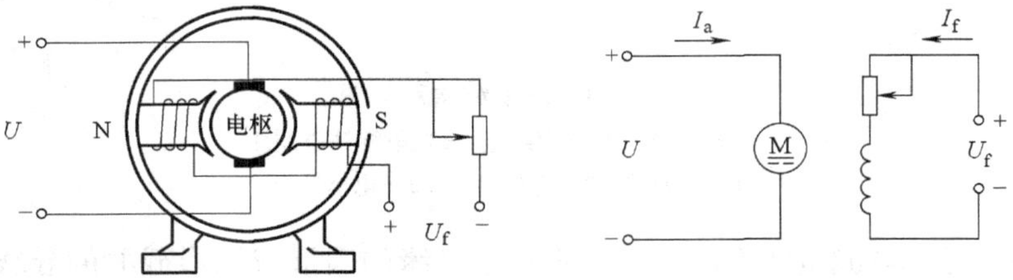

a)　　b)

图1-36　他励直流电动机

a）接线图　b）电路图

2. 并励直流电动机　励磁绕组和电枢绕组并联，采用同一个电源供电，由一个开关控制，如图1-37所示。其特点是励磁绕组的电压即为电枢绕组的电压，电源电流为电枢电流与励磁电流之和。为了降低损耗，并励直流电动机的励磁电流一般较小，约为电枢电流的5%。为保证足够的磁通，励磁绕组一般导线较细、匝数多、电阻大。

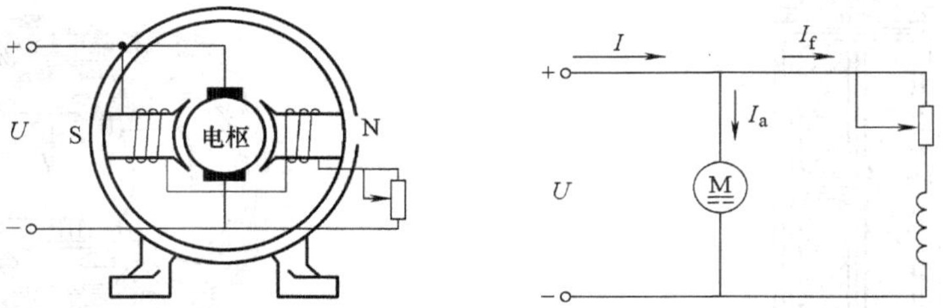

a)　　b)

图1-37　并励直流电动机

a）接线图　b）电路图

3. 串励直流电动机　励磁绕组与电枢绕组串联之后，外接一个直流电源，由一个开关控制，如图1-38所示。其特点是励磁电流与电枢电流相同，且一般较大，所以串励直流电

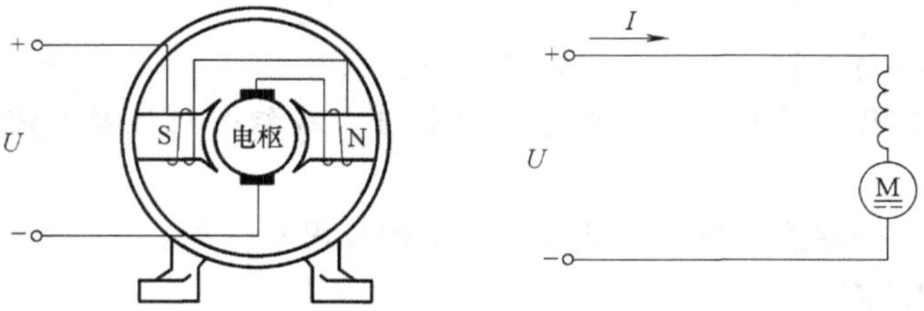

a)　　b)

图1-38　串励直流电动机

a）接线图　b）电路图

机的励磁绕组导线较粗、匝数少、电阻小。

4. 复励直流电动机　复励直流电动机如图 1-39 所示。这种电动机中励磁绕组分为两部分：一部分为并励绕组，是主要部分；另一部分为串励绕组。其特点是电动机的主磁通由这两个励磁绕组共同产生。复励又分为长复励和短复励。

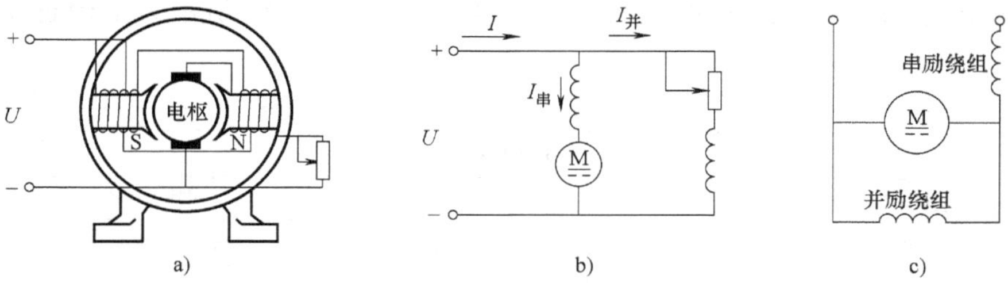

图 1-39　复励直流电动机

a）接线图　b）长复励　c）短复励

两部分励磁绕组产生的磁通方向一致时称为积复励，如图 1-40a 所示；产生的磁通方向相反则称为差复励，如图 1-40b 所示。复励直流电动机通常为积复励。

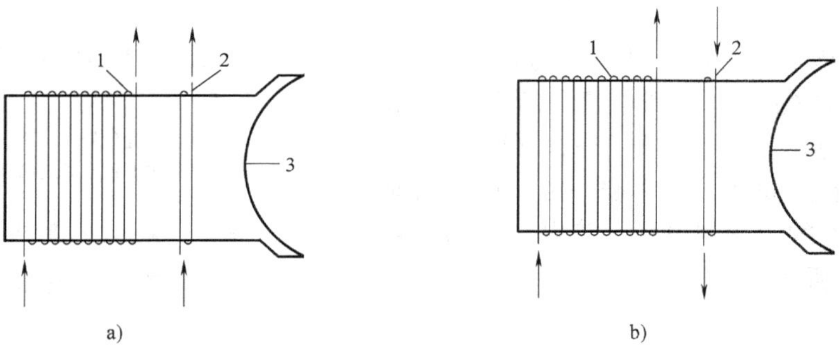

图 1-40　复励直流电动机励磁绕组中电流的方向

a）积复励　b）差复励

1—并励绕组　2—串励绕组　3—极靴

当绕组终端引线从电动机壳内引出到接线盒时，为了便于识别，需要进行标注。直流电动机与直流发电机有相同的终端标注符，如图 1-41 所示。

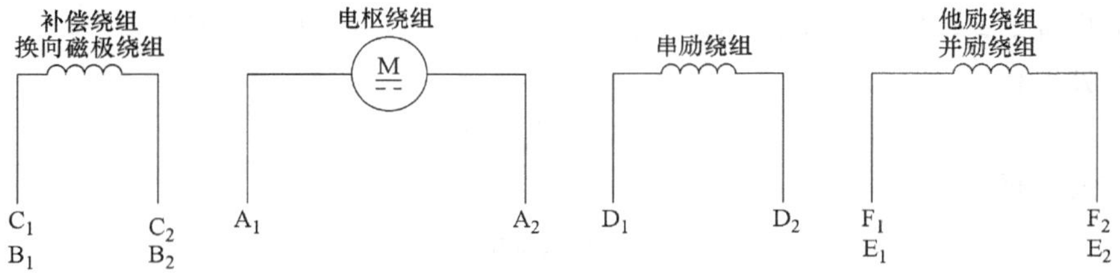

图 1-41　直流电机的终端标注符

思考与分析

（1）多匝、小线径导线绕制的是什么类型的励磁绕组？这样有什么好处？

(2) 解释积复励和差复励的不同之处，这种不同是怎样实现的？

(3) 串励绕组和并励绕组如何与电枢绕组连接？

1.3.3 直流电机的铭牌数据

电机制造厂按照国家标准，根据设计和试验数据规定的每台电机的主要数据称为电机的额定值。额定值一般标在电机的铭牌或产品说明书上。图 1-42 所示为某台直流电动机的铭牌。

直流电动机		
型号 Z4-200-21	功率 75kW	电压 440V
电流 188A	额定转速 1500r/min	励磁方式 他励
励磁功率 1170W		
绝缘等级 F	定额 S1	重量 515kg
产品编号	生产日期	
××电机厂		

图 1-42 某台直流电动机的铭牌

1. 型号 型号表明该电机所属的系列及主要特点。为了便于产品的标准化和通用化，电机制造厂生产的多是系列电机。所谓系列电机，就是指在应用范围、结构形式、性能水平、生产工艺方面有共同性，功率按一定比例系数递增，并成批生产的一系列电机。该电动机的型号含义如图 1-43 所示。

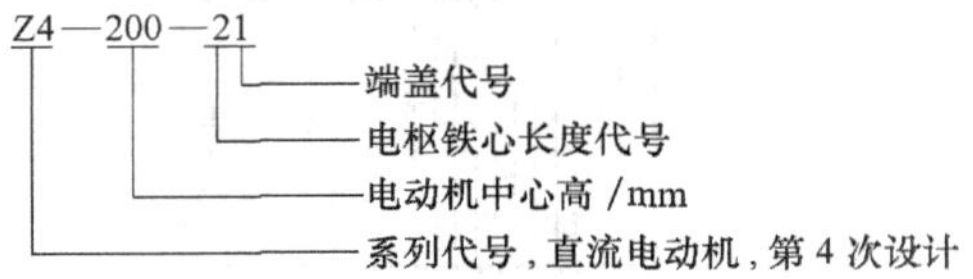

图 1-43 该直流电动机的型号含义

2. 额定值

(1) 额定功率 P_N：指电机在额定运行时的输出功率，对发电机是指输出的电功率；对电动机是指输出的机械功率，单位为 W 或 kW。图 1-42 所示铭牌中标出的额定功率为 75kW。

(2) 额定电压 U_N：指在额定运行状况下，直流发电机的输出电压或直流电动机的输入电压，单位为 V 或 kV。图 1-42 所示铭牌中标出的额定电压为 440V。

(3) 额定电流 I_N：指电动机在额定电压和额定负载时，允许长期输出（发电机）或输入（电动机）的电流，单位为 A。图 1-42 所示铭牌中标出的额定电流为 188A。

对发电机，有

$$P_N = U_N I_N$$

对电动机，有

$$P_N = U_N I_N \eta_N$$

式中 η_N——额定效率。

(4) 额定转速 n_N：指电动机在额定电压和额定负载时的旋转速度，单位为 r/min。图 1-42 所示铭牌中标出的额定转速为 1500r/min。

3. 励磁方式 指励磁绕组获得电流的方式。图 1-42 所示铭牌中标出的励磁方式为他励。

4. 绝缘等级　表示电机各绕组及其他绝缘部件所用绝缘材料的等级。绝缘材料按耐热性能可分为7个等级，见表1-1。目前国产电机使用4个等级的绝缘材料，分别为B、F、H、C。图1-42所示铭牌中标出的绝缘等级为F级。

表1-1　绝缘材料耐热性能等级

绝缘等级	Y	A	E	B	F	H	C
最高允许温度/℃	90	105	120	130	155	180	>180

5. 定额工作制　指电机按铭牌规定的额定值工作时，可以持续运行的时间和顺序。定额工作制分连续定额、短时定额和断续定额三种，分别用S1、S2、S3表示。图1-42所示铭牌中标出的定额工作制为S1。

（1）连续定额S1：表示电机按铭牌值工作时可以长期连续运行。

（2）短时定额S2：表示电机按铭牌值工作时只能在规定的时间内短时运行。我国规定的短时运行时间为10min、30min、60min及90min 4种。

（3）断续定额S3：表示电机按铭牌值工作时，运行一段时间就要停止一段时间，周而复始地按一定周期重复运行。每一周期为10min，我国规定的负载持续率为15%、25%、40%及60% 4种。

额定值一般标在电机的铭牌上，故又称为铭牌数据。还有一些额定值，例如额定转矩T_N和额定温升τ_N等，不一定标在铭牌上，可查产品说明书或由铭牌上的数据计算得到。其中，直流电机的额定转矩计算公式为

$$T_N = \frac{9550P_N}{n_N} \tag{1-5}$$

式中　T_N——额定转矩（N·m）；

P_N——额定功率（kW）；

n_N——额定转速（r/min）。

直流电机运行时，若各个物理量都与它的额定值一样，就称为处于额定状态或额定工况。在额定状态下，电机能可靠地工作，并具有良好的性能。但实际应用中，电机不总是运行在额定状态。如果流过电机的电流小于额定电流，称为欠载运行，若长期欠载，电机没有得到充分利用，则效率降低，不经济；超过额定电流，称为过载运行，长期过载有可能因过热而损坏电机。长期过载或欠载运行都不好，为此选择电机时，应根据负载的要求，尽量让电机工作在额定状态。

【例1-1】　一台直流电动机，其额定功率$P_N=160\text{kW}$，额定电压$U_N=220\text{V}$，额定效率$\eta_N=90\%$，额定转速$n_N=1500\text{r/min}$，求该电动机额定运行状态时的输入功率P_1、额定电流I_N及额定转矩T_N各是多少？

解：额定运行状态时的输入功率

$$P_1 = \frac{P_N}{\eta_N} = 160\text{kW} \div 0.9 = 177.8\text{kW}$$

额定电流

$$I_N = \frac{P_N}{U_N\eta_N} = \frac{160\text{kW}}{220\text{V}\times 0.9} = 808.1\text{A}$$

额定转矩

$$T_N = \frac{9550P_N}{n_N} = 9550 \times 160\text{kW} \div 1500\text{r/min} = 1018.7\text{N} \cdot \text{m}$$

思考与分析

一台直流发电机，$P_N = 10\text{kW}$，$U_N = 230\text{V}$，$n_N = 2850\text{r/min}$，$\eta_N = 85\%$。求其额定电流和额定负载时的输入功率。

1.4 电枢反应和改善换向的方法

1.4.1 电机中的磁场与电枢反应

1. 励磁绕组的接线　直流电机的励磁绕组通电后，在电动机内产生磁场，形成若干个磁极，以N极和S极成对的形式出现，在电动机气隙表面圆周上均匀分布。直流电机相邻主磁极（或相邻换向磁极之间）必须是相反的极性，相邻主磁极线圈（或相邻换向极线圈）之间，应采用“首—首”或“尾—尾”接法，即“反串”接法，励磁绕组的接线如图1-44所示。

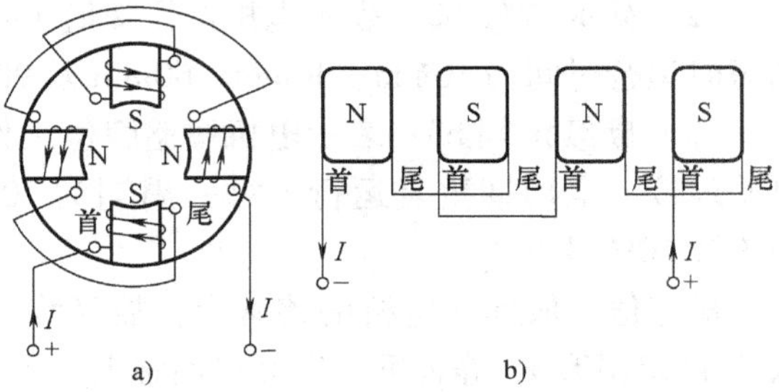

图1-44　励磁绕组的接线

a）接线示意图　b）展开图

2. 电枢反应　直流电机在实际使用时，实际磁场是主磁极磁场（如图1-45a所示）和电枢磁场（如图1-45b所示）互相叠加得到的合成磁场（如图1-45c所示）。由于电枢磁场的影响，主磁极磁场发生畸变并引起磁场中性面（即物理中性面）位置改变，这种现象称为电枢反应。

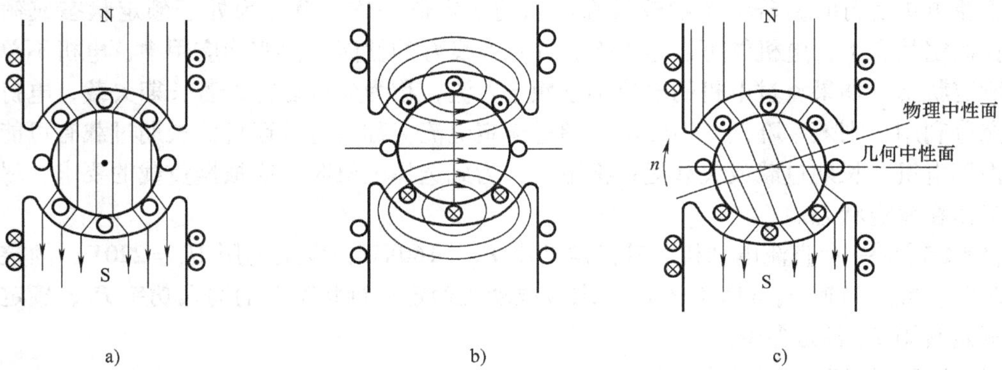

图1-45　电枢反应

a）主磁极磁场　b）电枢磁场　c）合成磁场

由以上分析可以得知，电刷放在几何中性线上时电枢反应的影响为

1）使气隙磁场发生畸变，半个极下磁场削弱，半个极下磁场加强。

2）磁路饱和时有去磁作用，使每极下部总的磁通有所减小。

1.4.2　改善换向的方法

直流电机运行时，电枢绕组(线圈,也称为元件)在不停旋转，从一条支路经过固定不动的电刷短路后进入另一条支路，同时元件中的电流方向发生改变，这一过程称为换向。换向是直流电机中一个非常重要的问题，直流电机的换向不良，将会在电刷与换向器之间产生电火花，严重的会将电机烧毁。所以，要采取有效的方法改善换向，保障电机的正常运行。

从产生电火花的电磁原因出发，减小换向元件的电抗电动势和电枢反应电动势，限制换向元件中的附加电流，就可以有效地改善换向。

1. 选用合适的电刷　在使用维修中欲更换电刷时，必须选用与原来同一牌号的电刷，如果实在配不到相同牌号的，那就尽量选择特性与原来接近的，并将所有电刷全部更换。

2. 旋转电刷　将电刷旋转与物理中性面移动相同的角度，可以矫正电枢反应。对发电机，电刷旋转方向与电枢旋转方向一致；对电动机，电刷旋转方向则与电枢旋转方向相反。由于主磁场的扭曲变形与电枢电流成正比，所以如果负载发生变化，物理中性线的位置也就随之发生变化，则电刷也不得不随着调整位置，这在实际中很难做到。因此，这种方法只有在小容量电机中才采用。

3. 装设换向磁极　换向磁极装设在相邻两主磁极之间的几何中性线上，如图 1-46 所示。换向磁极的作用是建立一个换向极磁场，其方向与电枢磁场方向相反，从而恢复被扭曲的磁场。为此，对发电机，换向磁极的极性应与顺着电枢旋转方向下一个主磁极的极性相同；对电动机，换向磁极的极性应与顺电枢旋转方向下一个主磁极的极性相反。

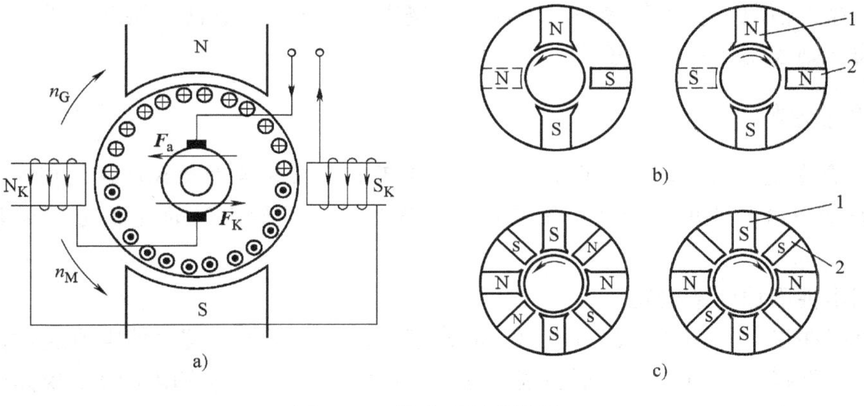

图 1-46　换向磁极的装设

a) 换向磁极励磁绕组的接线　b) 2 极电动机换向磁极的装设　c) 4 极电动机换向磁极的装设

1—主磁极　2—换向磁极

电枢磁场的强弱与电枢电流的大小成正比，而电枢电流的大小又取决于负载的大小，所以换向磁极的励磁绕组必须与电枢绕组串联，使换向极磁场正比于电枢电流。当电枢电流增大时，电枢反应增强，换向极磁场也随着增强，这样，在各种不同的负载下，换向磁极都能起到改善换向的作用。装设换向磁极是改善换向最有效的方法，容量在 1kW 以上的直流电机几乎都装有与主磁极数目相等的换向磁极。

4. 装设补偿绕组　换向磁极仅在其邻域内恢复磁场，不能克服所有的磁场变形。大型直流电机用另外一套叫补偿绕组的绕组来帮助恢复主磁场。

补偿绕组的位置与结构如图 1-47 所示，在主磁极极靴上开有均匀分布的槽，槽内嵌放补偿绕组，使补偿绕组电流的方向与所对应的主磁极下电枢绕组的电流方向相反，确保补偿绕组产生的磁动势和电枢反应产生的磁动势方向相反，从而补偿电枢反应对主磁场的影响。为了使补偿绕组在任何负载下都能抵消或明显削弱电枢反应的影响，补偿绕组应与电枢绕组串联。

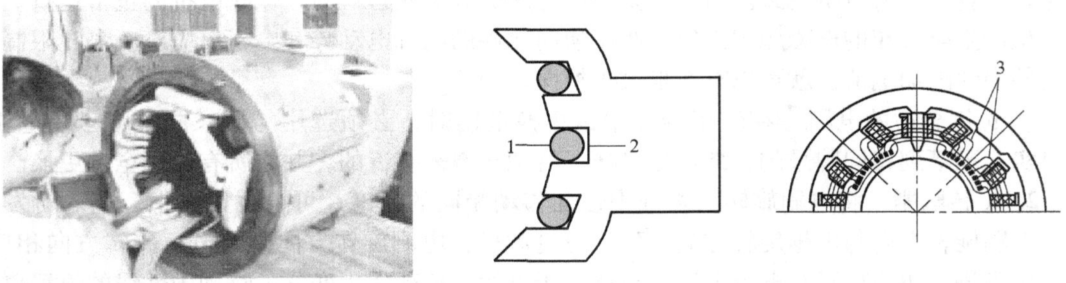

图 1-47　补偿绕组的位置与结构

1、3—补偿绕组　2—极靴

装设补偿绕组可以提高电机运行的可靠性，但使电机结构复杂、成本提高，一般仅用于负载变化剧烈、换向比较困难的大中型电机。

注意：若是换向磁极励磁绕组或补偿绕组的接线错误，不能保证其产生的附加磁场抵消电枢反应磁场，此时不但不能改善换向，反而会使换向恶化，电火花急剧增大，换向片明显灼烧。这种情况下，若对调换向磁极励磁绕组或补偿绕组的两个接线端子，电火花明显减小或消失，则表明接线极性正确。

思考与分析

（1）一台直流电动机改成发电机运行时，是否需要改接换向磁极励磁绕组？为什么？

（2）补偿绕组的作用是什么？装在什么位置？流过补偿绕组的电流是什么电流？电流方向如何？

实训　电刷中性面位置的确定

一般电机在设计与制造时都对电枢反应作了较好的补偿与处理，使电刷通过换向器与几何中性面的元件接触，换向元件不切割主磁场，进而不会产生感应电动势及换向电火花。但是由于维修后换向磁极励磁绕组、补偿绕组安装不准确，磁极、刷盒装配偏差，造成各磁极间距离相差太大、各磁极下的气隙不均匀、电刷不在中性面、电刷沿换向器圆周不等分(一般电机电刷沿换向器圆周等分差不超过 0.5mm)。上述原因都可使电枢反应增强，从而使换向恶化，产生有害电火花。

在检修时，应使各个磁极、电刷安装合适，分布均匀，换向磁极励磁绕组、补偿绕组安装接线正确，就能起到改善换向的作用，且换向器上电刷的位置一般都能设置或调整。

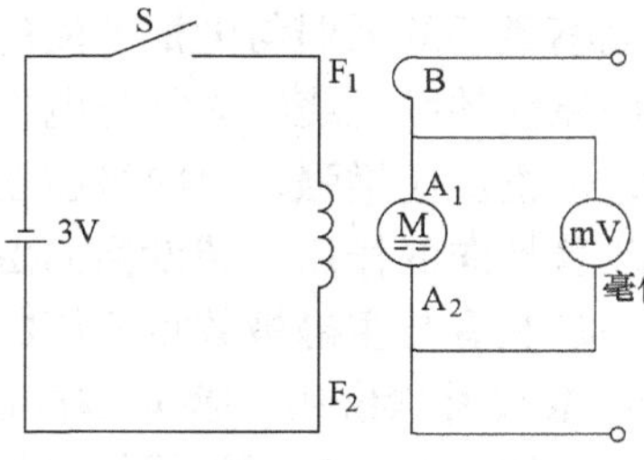

图 1-48　感应法

将电刷设置到物理中性面位置的方法有以下两种：

（1）感应法：这是一种最简单的方法。如图 1-48 所示，在电动机停电时，将毫伏表接到相邻两组电刷上，励磁绕组串联一个开关后接上 3V 电池。当通断开关时，毫伏表指针便会左右摆动，这样反复几次，同时将电刷架位置来回移动，直到指针摆动最小时，电刷位置即正好在物理中性面上。

或者在励磁绕组的端子上连接一个交流电压表，电枢绕组接入低压交流电源。如果电刷没有设置在中性面位置，电枢磁场的改变将在励磁绕组中产生感应电动势。通过观察交流电压表的动作就能调整电刷的位置：松动电刷架让电刷在换向器上前后移动，电压表指针将会在刻度盘上来回摆动，当电压表读数最小时，电刷就到了物理中性面位置。

（2）正反转发电机法：采用他励方式，保持转速不变，使电机正反转，用万用表测电枢绕组端电压，逐渐移动电刷，在相同的转速下测出正反转时电枢绕组的端电压，直到正转与反转时电枢绕组端电压大小相等，这时电刷的位置就是物理中性面的位置。

（3）正反转电动机法：直流电动机电枢绕组端电压与励磁电压大小保持恒定，改变电枢绕组端电压的极性，使直流电机正转后反转，同时逐渐移动电刷。用测速表分别测量正反转时的转速，若电刷不在物理中性面上，正反转时的转速相差较大，只有当电刷位置在几何中性面上时，正反转转速相差最小或基本相等。

思考与分析

（1）感应法的原理是什么？请画图分析。

（2）电刷中性面位置的调整，是把电刷的实际位置调到几何中性面上吗？

（3）为什么要调整电刷位置？

第 2 章　直流电机的特性与应用

学习目标

1. 理解直流电动机的固有和人为机械特性。
2. 能够对他励直流电动机的起动、反转和调速进行控制操作。
3. 能够正确连接积复励直流电动机。
4. 了解直流电动机各种制动方法及特点。
5. 能够对他励直流发电机建立电压与进行特性测试。
6. 能够对并励直流发电机进行自励建压与特性测试。
7. 能够正确区别积复励、差复励发电机并进行特性测试。
8. 能够对并励直流电动机进行调速特性测试和能耗制动操作。

2.1　直流电动机的机械特性

电动机处于稳态运行时，转速 n 与电磁转矩 T 之间存在函数关系，即 $n=f(T)$。由于转速和转矩都是机械运行时的物理量，因而把这个函数称为电动机的机械特性。

2.1.1　直流电机中的电动势、转矩和功率

根据电磁感应定律可知，无论是直流发电机还是直流电动机，运行时电枢绕组都会切割磁场，产生感应电动势，在电路闭合的情况下，电枢绕组中就会有电流通过(带负载)，电枢电流与磁场相互作用就会产生电磁转矩。

1. 电枢感应电动势 E_a　根据实际电机电枢绕组的总导体数和支路数，通过分析计算，可以得出直流电机电枢绕组的感应电动势 E_a，其表达式为

$$E_a=C_e\Phi n \tag{2-1}$$

式中　E_a——电枢感应电动势(V)；

C_e——电动势常数，$C_e=pN/(60a)$，p、N 和 a 分别为磁极对数、电枢绕组总导体数和并联支路对数，对于已制成的电动机，这些值都是已知的；

Φ——气隙中每极磁通(Wb)；

n——电机转速(r/min)。

当直流电机运行于电动状态时，感应电动势的方向与电枢电流的实际方向相反，电动机吸收电网电能，故称这时的感应电动势为反电动势，如图 2-1a 所示。正是反电动势限制了电流在电枢中的流动。忽略电动

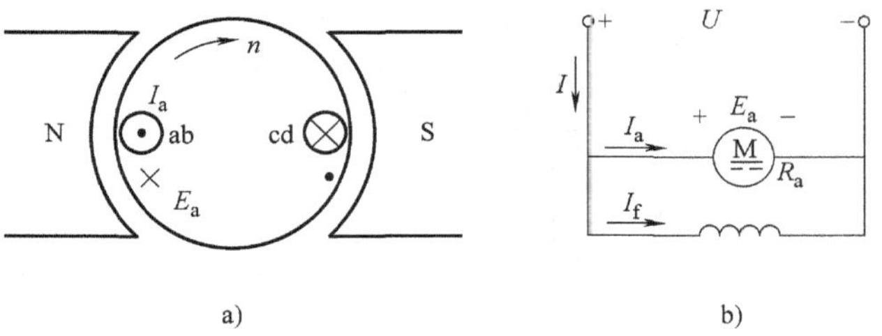

图 2-1　直流电动机中的反电动势

a）反电动势的方向　b）并励电动机电路图

机电枢绕组的电感(直流电动机通入的是直流电,电感对直流电不起作用),由图2-1b 所示的并励电动机电路图,可得直流电动机电压平衡方程式为

$$U = E_a + R_a I_a \tag{2-2}$$

式中　U——电动机电枢绕组端电压(V);
E_a——电枢反电动势(V);
R_a——电枢绕组电阻(Ω);
I_a——电枢电流(A)。

当直流电机运行于发电机状态时,产生的感应电动势通过电刷向外电路供电,此时电流的方向与感应电动势的方向一致,电压平衡方程为

$$E_a = U + R_a I_a \tag{2-3}$$

式中　E_a——发电机感应电动势(V);
U——发电机电枢绕组端电压(V)。

2. 电磁转矩 T　直流电机的电磁转矩是由电枢电流与气隙磁场相互作用产生的电磁力而形成的。其表达式为

$$T = C_T \Phi I_a \tag{2-4}$$

式中　T——电磁转矩(N·m);
C_T——电机转矩常数,$C_T = pN/(2\pi a) = 9.55C_e$,这个参数也取决于电机的结构;
Φ——每极磁通(Wb);
I_a——电枢电流(A)。

3. 电磁功率 P_{em}　无论是电动机,还是发电机,在其能量变换过程中,机械功率转换为电功率或电功率转换为机械功率的部分称为电磁功率 P_{em},并有

$$P_{em} = T\Omega = E_a I_a \tag{2-5}$$

式中　Ω——机械角速度(rad/s),$\Omega = 2\pi n/60$。

对电动机,电枢回路输入的电功率为

$$P_1 = UI = UI_a = (E_a + I_a R_a) I_a = E_a I_a + I_a^2 R_a = P_{em} + \Delta P_{Cu} \tag{2-6}$$

式中　P_1——电动机输入的电功率(W);
P_{em}——电动机的电磁功率(W);
ΔP_{Cu}——电动机的铜损耗(W)。

电磁功率在转换成电动机轴上的输出功率 P_2 的过程中,有一小部分消耗在克服电动机的机械损耗和铁损耗(总称空载损耗),用 ΔP_0 表示。则

$$P_1 = P_2 + \Delta P_0 + \Delta P_{Cu} = P_2 + \Delta P \tag{2-7}$$

对直流发电机,式(2-7)中 P_1 为原动机输入给发电机的机械功率,输出的电功率为 P_2。

直流电机的效率 η 为

$$\eta = \frac{P_2}{P_1} \times 100\% = \frac{P_2}{P_2 + \Delta P_{Cu} + \Delta P_0} \times 100\% \tag{2-8}$$

4. 电磁功率和电磁转矩之间的关系　根据电磁功率的公式,可得

$$T = \frac{P_{em}}{\Omega} = \frac{P_{em}}{\frac{2\pi n}{60}} = \frac{9550 P_{em}}{n} \tag{2-9}$$

式中 T——电磁转矩(N·m);

P_{em}——电磁功率(kW);

n——电机转速(r/min)。

2.1.2 他励(或并励)直流电动机的机械特性

1. 机械特性公式　他励直流电动机的机械特性表达式为

$$n=\frac{U}{C_e\Phi}-\frac{R}{C_eC_T\Phi^2}T=n_0-\beta T=n_0-\Delta n \tag{2-10}$$

式中 R——电枢回路总电阻(Ω);

n_0——理想空载转速(r/min),即电磁转矩 $T=0$ 时的转速;

β——机械特性的斜率,$\beta=R/(C_eC_T\Phi^2)$;

Δn——转速降(r/min),$\Delta n=RT/(C_eC_T\Phi^2)=\beta T$。

由公式 $T=C_T\Phi I_a$ 可知,电磁转矩 T 与电枢电流 I_a 成正比,所以只要励磁磁通 Φ 保持不变,机械特性方程式(2-10)也可用转速特性代替,即

$$n=\frac{U}{C_e\Phi}-\frac{RI_a}{C_e\Phi} \tag{2-11}$$

由式(2-10)可知,当 U、Φ、R 为常数时,他励直流电动机的机械特性曲线是一条以 $\beta=R/(C_eC_T\Phi^2)$ 为斜率、向下倾斜的直线,如图 2-2 所示。

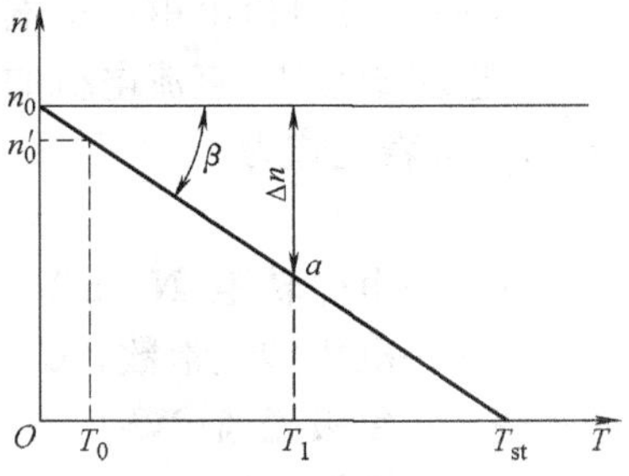

图 2-2　他励直流电动机的机械特性曲线

必须指出,电动机的实际空载转速 n_0' 比理想空载转速 n_0 略低。这是因为电动机由于摩擦等原因存在一定的空载转矩 T_0,空载运行时,电磁转矩不可能为零。它必须克服空载转矩,即 $T=T_0$,故实际空载转速应为

$$n_0'=\frac{U}{C_e\Phi}-\frac{R}{C_eC_T\Phi^2}T_0=n_0-\beta T_0 \tag{2-12}$$

转速降 Δn 是理想空载转速与实际转速之差,转矩一定时,它与机械特性的斜率 β 成正比。β 越大,机械特性曲线越陡,Δn 越大;β 越小,特性曲线越平,Δn 越小。通常称 β 大的机械特性为软特性,β 小的机械特性为硬特性。

2. 固有机械特性　当 $U=U_N$、$\Phi=\Phi_N$、$R=R_a$ 时的机械特性称为固有机械特性,其方程式为

$$n=\frac{U_N}{C_e\Phi_N}-\frac{R_a}{C_eC_T\Phi_N^2}T \tag{2-13}$$

说明当负载 T_L 增加时,由于电枢电流 I_a 与 T 成正比,I_a 增大,电枢电阻的压降 I_aR_a 增大,造成转速下降。因为电枢电阻 R_a 很小,斜率 β 很小,通常额定转速降 Δn 只有额定转速的百分之几到百分之十几,所以他励直流电动机的固有机械特性是硬特性,如图 2-3 中的直线 $R=R_a$ 所示。

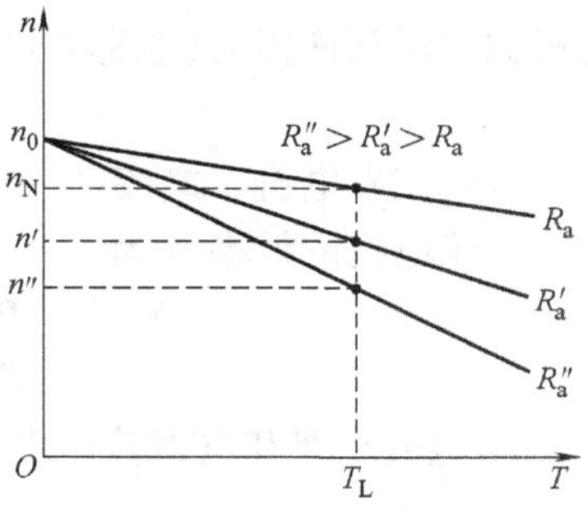

图 2-3　电枢串电阻时的人为机械特性曲线

3. 人为机械特性

(1) 电枢串电阻时的人为机械特性:保持 $U=U_N$、

$\Phi=\Phi_N$ 不变，在电枢回路中串入电阻 R_s 时的人为机械特性方程为

$$n=\frac{U_N}{C_e\Phi_N}-\frac{R_a+R_s}{C_eC_T\Phi_N^2}T \tag{2-14}$$

当负载不变时，保持电源电压与励磁不变，增大电枢回路电阻，从机械特性表达式可知，理想空载转速 n_0 不变，随着 $R_a \to R'_a \to R''_a$ 逐渐增大，机械特性曲线的斜率增大，曲线下斜，如图 2-3 所示。

（2）降低电枢电压时的人为机械特性：保持 $\Phi=\Phi_N$、$R=R_a(R_s=0)$，改变电枢绕组端电压 U 时的人为机械特性方程为

$$n=\frac{U_N}{C_e\Phi_N}-\frac{R_a}{C_eC_T\Phi_N^2}T \tag{2-15}$$

电动机的工作电压以额定电压为上限，只能在低于额定电压的范围内改变电压。与固有机械特性比较，降低电压时人为机械特性的斜率 β 不变，但理想空载转速 n_0 随电压的降低而正比减小。因此，降低电压时的人为机械特性是位于固有特性下方且与固有机械特性平行的一组直线，如图 2-4 所示。

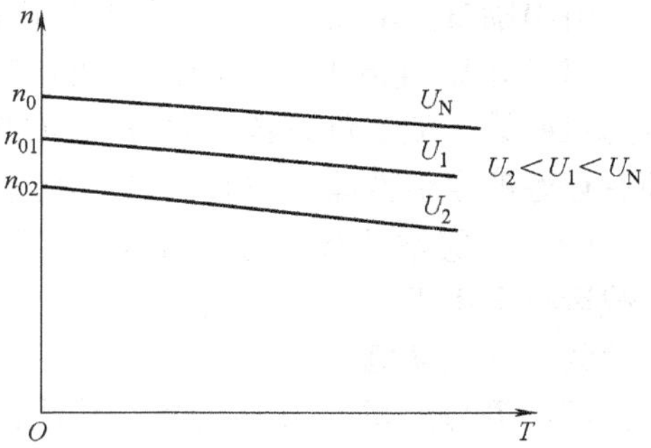

图 2-4　降低电枢绕组端电压时的人为机械特性曲线

（3）减弱励磁磁通时的人为机械特性：调节励磁回路电阻 R_f，就可以改变励磁电流，从而改变励磁磁通。由于电动机额定运行时磁路已经开始饱和，再增加励磁电流会使磁路饱和，磁通不会明显增加，但电动机的铁耗增加，导致电动机发热。受励磁绕组发热条件的限制，励磁电流也不允许大幅度增加，因此，只能在额定值以下减小励磁电流，减弱励磁磁通。

保持 $U=U_N$、$R=R_a(R_s=0)$ 不变，电枢回路不串电阻，减弱磁通时的人为机械特性方程为

$$n=\frac{U_N}{C_e\Phi}-\frac{R_a}{C_eC_T\Phi^2}T \tag{2-16}$$

随着 R_f 增大，励磁电流逐渐减小，磁通 Φ 也跟着减小。按照式(2-16)，主磁通减小，第一项理想空载转速上升，第二项的斜率与磁通的平方成反比，增大也比较显著，曲线位于固有机械特性曲线上方上移且变陡，如图 2-5 所示。

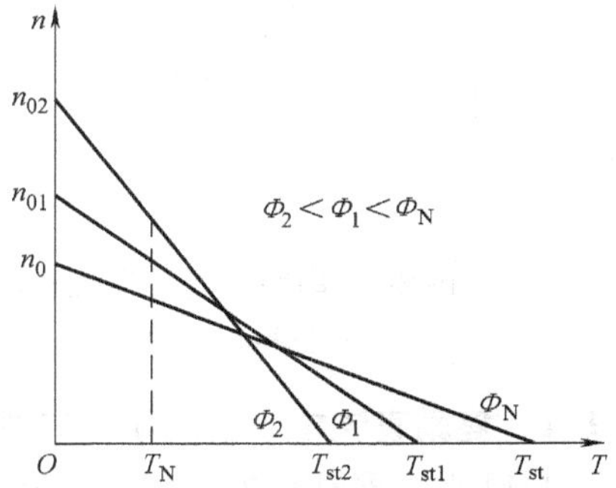

图 2-5　减弱励磁磁通时的人为机械特性曲线

需要说明的是，并励直流电动机具有与他励直流电动机相似的“硬”机械特性，但由于其励磁绕组与电枢绕组并联，电枢电压的变化会影响励磁电流，使机械特性比他励直流电动机稍软。

2.1.3　串励直流电动机的机械特性

1. 固有机械特性　图 2-6 所示为串励直流电动机的电路图。串励直流电动机的励磁绕组与电枢绕组串联，电枢电流 I_a 即为励磁电流 I_f，I_a（即

负载)的变化将引起主磁通 Φ 的变化。

当 I_a 较小，磁路未饱和时，Φ 与 I_a 成正比，即

$$\Phi = kI_a \tag{2-17}$$

式中 k——比例常数。

此时，电磁转矩

$$T = C_T\Phi I_a = C_T k I_a^2 \tag{2-18}$$

固有机械特性表达式为

$$n = \frac{U_N}{C_e\Phi} - \frac{R_a + R_f}{C_e C_T \Phi^2}T \tag{2-19}$$

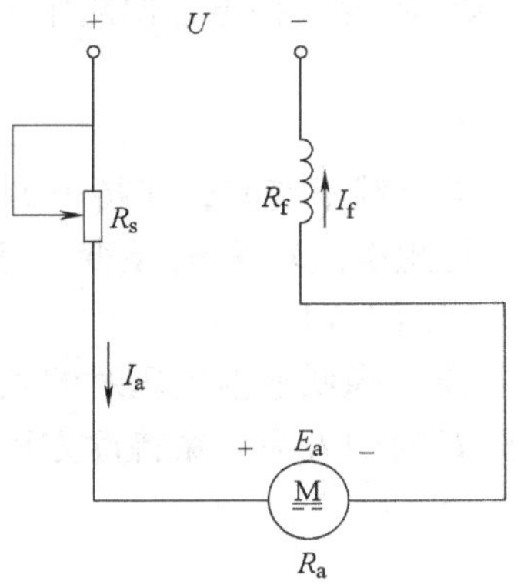

图 2-6 串励直流电动机的电路图

串励直流电动机的固有机械特性曲线如图 2-7 所示。

由串励直流电动机的固有机械特性曲线可以看出：

(1) 串励直流电动机的固有机械特性曲线是一条非线性的双曲线，随着负载转矩的增大(或减小)，转速自动减小(或增大)，保持功率基本不变，即有很好的牵引性能。因此，串励直流电动机广泛作为机车类负载的牵引动力。

(2) 理想空载转速为无穷大。实际上由于有剩磁磁通的存在，n_0 一般可达$(5\sim6)n_N$，空载运行会出现“飞车”现象。因此，串励直流电动机是不允许空载、轻载运行或作为带传动的拖动电动机。

(3) T 与 I_a 的平方成正比，因而串励直流电动机的起动转矩大，过载能力强。

2. 人为机械特性 串励直流电动机同样可以采用电枢串电阻、改变电源电压和改变磁通的方法来获得各种人为机械特性，以适应负载和工艺的要求。其人为机械特性曲线变化趋势与他励直流电动机的人为机械特性曲线的变化趋势相似，如图 2-8 所示。串励直流电动机适用于负载变化较大且不能空转的场合。

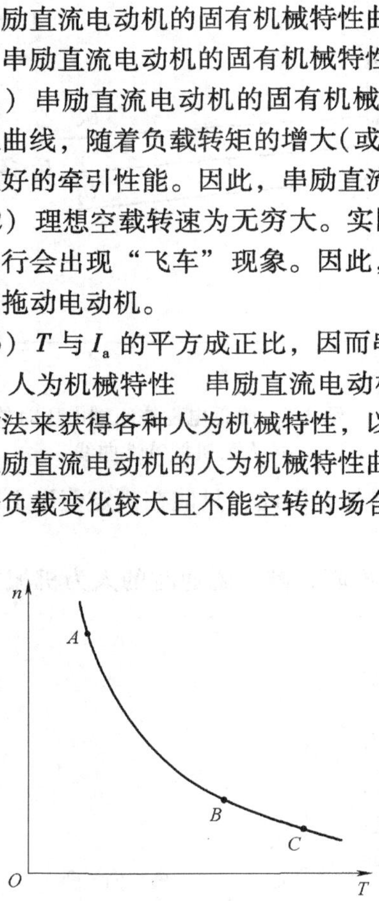

图 2-7 串励直流电动机的固有机械特性曲线

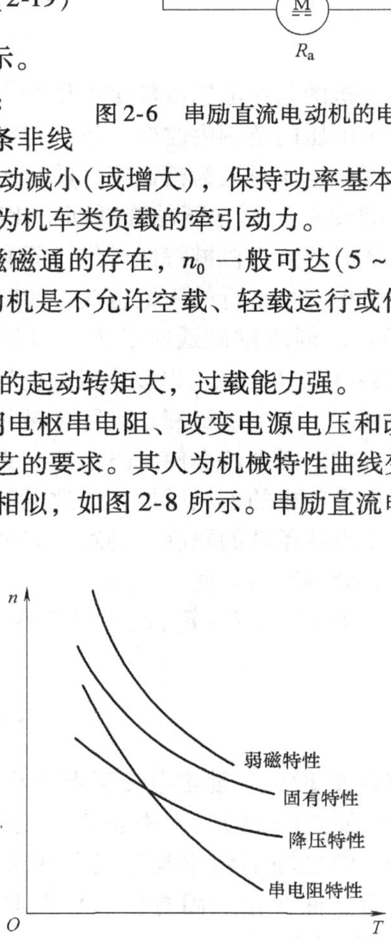

图 2-8 串励直流电动机的人为机械特性曲线

2.1.4 复励直流电动机的机械特性

复励直流电动机的特点是励磁绕组分为两部分：一部分与电枢电路串联，另一部分与电枢电路并联，如图 2-9 所示。这种类型的电动机融合了串励、并励两种励磁方式的运行特性。复励直流电动机的串励绕组使电动机产生较高的转矩，而其并励绕组便于转速控制和调节。在工业中，复励直流电动机比其他类型的直流电动机用得更多。复励直流电动机的转矩

不如串励直流电动机的转矩高，但大于并励直流电动机的转矩；复励直流电动机的转速调节功能不如并励直流电动机好，但要比串励直流电动机强。各种直流电动机的机械特性比较如图 2-10 所示。

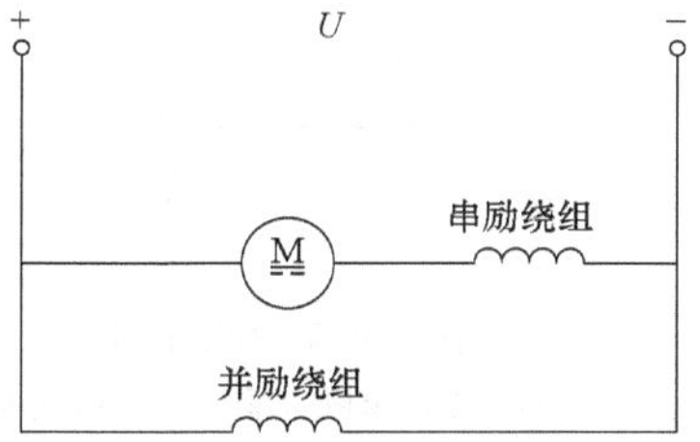

图 2-9　复励直流电动机的电路图

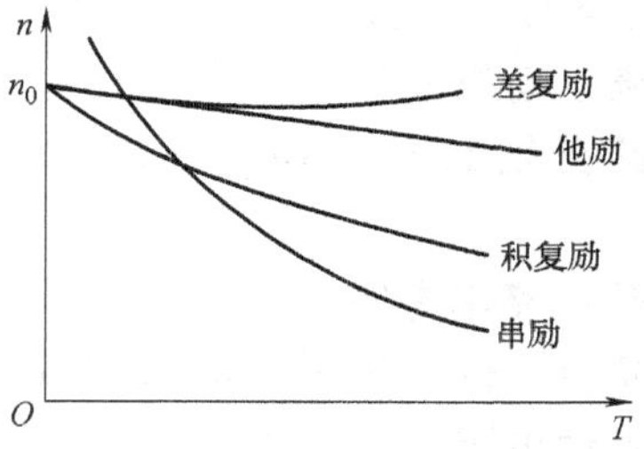

图 2-10　各种直流电动机的机械特性比较

2.2　直流电动机的起动、反转和调速

2.2.1　直流电动机的起动

1. 起动原理　电动机的起动是指电动机接通电源后，由静止状态加速到稳定运行状态的过渡过程。电动机在起动瞬间($n=0$)的电磁转矩称为起动转矩，起动瞬间的电枢电流称为起动电流，分别用 T_{st} 和 I_{st} 表示。起动转矩为

$$T_{st}=C_T\Phi I_{st} \tag{2-20}$$

如果直流电动机在额定电压下直接起动，由于起动瞬间转速 $n=0$，电枢电动势 $E_a=0$，故起动电流为

$$I_{st}=\frac{U_N}{R_a} \tag{2-21}$$

因为电枢电阻 R_a 很小，所以直接起动电流将达到很大的数值，通常可达到额定电流的 10～20 倍。过大的起动电流会引起电网电压下降，影响电网上其他用户的正常用电；电流过大使电动机的换向严重恶化，甚至会烧坏电动机；同时过大的冲击转矩会损坏电枢绕组和传动机构。因此，除了个别容量很小的电动机外，一般直流电动机是不允许直接起动的。

对直流电动机起动的要求是应有足够大的起动转矩以缩短起动时间、提高生产率，同时电动机的起动电流又不能过大。

2. 起动方法　为了限制起动电流，直流电动机的起动方法有两种：一是降低电枢电压(减压)起动；二是电枢回路串电阻起动。对串励、并励直流电动机常采用的是电枢回路串电阻起动。

(1) 减压起动：目前，经常采用的是晶闸管可控整流电路作为直流电动机的电源电压调节器。在直流电动机起动瞬间，为其供给较低的直流电压；随着电动机转速的升高，逐步增加直流电压的数值；电动机起动完毕，加在电动机上的电压即是电动机的额定电压。

用减压起动的方法起动并励直流电动机时必须注意：起动时必须加上额定的励磁电压，使磁通一开始就有额定值。否则电动机的起动电流虽然比较大，但起动转矩较小，电动机仍无法起动。

(2) 电枢回路串电阻起动：在电枢回路中串联起动电阻，使起动电流不超过允许的数

值。当电动机起动后，随着转速升高，反电动势增大，电枢电流减小，逐步减小起动电阻阻值；直到电动机稳定运行，起动电阻全部切除。并励直流电动机及串励直流电动机起动电路分别如图2-11a和图 2-11b所示。

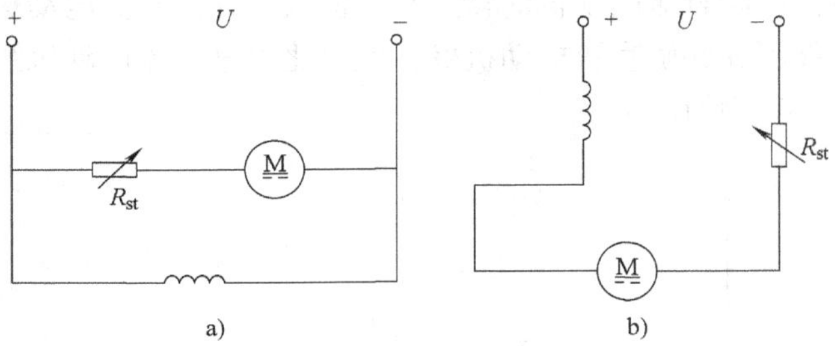

图 2-11　电枢回路串电阻起动原理图
a）并励直流电动机起动电路　b）串励直流电动机起动电路

电枢回路串电阻起动方法所需设备较简单、价格较低，但起动过程中在起动电阻上有能量损耗；而减压起动所需设备复杂、价格较高，但在起动过程中基本上不消耗能量。对于小容量的直流电动机一般采用串电阻起动，容量稍大但不需经常起动的电动机也可采用串电阻起动，而需经常起动的电动机，如起重、运输机械上的电动机，则宜采用减压起动方法。

2.2.2　直流电动机的反转

1. 改变转向的原理　要改变直流电动机的旋转方向，就需要改变直流电动机的电磁转矩方向，而电磁转矩的方向取决于定子主磁极磁通和电枢电流的方向。故改变电动机转向的方法有两种：一种是改变励磁电流的方向；另一种是改变电枢电流的方向。如果同时改变励磁电流和电枢电流的方向，则直流电动机的转向不变。

2. 改变转向的方法

（1）永磁式直流电动机的反转：因为其定子磁极为永久磁铁，所以只要改变电枢电源极性即可实现反转。这是由于电源极性改变后，电枢电流的方向也随着改变，而定子磁场方向不变，所以转子反转。

（2）并励直流电动机的反转：由于并励直流电动机的励磁绕组匝数多、电感大，在进行反接时因电流突变，将会产生很大的感应电动势，不但在开关或接触器的主触头上产生电弧，而且也容易把励磁绕组的绝缘层击穿。同时励磁绕组断开时，由于失磁会造成很大的电枢电流，易引起“飞车”事故。因此，一般采用改变电枢电流方向的方法，需要注意的是：在将电枢绕组反接的同时必须连同换向极绕组一起反接，以达到改善换向的目的。

（3）串励直流电动机的反转：串励直流电动机电枢绕组两端的电压很高，而励磁绕组两端的电压很低，反接容易，故常采用励磁绕组反接的方法实现反转。

2.2.3　直流电动机的调速

1. 调速原理　所谓调速，就是在所拖动的负载不变的前提下，人为改变电动机运行的转速。电力拖动系统的调速可以采用机械调速、电气调速或将二者配合进行调整。通过改变传动机构调速比进行调速的方法称为机械调速；通过改变电动机参数进行调速的方法称为电气调速。

改变电动机的参数就是人为地改变电动机的机械特性，从而使负载工作点发生变化，转速随之改变。可见，在调速前后，电动机必然运行在不同的机械特性上。如果机械特性不变，因负载变化而引起电动机转速的改变不能称为调速，而是称为转速变化。

根据他励直流电动机的转速公式 $n=(U-I_aR)/(C_e\Phi)$ 可知，当电枢电流 I_a 不变时（即在一定的负载下），只要改变电枢电压、电枢回路串联电阻 R 或励磁磁通 Φ 三者之中的任意一个量，就可改变转速 n。因此，直流电动机具有三种调速方法：调压调速、调磁调速和电枢回路串电阻调速。

2. 调速方法

（1）改变电枢电压 U 调速（调压调速）：改变电枢电压 U 时，机械特性的斜率不变，所以调速的稳定性好；电压可连续变化，调速的平滑性好，调速范围宽；电动机电压不允许超过额定值，因此转速只能由额定转速往低调，属于恒转矩调速；所需设备较复杂，成本较高，但电能损耗小，效率高；还可用于减压起动。随着电子技术的发展，这种调速方法已被越来越广泛地采用。

（2）减小磁通 Φ 调速（调磁调速）：当直流电动机的电源电压不变时，如使主磁通 Φ 减小，则电动机的转速就相应地升高。改变主磁通调速是通过改变励磁电流的大小来实现的，具体方法是在励磁回路中加入可调节的电阻来调节励磁电流，进而改变主磁通。对并励直流电动机而言，可在励磁回路中串联磁场调节电阻 RP_f，如图 2-12a 所示；对串励直流电动机而言，可在励磁回路两端并联磁场分路电阻 RP_f，如图 2-12b 所示。

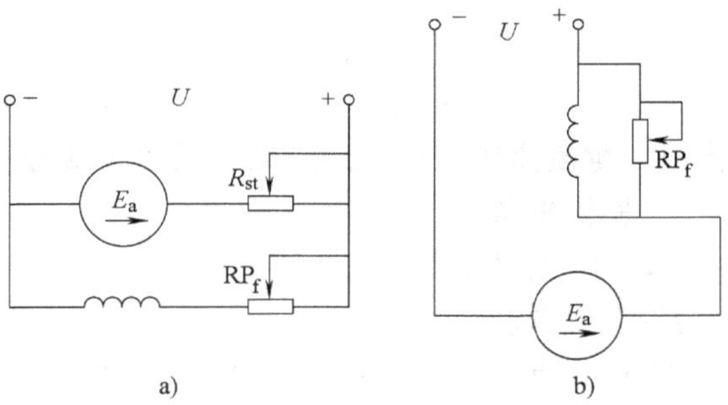

图 2-12　减小磁通调速原理图
a）并励直流电动机　b）串励直流电动机

减小磁通调速在励磁回路中进行，电流小，故能量损耗小，控制方便；由于电动机铁心磁饱和的影响，磁通只能减小，故转速只能从额定转速向上调，且调速范围一般来讲比较窄，只能作辅助调速之用；所需设备简单。

（3）电枢回路串电阻调速：这种调速电路与电枢串电阻起动电路相同。必须注意的是，调速电阻可作起动电阻用，而起动电阻不能用于调速，因为起动电阻是按短时间工作设计的，如将它用于调速，则很容易损坏。

【例 2-1】　一台他励直流电动机的额定数据为：$U_N=220V$，$I_N=41.1A$，$n_N=1500r/min$，$R_a=0.4\Omega$，保持额定负载转矩不变，求：

（1）电枢回路串入 1.65Ω 电阻后的稳态转速。

（2）电源电压降为 110V 时的稳态转速。

（3）磁通 Φ 减弱为 90% Φ_N 时的稳态转速。

解：

$$C_e\Phi_N=\frac{U_N-I_aR_a}{n_N}$$
$$=(220V-41.1A\times0.4\Omega)\div1500r/min\approx0.136Wb$$

（1）因为负载转矩不变，磁通不变，所以 I_a 不变。

$$n=\frac{U_N-(R_a+R_s)I_a}{C_e\Phi_N}$$
$$=[220V-(0.4\Omega+1.65\Omega)\times41.1A]\div0.136Wb\approx998r/min$$

（2）因为负载转矩不变，磁通不变，所以 I_a 不变。

$$n = \frac{U - I_a R_a}{C_e \Phi_N}$$

$$= (110V - 41.1A \times 0.4\Omega) \div 0.136Wb \approx 688r/min$$

（3）因为 $T = C_T \Phi_N I_N = C_T \Phi' I'_a = C$（常数），所以

$$I'_a = \left(\frac{\Phi_N}{\Phi'}\right) I_N = \frac{1}{0.9} \times 41.1A \approx 45.7A > I_N$$

即弱磁调速时，若负载转矩不变且等于额定转矩，则弱磁调速后电枢电流将超过额定电流，电动机发生过载。此时转速为

$$n = \frac{U_N - R_a I'_a}{C_e \Phi'}$$

$$= (220V - 0.4\Omega \times 45.7A) \div (0.9 \times 0.136Wb) \approx 1648r/min$$

实训1　他励直流电动机的起动、调速和反转

1. 实训准备

（1）实训接线图如图2-13所示。图中A1、A2为直流电流表；RP_s、RP_f为变阻器；S1、S2为控制开关。

（2）直流电流表和变阻器的选择：直流电流表的量程应根据电动机的额定值和运行中可能达到的最大值来选择；变阻器应根据运行中所需阻值和流过变阻器的最大电流来确定。

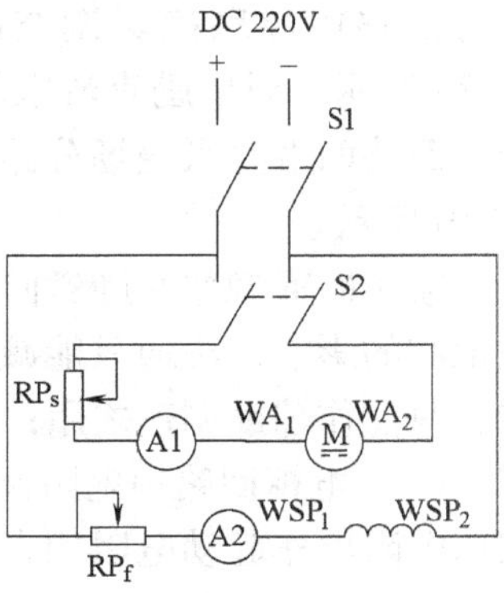

图2-13　他励直流电动机实训接线图

2. 起动步骤

（1）接线与检查：接线前应保证220V总电源开关在断开位置，按图2-13所示接好线路。检查接线是否正确；电流表的极性和量程选择是否正确；励磁回路接线是否牢固；电动机绕组的标识符是否与图一致；开关S1、S2是否在断开位置。还要注意电动机是否固定好，导线绝缘层是否有损坏。

（2）调节变阻器：将RP_s调到阻值最大位置；将RP_f调到阻值最小位置。

（3）操作准备：起动前应清理现场，电动机轴附近不能有杂物；连接导线要理顺并固定好，不能与电动机轴接触或缠绕；高处的东西要摆放好，谨防掉落；操作人员头发不能太长，衣服要整齐，操作时不要带手套；分工协作，作好监护。

（4）开启总电源开关：观察电源电压是否正常，不正常时立即切断电源，进行检查。

（5）合上开关S1：观察电流表A2是否正常，若指针反偏、指针满刻度或数值异常，立即切断S1，进行检查。

（6）合上开关S2：观察电流表A1是否正常，电动机转子是否转动。若有异常，立即切断S2、S1，进行检查。若正常，注意记录起动时A1的指示值。

（7）调节RP_s：减小RP_s，直至短接，电动机稳定运行，起动结束。记录电动机旋转方向和电流表A1的指示值。

3. 调速　分别改变串入电动机电枢回路的调节电阻RP_s和励磁回路的调节电阻RP_f的值，观察电动机转速和电流表A1、A2的变化情况，记录变化规律。

4. 停机与反转操作

（1）停机步骤：先切断电枢电源开关 S2，再切断励磁电源开关 S1，电动机自由停车。然后将 RP_s 调到阻值最大位置，将 RP_f 调到阻值最小位置，为下次起动作好准备。

（2）反转操作：在断电停机的情况下，将电枢绕组的两端 A1、A2 或励磁绕组的两端 F_1、F_2 对调后，再按以上起动步骤起动电动机，观察电动机的转向，并记录。

5. 恢复现场　实训结束后，切断总电源，拆除并整理好导线，清理垃圾，整理好笔记，准备写实训报告。

思考与分析

（1）他励直流电动机起动时，为什么要先加励磁电源后加电枢电源？如果改变接线，反过来操作会怎样？本实训中不改变接线，先合 S2，再合 S1，可以吗？

（2）他励直流电动机起动时，比较电枢回路的起动电流和稳定电流，哪个更大？为什么？电动机起动时 RP_s、RP_f 应调整到什么位置？为什么？

（3）在他励直流电动机励磁绕组断线的条件下，下面两种情况会有什么后果：空载起动；拖动额定负载起动？

（4）为什么要求他励直流电动机励磁回路要接牢？励磁回路在起动时断开与运行时断开，对电动机的影响一样吗？实际应用中，应怎样进行失磁保护？

（5）他励直流电动机在负载及外加电源电压均不变的情况下，改变其励磁电流，电枢电流将如何变化？电动机转速将如何变化？能否用机械特性的变化说明调速过程？

（6）他励直流电动机稳定运行时，改变电枢回路电阻能否改变电枢电流的稳态值？稳定转速改变吗？能否用机械特性的变化说明调速过程？

（7）一台直流电动机的额定转速为 3000r/min，如果电枢电压和励磁电流均为额定值，试问该电动机是否允许在转速为 2500r/min 情况下长期运行？为什么？

（8）他励直流电动机起动后发现转向不对，问有哪些方法可以改变这台电动机的转向？若将电源极性对调或同时对调励磁绕组和电枢绕组的接头，能否改变其转向？讨论哪种方法改变电动机转向更好。

（9）本实训中存在怎样的危险？讨论安全文明生产的意义。

实训 2　积复励直流电动机的正确连接

1. 实训说明　当电动机为差复励时，并励磁场将决定电动机空载或轻载时的旋转方向。当电动机加入负载后，串励磁场将会变得更强，如果负载足够大，主磁极磁场极性将颠倒，而电动机将会突然停转后反方向运行，起动特性类似串励直流电动机。这会破坏电动机及与之相连接的设备。因此，虽然在某些场合可应用差复励直流电动机，但一般不用。

2. 积复励直流电动机的连接步骤

（1）负载与电动机不连接。

（2）将串励绕组和电枢绕组接在一起而不接并励绕组，将外加电源与电动机连接，如图 2-14a 所示。

（3）短时接上电源来确定旋转方向，加入电源的时间必须非常短，因为电动机此时像串励电动机空载运行。其原则是“冲击”电动机，刚好能检测出旋转方向。如果电动机旋转方向与所要求的方向相反，可将电枢绕组端线调换反接，以使电动机的旋转方向改变。

(4) 将并励绕组端子与输入电源连接，再次合上电源，检查旋转方向，如图 2-14b 所示。如果电动机运转方向与所要求的方向相同，则电动机为积复励连接；如果电动机旋转方向与所要求的相反，则是差复励连接，这时并励绕组的端线需反接。

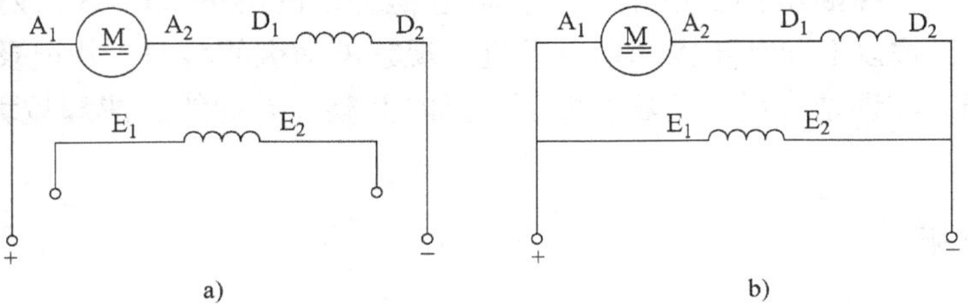

图 2-14 积复励直流电动机的连接方法

a) 首先连接成串励测转向 b) 连接并励绕组再测转向

因为空载时并励绕组控制转向，所以这个测试能用来检查电动机是差复励还是积复励。如果电动机串励和复励时转向一致，则串励绕组和并励绕组通电后产生的磁场方向相同，互相加强，因此电动机为积复励。

思考与分析

(1) 怎样判别哪个绕组是串励绕组，哪个绕组是并励绕组？串励绕组和并励绕组如何与电枢绕组连接？

(2) 如果要改变复励直流电动机的转向，只调换并励绕组的接头可以实现吗？

(3) 如何使复励直流电动机运行在大于或小于额定转速？

(4) 如果并励绕组电流为零，复励直流电动机会怎样？想想用什么办法解决。

(5) 谈谈复励直流电动机与其他类型直流电动机相比的优势。

2.3 直流电动机的制动

根据电磁转矩 T 和转速 n 之间的关系，可以把电动机分为两种运行状态：T 与 n 同方向时，称为电动运行状态，简称电动状态；T 与 n 反方向时，称为制动运行状态，简称制动状态。电动状态时，电磁转矩为驱动转矩；制动状态时，电磁转矩为制动转矩。

所谓制动就是加上一个与电动机转向相反的转矩，以使电动机迅速停转或限制电动机的转速。如果制动转矩是靠机械制动闸的摩擦来产生，则称为机械制动；如果是电动机本身产生的，则称为电气制动。电气制动按其产生电磁制动转矩的方法不同又可分为反接制动、能耗制动和再生制动等几种。

2.3.1 反接制动

1. 电枢反接制动　利用改变加在电枢绕组上的电压方向(使 I_a 反向)或改变励磁电流的方向(使 Φ 反向)，来使电磁转矩 T 反向成为制动转矩的制动方法称为电枢反接制动。电枢反接制动的原理实际上与反转原理是一样的。

图 2-15 所示为直流电动机电枢反接制动电路原理图。当接触器的触头 KM1 闭合、KM2 断开时，电动机拖动负载逆时针稳定运行。KM1 断开、KM2 闭合时，电枢所加电压反向，

同时在电枢电路中串入了电阻 R_{bk}，这时电枢电压变为负值，电枢电流为

$$I_{bk}=\frac{-U_N-E_a}{R_a+R_{bk}}=-\frac{U_N+E_a}{R_a+R_{bk}}<0 \qquad (2\text{-}22)$$

由式(2-22)可知，电枢电流 I_a 变为负值而改变方向，电磁转矩 $T=C_T\Phi I_a$ 也随之变为负值而改变方向，与原转速方向相反，成为制动转矩，使电动机处于制动状态。应注意：当电动机转速降低到接近零时就应立即切断电源，否则电动机将反向起动。

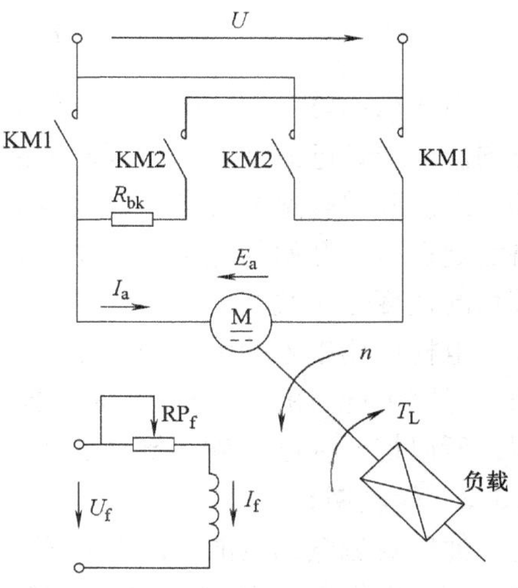

图 2-15　直流电动机电枢反接制动电路原理图

电枢绕组反接时，一定要在电枢回路中串联电阻以限制电枢电流 I_a 的数值，否则在反接的瞬间，反电动势 E_a 数值和方向未变，而外接电压方向改变，变为与 E_a 同方向，故在该瞬间加在电枢绕组的电压接近两倍的端电压，如不串联电阻，电刷与换向器表面将因电枢电流过大而产生强烈火花而损坏。R_{bk}应根据使反接制动时电枢电流 $I_{bk}=(2\sim2.5)I_N$ 来选择，因此应串入的制动电阻值为

$$R_{bk}\geqslant\frac{U_N+E_a}{(2\sim2.5)I_N}-R_a \qquad (2\text{-}23)$$

与电动状态相比较，电枢反接制动时电动机仍从电网吸收电功率 UI_a，同时又将轴上多余的机械能变成了电能，这两部分电能全部消耗在电枢回路电阻上，因此该制动方式可产生较好的制动效果。电枢反接制动一般用于要求迅速制动的场合，通常只在小功率直流电动机上采用。

2. 倒拉反接制动　直流电动机倒拉反接接线图如图 2-16a 所示，机械特性曲线如图2-16b 所示。当电动机提升重物时，KM1 和 KM2 闭合，电动机工作于 A 点；下放重物时，将 KM2 断开，电枢回路串入一个较大的电阻 R_{bk}，在 KM2 断开的瞬间，电动机的转速不变，由于电枢串入了较大电阻，这时电枢电流变小，电磁转矩 T 变小，电动机工作于 B 点，$T_B<T_L$，因此系统不能将重物提升。在负载重力的作用下，转速迅速下降到 C 点，

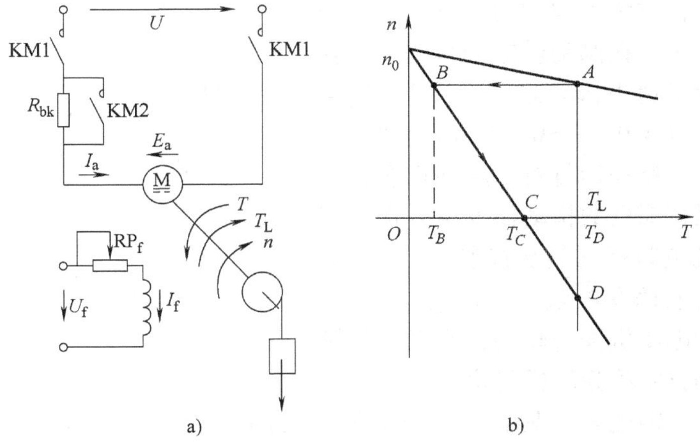

图 2-16　直流电动机倒拉反接制动
a) 接线图　b) 机械特性

此时 $n=0$。然后电动机将强迫反转，也称倒拉反转，转速反向，$n<0$，$E_a=C_e\Phi n<0$，电枢电流则为

$$I_a = \frac{U_N - E_a}{R_a + R_{bk}} = \frac{U_N + |E_a|}{R_a + R_{bk}} > 0 \tag{2-24}$$

由式(2-24)可知，电枢电流仍为正值，未改变方向，因此电磁转矩 T 也为正值，未改变方向。但转速已改变方向，因此电磁转矩 T 与转速 n 方向相反，为制动转矩，电动机处于制动状态。随着转速的升高，电枢电流增大，电磁转矩也增大，直到 D 点 $T_D = T_L$ 时，电动机将稳定运行，开始匀速下放重物。电枢串入的电阻 R_{bk} 越大，则最后稳定的转速越高，下放重物的速度也越快。

电枢回路串入较大的电阻后，电动机出现反转制动运行，这主要是位能负载的倒拉作用，又因为此时的 E_a 与 U 也是顺向串联的，共同产生电枢电流，这一点与电枢反接制动相似，所以把这种制动称为倒拉反转反接制动(或电动势反接制动)。

2.3.2　能耗制动

他励直流电动机能耗制动原理图如图 2-17 所示。先将 KM1 断开，电动机电枢绕组与电源脱离，电枢电压 $U=0$，如图 2-17a 所示；再将 KM2 闭合，电枢绕组通过电阻 R_{bk} 构成闭合电路。在电路切换瞬间，由于机械惯性，电动机的转速不能突变，转速 n 仍保持原电动状态的大小和方向，因此电枢电动势 E_a 的大小和方向不变，根据电动机的电压平衡方程式

$$U = E_a + I_a(R_a + R_{bk})$$

可得电枢电流

$$I_a = -E_a/(R_a + R_{bk}) < 0 \tag{2-25}$$

电枢电流为负值，说明电枢电流与电动状态时的方向相反，因此产生的电磁转矩也与电动状态时方向相反，即与转速方向相反，成为制动转矩，如图 2-17b 所示。在制动转矩的作用下，转速迅速下降。当 $n=0$ 时，$E_a=0$，$I_a=0$，$T=0$，制动过程结束。

制动运行时，电动机靠生产机械惯性的拖动而发电，将生产机械储存的机械能转换成电能，并消耗在电阻($R_a + R_{bk}$)上，直到电动机停止转动，所以这种制动方式称为能耗制动。

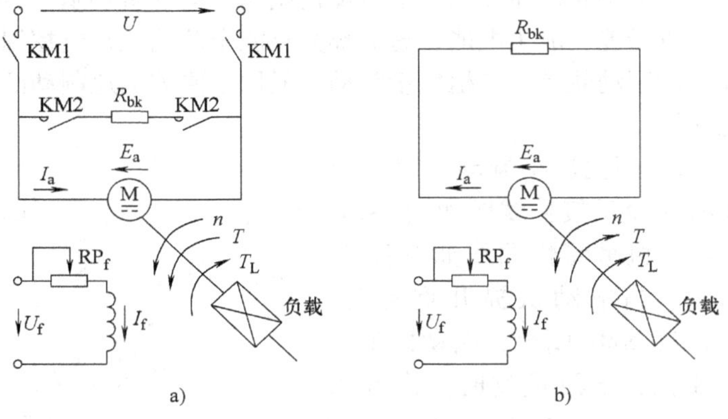

图 2-17　他励直流电动机能耗制动
a) $U=0$ 时　b) 制动状态时

能耗制动操作简单，但随着转速的下降，电动势减小，制动电流和制动转矩也随之减小，制动效果变差。若为了使电动机能更快地停转，可以在转速降到一定程度时切除一部分制动电阻，使制动转矩增大，从而加强制动作用。

2.3.3　回馈制动

由式 $I_a = (U - E_a)/R_a$ 可看出，当电机作电动机状态运行时，电源电压 U 大于反电动势 E_a，即 $U > E_a$，故 I_a 与 U 同方向。如电动机在运行时由于某种原因使 $E_a > U$(例如起重机下放重物、运输机械下坡等)，则电枢电流 I_a 方向就改变了，即 I_a 与 U 方向相反，电机向电网

输送电能，由电磁转矩 $T=C_T\Phi I_a$，可见 T 也随 I_a 的反向而改变方向，即与电动机旋转方向相反，为制动转矩。

1. 正向回馈制动　由式 $E_a=C_e\Phi n$ 可知，如果电动机的磁通 Φ 不变（并励、他励直流电动机即如此），只要电动机的速度 n 高于理想空载转速 n_0 即可使 $E_a>U$。

如果电动机拖动负载（如一台电车）平路前进，转速为 n。设电磁转矩 T 与 n 同方向为正值。负载转矩 T_{L1} 与 n 反方向也为正值。平路前进时，负载转矩为摩擦阻转矩 $T_{L1}>0$。当电车在下坡路上前进时，负载转矩就为摩擦阻转矩与位能性拖动转矩的合成转矩，因二者方向相反，而后者数值比前者大，则电车下坡时的总负载转矩 $T_{L2}<0$，如图 2-18 所示。这样，电车在平路上前进时，电动机为电动运行状态，工作点为特性曲线与 T_{L1} 的交点 A；电车下坡时，电动机则运行于正向回馈制动状态，工作点为特性曲线在第二象限与 T_{L2} 的交点 B。从图中看到，回馈制动时的电磁转矩 T 与转速 n 相反。当 $T=T_{L2}$ 时，电车能够恒速下坡。

直流电动机在减压减速的过程中，若突然降低电枢电压，感应电动势还来不及变化，则也会发生 $E_a>U$ 的情况，即出现回馈制动，如图 2-19 所示。

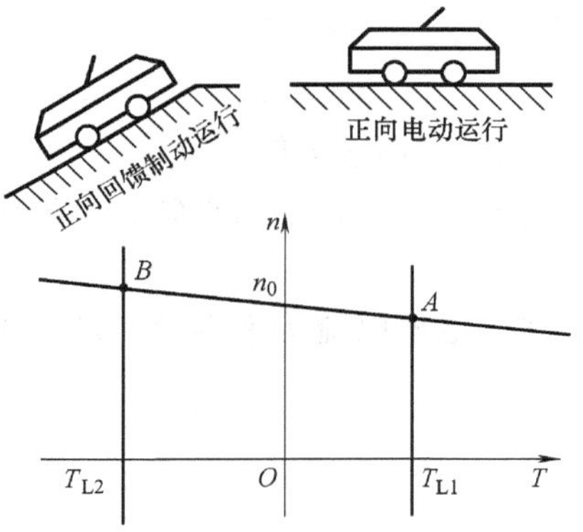

图 2-18　电动机拖动电车时正向回馈制动

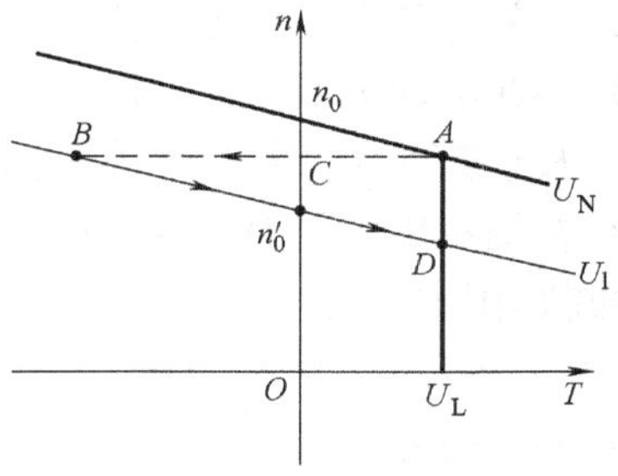

图 2-19　电动机减压减速时正向回馈制动

假设电动机原来运行于特性曲线的 A 点，电枢电压为 U_N，当电压降为 U_1 后（$U_1<U_N$），则电动机沿曲线 $ABCD$ 运行，最后稳定运行于 D 点。

在减速的过程中的 BC 段，电动机转速 n 仍大于零，而电磁转矩 $T<0$，T 与 n 方向相反，这时 T 为制动转矩，属于正向回馈制动。从能量转换的观点看，转换为电功率的机械功率由系统从高速向低速减速过程中释放出来的动能提供，电功率并不是供给用电设备，而是回馈到直流电源。回馈制动的过程，是转速从高于 n'_0 的速度减到 n'_0 的减速过程，而不是像能耗制动和反接制动那样从高速到 $n=0$ 的停车过程。

对于串励直流电动机而言，磁通随 I_a 的变化而变化，不能保持不变，为此串励直流电动机如要进行再生制动，必须先将串励改为他励，由专门的低压直流电源给励磁绕组供电，以保证磁通有一定的数值（不随 I_a 而变化）。

2. 反向回馈制动　设他励直流电动机拖动位能性负载，电动机原先在 A 点提升重物。将电源电压反接的同时接入一个大电阻，运行点从 A 点过渡到 B 点，电动机进入反接制动状态，如图 2-20

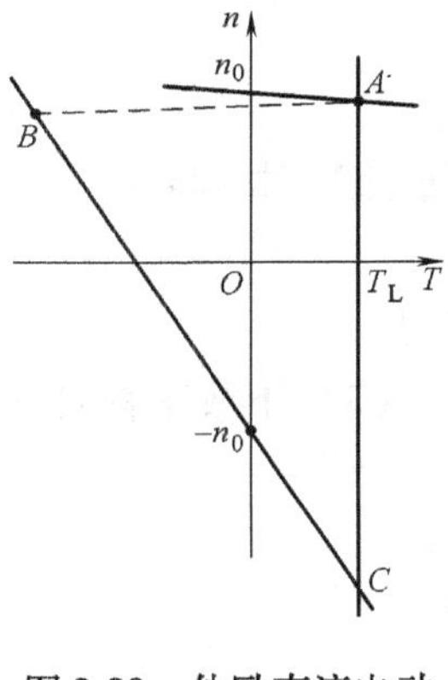

图 2-20　他励直流电动机反向回馈制动

所示。当转速 n 下降到 $n=0$，若不及时切断电源，也不采取机械制动措施，则电动机在电磁转矩和负载转矩的共同作用下，经反向电动状态到 $n=-n_0$，反向电动状态结束。这时 $T=0$，电动机在 T_L 的作用下，继续加速，使 $|n|>|n_0|$，电枢电流 I_a 与电枢电动势 E_a 同方向，T 与 n 反方向，电动机运行在反向回馈制动状态，直到 C 点，电动机才能稳定进行。

若在外部条件作用下，电动机实际转速高于理想空载转速，则电动机可运行在回馈制动状态。回馈制动又称为再生制动、发电反馈制动，可向电网回馈电能，所以经济性能好，但只有在特定的状态时才能实现此种制动，而且只能限制电动机转速，不能使电动机停转。

思考与分析

（1）直流电动机的制动方法有哪几种？有何异同点？

（2）如何判断直流电动机运行在电枢反接制动，还是回馈制动状态？

（3）直流电动机在电枢反接制动时应注意哪些问题？

（4）直流电动机在回馈制动时，转速能为零吗？为什么？

【例 2-2】 一台他励直流电动机数据为：$P_N=10kW$，$U_N=220V$，$I_N=53A$，$n_N=1000r/min$，$R_a=0.3\Omega$，电枢电流最大允许值为 $2I_N$。

（1）在额定状态下进行能耗制动，求电枢回路应串入的制动电阻值。

（2）用此电动机拖动起重机，在能耗制动下以 300r/min 的转速下放重物，电枢电流为额定值，求电枢回路应串入的制动电阻值。

（3）在倒拉反接制动下以 300r/min 的转速下放重物，电枢电流为额定值，求电枢回路应串入的制动电阻值。

解：

（1）制动前电枢电动势为

$$E_a=U_N+R_aI_N=220V-0.3\Omega\times53A=204.1V$$

应串入的制动电阻阻值为

$$R_{bk}=\frac{E_a}{2I_N}-R_a=204.1V\div(2\times53A)-0.3\Omega=1.625\Omega$$

（2）因为励磁保持不变，则

$$C_e\Phi_N=\frac{E_a}{n_N}=204.1V\div1000r/min=0.204Wb$$

下放重物时，转速为 $n_N=-300r/min$，由能耗制动的机械特性 $n=-(R_a+R_{bk})/(C_e\Phi_N)I_a$ 得

$$-300r/min=-(0.3\Omega+R_{bk})\div0.204Wb\times53A$$

可得

$$R_{bk}=0.855\Omega$$

（3）下放重物时电动机的转速为负值，由倒拉反接制动的机械特性方程

$$n=\frac{U_N}{C_e\Phi_N}-\frac{R_a+R_{bk}}{C_e\Phi_N}I_a$$

得

$$-300r/min=220V\div0.2041Wb-(0.3\Omega+R_{bk})\div0.2041Wb\times53A$$

可得

$$R_{bk}=5\Omega$$

2.4　直流发电机

直流发电机有三种基本类型：串励、并励和复励。其中并励发电机既可自励也可他励，其他类型发电机必须自励。发电机自励，指主磁极必须要有一定的剩磁，剩磁产生初始输出电压，这样如果发电机接上负载，就会有电流流过励磁绕组，从而建立起稳定的输出电压。

驱动直流发电机的原动机，在正常工作时要求转速恒定不变，此时，发电机所产生的输出电压的大小与下列三个因素有关：

（1）电枢绕组线圈的匝数：匝数多，电压大。

（2）极靴磁场强度：增加磁通量，输出电压也增加。

（3）切割磁力线的速度(发电机的旋转速度)：增加电枢旋转速度将会增加输出电压。

2.4.1　直流发电机的自励条件

直流发电机要发电必须要有主磁极磁场，才能产生电磁感应电动势；而三种发电机的主磁极磁场又要靠发电机本身发出的直流电压来提供励磁电流。这对相互制约的矛盾，使发电机必须在满足以下条件的情况下才能建立起稳定的电压。

（1）发电机主磁极要有剩磁。剩磁电动势加在励磁绕组的两端，在励磁回路中产生一个微小的励磁电流，该励磁电流也将产生磁场，有可能加强原来磁场。

（2）励磁磁通方向必须与剩磁磁通方向一致。如果励磁磁通与剩磁磁通方向相反，则削弱了剩磁，发电机的电压便不能建立；如果方向相同，则加强了原来的磁场，就有可能使电枢绕组产生更大的电动势并产生更大的励磁电流和励磁磁场，直至建立稳定的电枢电压。要满足这一点，必须保证励磁绕组和电枢绕组要正确连接，同时电枢必须按规定的方向旋转(发电机机壳上都有明显的转向标志)。

（3）励磁回路的电阻必须小于临界电阻。发电机电动势的建立还与励磁回路电阻的大小有关。如果励磁回路的电阻太大，励磁电流增加很少，励磁磁场也增加很小，几乎为零，就不能建立起稳定的电压。

2.4.2　串励发电机的特性

当负载连接到串励发电机的输出端时，由极靴剩磁产生的初始电压通过负载产生电流。因串励发电机串励绕组与电枢绕组串联，极靴磁场增强，输出电压也增加。如果负载增大，则电流更大，输出电压也要增加，直到极靴铁心和电枢铁心磁饱和，输出电压才会停止增加。达到磁饱和后，负载增加会导致输出电压减小。串励发电机特性曲线如图 2-21 所示。

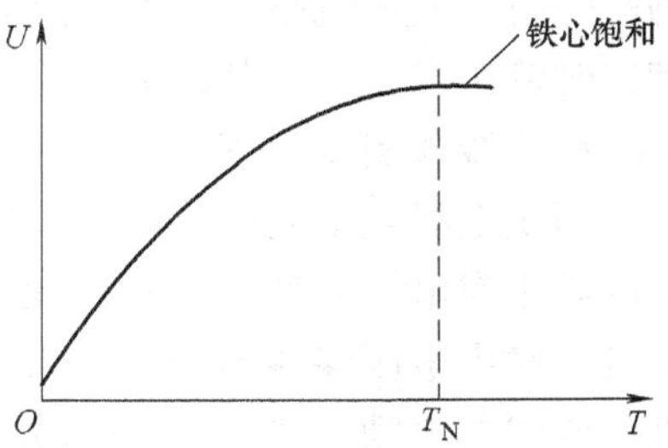

图 2-21　串励发电机特性曲线

2.4.3　并励发电机的特性与输出电压的控制

1. 特性曲线　串励发电机在电压增高前必须接入负载，要求负载与电枢绕组及串励绕组组成完整的回路，以利于电流通过。对于自励式并励发电机，并励绕组与电枢绕组形成了一条完整的回路，所以在负载接入发电机前即可获得额定电压输出。

他励发电机的励磁绕组与外直流电源连接，其优点是能保证对输出电压进行更好的控制和当接入负载后电压降更小。

当自励式并励发电机接入负载时，由于电枢电压用来产生并励绕组的励磁电流，所以电压有较大的下降。只要电压下降，通过磁场的电流也随之下降，导致通过极靴的磁力线减少，引起输出电压进一步下降。他励发电机由于外电源供电而磁力线保持不变，所以没有这个问题。并励发电机和他励发电机的特性曲线如图 2-22 所示。

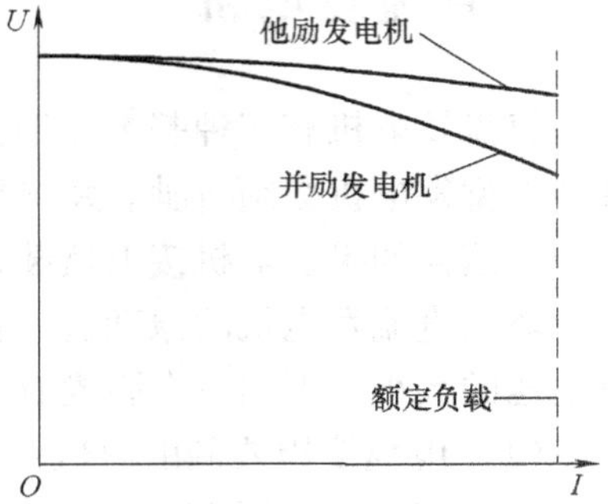

图 2-22　并励发电机与他励发电机的特性曲线

2. 输出电压的控制　决定直流发电机输出电压的因素之一为磁场的磁感应强度，所以输出电压受通过励磁绕组电流大小的控制。通过改变与并励绕组串联的电阻值，就能控制通过励磁绕组电流，进而控制了极靴磁场的强度。调节并励发电机输出电压的简单方法就是串联并励绕组变阻器，如图 2-23 所示。

无论是否有负载，输出电压不能变化，这点很重要。为此可用电压调节器来调节并励绕组电流，如图 2-24 所示。电压调节器能自动检测负载电压的大小：如果输出电压下降，则调节器就让更大的电流通过并励绕组；如果输出电压升高，则调节器就减小并励绕组的电流。

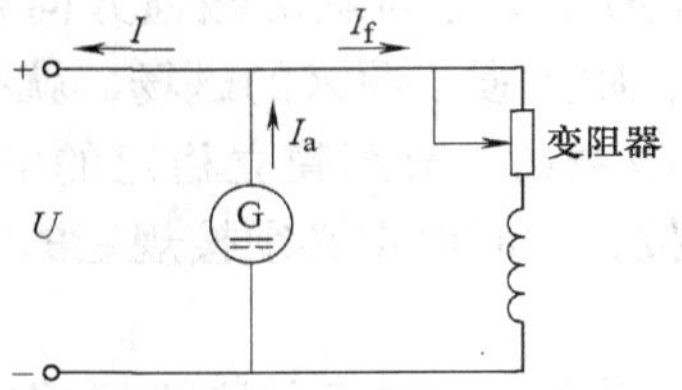

图 2-23　并励发电机输出电压的调节

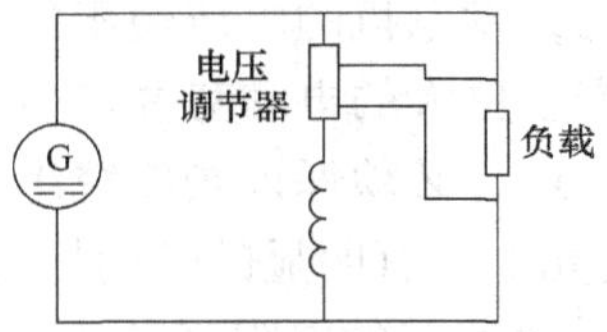

图 2-24　用电压调节器调节并励绕组电流

2.4.4　复励发电机的特性与复励程度的控制

1. 特性曲线　复励发电机既有串励绕组又有并励绕组，一般采用积复励的形式，串励和并励两个磁场的关系由发电机复励的程度决定。当发电机接上负载输出电压增加且串励磁场较强时，发电机是过复励，过复励的特点是发电机满载时输出电压比空载时的输出电压高。复励发电机的特性曲线如图 2-25 所示。

当发电机是平复励时，串励磁场增强产生的输出电压等于发电机内部电压的损耗，即满载和空载时发电机的输出电压保持不变。如果串励磁场太弱，发电机就变成欠复励，特点是满载输出电压要比空载时要低。发电机是欠复励时，其特点与并励发电机相似。

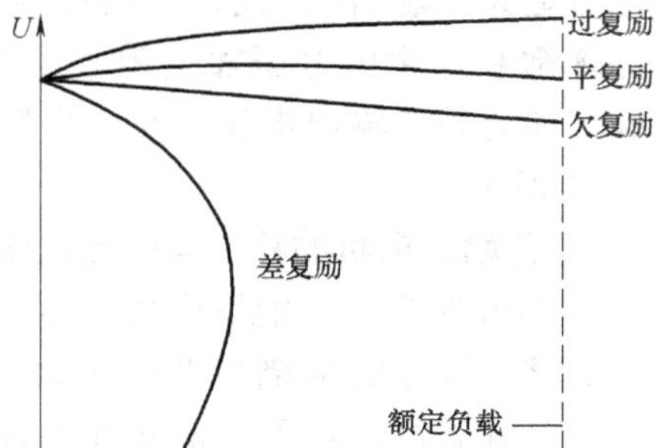

图 2-25　复励发电机的特性曲线

2. 复励程度的控制　不进行控制时大多数发电机是过复励的，且允许串励磁场减弱，以有利于控制复励的程度。复励的程度可由与串励绕组并联的变阻器或串励绕组分流器控制，如图 2-26 所示。让原来流过串励绕组的一部分电流流过该变阻器，从而减弱了串励磁场，也降低了复励的程度。

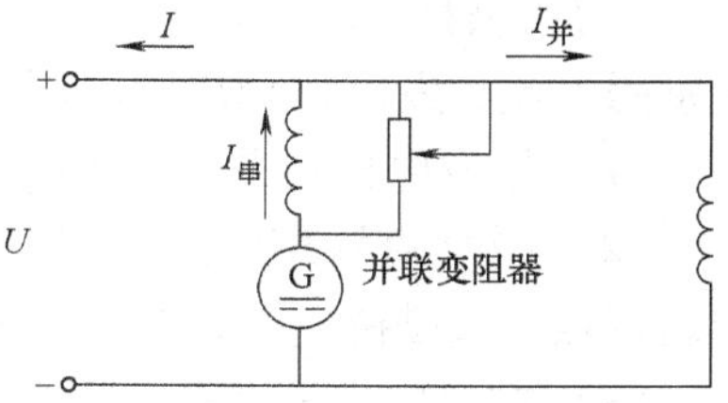

图 2-26　复励程度的控制

实训 1　他励直流发电机电压的建立与特性测试

他励直流电动机拖动他励发电机，按电动机铭牌额定值和可能达到的最大值选择直流仪表和变阻器。按图 2-27 所示电路接线并进行起动前检查，图中 TG 为转速表。

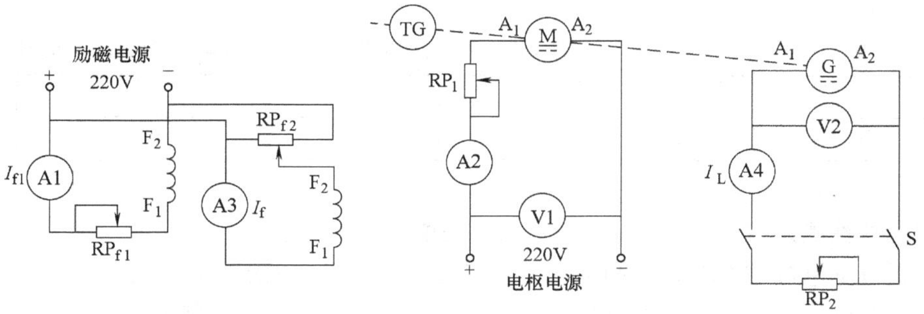

图 2-27　他励发电机实训电路

1. 空载电压的建立

（1）把发电机 G 的负载开关 S 打开，将 RP_{f2} 调至使发电机励磁电流 I_f 最小的位置，同时使电动机 M 电枢串联的起动电阻 RP_1 阻值最大，RP_{f1} 阻值最小。

（2）接通励磁电源开关，观察到电流表 A1 的读数最大、电流表 A3 的读数最小时，接通电枢电源开关，起动直流电动机 M 正向旋转。

（3）把 M 的电枢电压调至 220V，将 RP_1 逐渐调至最小。注意观察电压表 V1、电流表 A2 的指示是否正常，电动机运转是否正常，转速表是否正常。

（4）电动机 M 正常运转后，调节 M 的磁场调节电阻 RP_{f1}，使发电机转速 n 达到额定值 n_N，注意观察 V2 及 TG 的读数是否正常。

（5）调节 RP_{f2}，若 V2 的读数有变化，说明发电机电压已建立。

2. 空载特性测试　保持 $n=n_N$、$I_L=0$，测取 $U_0=f(I_f)$。

（1）调节发电机励磁分压电阻 RP_{f2}，保持 $n=n_N$，使发电机的空载电压 $U_0=1.2U_N$（U_N 为发电机的额定电压）。

（2）从 $U_0=1.2U_N$ 开始，单方向调节 RP_{f2}，使发电机励磁电流逐次减小，测量发电机的空载电压 U_0（V2 的读数）和励磁电流 I_f（A3 的读数），直至 $I_f=0$。此时测得的电压即为发电机的剩磁电压，其值通常为 $(2\sim4)\%U_N$。

（3）测取数据时，$U_0=U_N$ 和 $I_f=0$ 两点必测，并在 $U_0=U_N$ 附近多取几点，共测取 7 ~ 8 组数据，记录于表 2-1 中。

表 2-1　空载特性测试　　（$n=n_N=$　　r/min；$I_L=0$）

U_0/V								
I_f/mA								

3. 外特性测试　保持 $n=n_N$、$I_f=I_{fN}$，测取 $U=f(I_L)$。I_{fN}、U 和 I_L 分别为发电机 G 的额定励磁电流、发电机输出端电压和发电机的输出电流。

（1）把发电机负载电阻 RP_2 调到最大电阻值，合上负载开关 S。

（2）同时调节 RP_{f1}、RP_{f2} 和 RP_2，使发电机 $I_L=I_N$、$U=U_N$、$n=n_N$，该点为发电机的额定运行点，其励磁电流称为额定励磁电流 I_{fN}，记录该组数据。

（3）在保持 $n=n_N$ 和 $I_f=I_{fN}$ 不变的条件下，逐次增加负载电阻 RP_2，即减小发电机的负载电流 I_L。从额定负载到空载运行点范围内，每次测取发电机的端电压 U（V2 的读数）和输出电流 I_L（A4 的读数），直到空载（断开开关 S，$I_L=0$），共测取 6～7 组数据，记录于表 2-2 中。

表 2-2　外特性测试　（$n=n_N=$　　r/min；$I_f=I_{fN}=$　　mA）

U/V							
I_L/mA							

4. 调整特性测试　保持 $n=n_N$、$U=U_N$，测取 $I_f=f(I_L)$。

（1）调节发电机的 RP_{f2}，保持 $n=n_N$，使发电机空载达额定电压 U_N。

（2）在保持发电机 $n=n_N$ 的条件下，合上负载开关 S，调节负载电阻 RP_2，逐次增加发电机输出电流 I_L，同时相应调节发电机励磁电流 I_f，使发电机端电压保持额定值 $U=U_N$。

（3）从发电机的空载至额定负载范围内，每次测取发电机输出电流 I_L（A4 的读数）和励磁电流 I_f（A3 的读数），共取 5～6 组数据，记录于表 2-3 中。

表 2-3　调整特性测试　（$n=n_N=$　　r/min；$U=U_N=$　　V）

I_L/A						
I_f/mA						

思考与分析

（1）在发电机建立电压的过程中，如果调节发电机励磁回路的电阻，发电机端电压没有发生变化，判断是什么问题。

（2）根据空载特性数据，作出空载特性曲线，并考虑为什么不能反复调节励磁电流的大小？

（3）作出外特性曲线，根据公式 $\Delta U\%=(U_0-U_N)/U_N\times100\%$，计算发电机的电压调整率。影响电压调整率的因素有哪些？电压调整率的大小对用户有什么影响？

（4）绘出调整特性曲线，分析在发电机转速不变的条件下，当负载变化时，要保持端电压不变，发电机必须进行怎样的调整？

（5）发电机运行时，端电压保持不变很重要吗？怎样改变发电机端电压的极性？

（6）电动机拖动发电机时，为什么要保持转速不变？当发电机负载发生变化时，电动机的转速是否改变，怎样调节转速？

（7）谈谈本实训中有关安全文明操作的注意事项，有哪些收获？

实训 2　并励直流发电机电压的建立与特性测试

他励直流电动机拖动并励直流发电机，按电动机铭牌额定值和可能达到的最大值选择直流仪表和变阻器。按图 2-28 所示电路接线，并进行起动前检查。

1. 自励建压的操作

（1）把发电机 G 的开关 S 断开，RP_{f2} 调至最大电阻位置，同时使电动机 M 电枢串联的起动电阻 RP_1 阻值最大，RP_{f1} 阻值最小。

（2）断开发电机励磁绕组的 E_1 端或 E_2 端，保护好被拆下的接头。先接通励磁电源，然后开启电动机的电枢电源，使电动机起动。

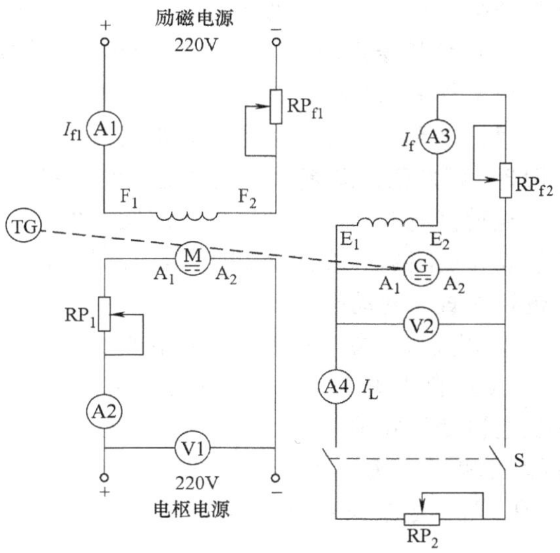

图 2-28　并励直流发电机实训电路图

（3）调节电动机的转速，使发电机的转速 $n=n_N$，观察直流电压表 V2 的指示值。若有读数，则说明有剩磁电压；若无读数，先切断电枢电源，然后断开励磁绕组电源使 M 停机，同时将 RP_1 调到最大值，将 RP_{f1} 调到最小值，为下次起动作好准备。将并励绕组改接成他励绕组进行充磁。

（4）若有剩磁电压，进行停机操作，在断电的条件下，恢复励磁绕组的接线。重新起动电动机，使发电机的转速 $n=n_N$。

（5）合上负载开关 S，逐渐减小 RP_{f2}，观察发电机电枢两端的电压，若电压逐渐上升，说明满足自励条件。如果不能自励建立电压，则将励磁绕组的两个接头对调即可。

（6）对应着一定的励磁电阻，逐步降低发电机的转速，使发电机输电压随之下降，直至电压为 0，此时的转速即为临界转速。

2. 特性测试　保持 $n=n_N$，$RP_{f2}=$ 常值，测取 $U=f(I_L)$。

（1）把发电机负载电阻 RP_2 调到最大电阻值，合上负载开关 S。

（2）同时调节 RP_{f1}、RP_{f2} 和 RP_2，使发电机 $I_L=I_N$，$U=U_N$，$n=n_N$，记录此时的励磁电流 I_f 的值，即为额定励磁电流 I_{fN}。

（3）保持额定值时的 RP_{f2} 阻值不变，保持 $n=n_N$ 不变，逐次减小负载，直至 $I_L=0$，测量发电机的电压 U 和电流 I_L，共测取 6～7 组数据，记录于表 2-4 中。

表 2-4　特性测试　　（$n=n_N=$　　r/min；$RP_{f2}=$ 常数）

U/V							
I_L/mA							

思考与分析

（1）若并励发电机正转时能自励，反转时能否自励？总结发电机能够自励的条件。

（2）并励发电机的电压建立不起来，应怎样检查？检查的步骤是什么？

(3) 绘出外特性曲线，计算额定运行时的电压调整率，与他励发电机相比，分析二者差异产生的原因。从供电质量来讲，哪个更好？

(4) 根据绘出的外特性曲线，预测当并励发电机过载运行时，发电机输出电流和端电压将会怎样变化？输出短路时，发电机会不会因为过热而损坏？

(5) 实际应用中，设想应采取怎样的设计，来保持发电机端电压的稳定？

实训 3　积复励、差复励直流发电机的判别与特性测试

他励直流电动机拖动复励直流发电机，按电动机铭牌额定值和可能达到的最大值选择直流仪表和变阻器。按图 2-29 所示电路接线，并进行检查与起动准备。

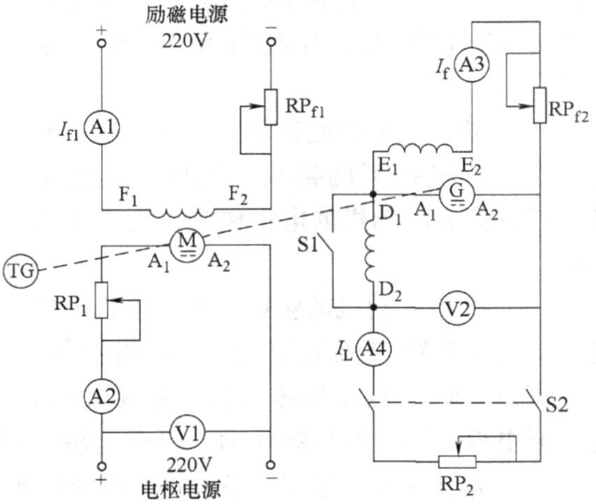

图 2-29　复励发电机实训电路图

1. 积复励、差复励直流发电机的判别

(1) 合上开关 S1，将串励绕组短接，使发电机处于并励状态运行，按并励发电机外特性测试方法，调节发电机输出电流 $I_L=0.5I_N$。记录发电机端电压的值（V2 的读数）。

(2) 打开短路开关 S1，在保持 n、RP$_{f2}$ 和 RP$_2$ 不变的条件下，观察发电机端电压的变化，若此时电压升高即为积复励，若电压降低则为差复励。

(3) 如果想改变励磁方式，只要对调串励绕组的接头 D$_1$、D$_2$ 即可。

2. 积复励直流发电机特性测试

(1) 操作方法与测取并励发电机外特性的方法相同。先将发电机调到额定运行点，$I_L=I_N$，$U=U_N$，$n=n_N$，记录此时励磁电流 I_f 的值，即为额定励磁电流 I_{fN}。

(2) 保持额定值时的 RP$_{f2}$不变及 $n=n_N$ 不变，逐次减小负载，直至 $I_L=0$，测量发电机的电压 U 和电流 I_L，共测取 6～7 组数据，记录于表 2-5 中。

表 2-5　特性测试　（$n=n_N=$　　r/min；RP$_{f2}$ = 常数）

U/V								
I_L/mA								

思考与分析

(1) 绘出特性曲线，计算额定运行时的电压变化率。从供电质量来讲，总结他励、并励和复励发电机的差异。

(2) 怎样改变复励发电机端电压的极性？需要注意什么？

(3) 如何判别发电机过励？实际应用中，设想应采用怎样的设计，来控制发电机复励的程度？

实训 4　并励直流电动机调速特性测试和能耗制动

1. 电枢回路串电阻调速特性测试　保持电动机 $U=U_N$、$I_f=I_{fN}$、T_2 = 常数，测取 $n=$

$f(U_a)$。并励直流电动机拖动他励发电机，按电动机铭牌额定值和可能达到的最大值选择直流仪表和变阻器。按图 2-30 所示电路接线，并进行检查与起动准备。

（1）将并励直流电动机 M 的磁场调节电阻 RP_{f1} 调至最小值，电枢串联起动电阻 RP_1 调至最大值，发电机的负载电阻 RP_2 调至最大值。接通电枢电源开关起动电动机正向旋转。

（2）电动机 M 起动正常后，将电阻 RP_1 调至零，调节电枢电源电压为 220V，使电动机的 $n=n_N$。然后，接通发电机励磁电源，调节 RP_{f2} 使发电机的励磁电流 I_{f2} 为校正值，再合上开关 S，调节 RP_2 和电动机的磁场调节电阻 RP_{f1}，使电动机达到额定值：$U=U_N$、$I_f=I_{fN}$，I_{f2} 为校正值不变，此时 $I_f=I_{fN}$，记录下来。

（3）再调节负载电阻 RP_2、电枢电压及磁场电阻 RP_{f1}，使电动机的 $U=U_N$、$I_a=0.5I_N$、$I_f=I_{fN}$，记录此时发电机的 I_F 值。

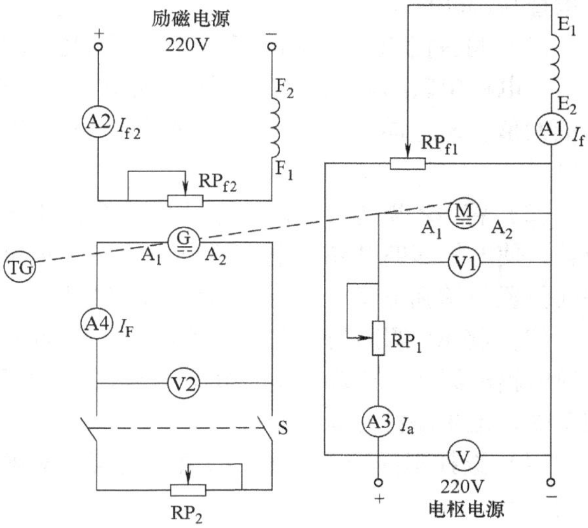

图 2-30　并励直流电动机调速特性测试接线图

（4）逐次增加 RP_1 的阻值，调节 RP_{f2}、RP_2 和 RP_{f1}，保持 I_{f2} 为校正值且 I_F 的值不变（即 T_2 = 常数），$I_f=I_{fN}$。

（5）降低电枢两端的电压 U_a，将 RP_1 从零调至最大值，测量电动机的端电压 U_a、转速 n 和电枢电流 I_a，共测取 8～9 组数据，记录于表 2-6 中。

表 2-6　电枢回路串电阻调速特性测试　　（$U=U_N=$　V；$I_F=$　A；$I_{f2}=$　A）

U_a/V									
n/(r/min)									
I_a/A									

2. 改变励磁电流调速的特性测试　保持 $U=U_N$、T_2 = 常数，测取 $n=f(I_f)$。仍按图2-30所示电路接线并检查。

（1）直流电动机运行后，将与其电枢绕组串联的电阻 RP_1 和磁场调节电阻 RP_{f1} 调至零，将发电机 G 的励磁电流为 I_{f2} 调节为校正值，再调节电动机的电枢电源和 RP_2，使电动机的 $U=U_N$、$I_a=0.5I_N$，记录此时发电机的 I_F 值。

（2）保持此时的 I_F 值和 $U=U_N$ 不变，逐次增加磁场电阻值，直至 $n=1.3n_N$，测量电动机的 n、I_f 和 I_a，共测取 7～8 组数据，记录于表 2-7 中。

表 2-7　改变励磁电流调速的特性测试　　（$U=U_N=$　V；$I_F=$　A；$I_{f2}=$　A）

n/(r/min)								
I_f/A								
I_a/A								

3. 能耗制动 按电动机铭牌额定值和可能达到的最大值选择直流仪表和变阻器，按图 2-31 所示电路接线，并进行检查与起动准备。

(1) 将并励直流电动机 M 的磁场调节电阻 RP_f 调至最小值，电枢串联起动电阻 RP 调至最大值，制动电阻 R_L 调至最大值，S 合向 1 端位置。接通电枢电源开关起动电动机。

(2) 将 RP 调到零，运转正常后，将开关 S 合向中间位置，使电枢回路开路，电动机自由停车，记录从 S 合向中间位置开始到电动机停止转动所用的时间。

(3) 将 RP 调回到最大电阻值位置，S 合向 1 端位置，接通电枢电源，重新起动电动机。待运转正常后，把 S 合向 2 端，记录停机时间。

(4) 选择不同的 R_L、RP 的值，观察它对停机时间的影响。

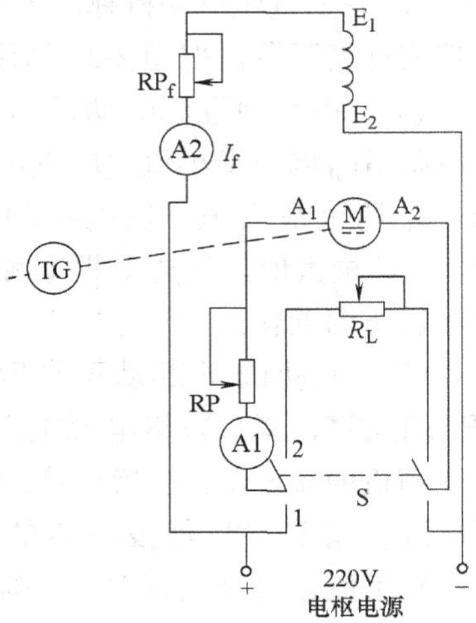

图 2-31 并励直流电动机能耗制动电路图

! **注意**：R_L 和 RP 串联电阻不要太小，以免产生太大的电流，损坏电机。

思考与分析

(1) 绘出并励直流电动机调速特性曲线 $n=f(U_a)$ 和 $n=f(I_f)$。分析在恒转矩负载的情况下两种调速方式电枢电流变化规律以及两种调速方式的优缺点。

(2) 当发电机的电枢电流增加时，电动机的电枢电流怎样变化？为什么？

(3) 保持发电机的励磁电流不变，当发电机负载发生变化时，为了使发电机负载电流不变，电动机应该怎样调节？

(4) 并励直流电动机能不能采用降低电源电压的方法进行调速？为什么？

(5) 能耗制动时间与制动电阻的阻值有什么关系？为什么？能耗制动有什么缺点？

第 3 章　三相异步电动机的结构和原理

学习目标

1. 掌握三相异步电动机的基本工作原理。
2. 能列出定子绕组产生旋转磁场的条件。
3. 能够区分不同类型三相异步电动机的转子结构。
4. 理解三相异步电动机铭牌数据的意义。
5. 能够正确拆装三相笼型异步电动机，并会试车。
6. 了解三相异步电动机定子绕组的分类及构造方法。
7. 能够绘制三相单层绕组的展开图。

三相异步电动机由三相交流电源供电，按转子结构不同可分为三相笼型异步电动机和三相绕线转子异步电动机。三相异步电动机特别是笼型异步电动机，由于结构简单、价格低廉、坚固耐用、使用维护方便，作为主要的原动机在工农业生产中广泛应用。

3.1　三相异步电动机的基本工作原理

3.1.1　三相电动机的物理模型

所有三相电动机的工作原理都可以用如图 3-1 所示的物理模型来说明。该模型由旋转磁极 N 和 S 组成，中间的闭合金属框固定于轴上。假设磁极磁场逆时针旋转，相当于金属框相对于旋转磁极以顺时针方向切割磁力线，金属框中产生的感应电流的方向为小圆圈中所标的方向（“·”表示垂直纸面向外，“×”表示垂直纸面向里）。此时的金属框已成为通电导体，会受到磁场电磁力的作用，力的方向可由左手定则判断。金属框的两边受到两个反方向的力 f，它们相对转轴产生电磁转矩，驱使金属框转动，转动方向与磁场旋转方向一致，但磁极旋转的旋转速度 n_1 要比金属框旋转速度 n 大。

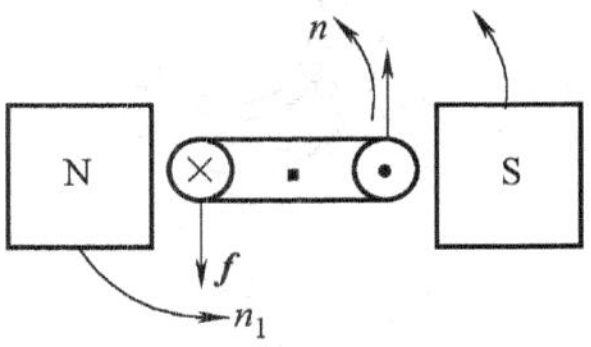

图 3-1　三相电动机的物理模型

从上可以看到，在旋转的磁场里，闭合导体会因发生电磁感应而成为通电导体，产生磁场与磁极磁场相互作用，从而顺着磁场旋转的方向转动。实际电动机中不可能用手去摇动磁极产生旋转的磁场，而是通过其他方式产生，如在交流电动机的定子绕组（按一定排列规律排列的线圈）中通入对称的交流电，便产生旋转磁场。这个磁场虽然看不到，但是人们可以感受到它所产生的效果，与有形体旋转磁场的效果一样。

3.1.2　三相异步电动机的旋转磁场

1. 旋转磁场的产生　以定子三相绕组作星形联结为例进行说明，如图 3-2 所示。三个完全相同的线圈 U1-U2、V1-V2、W1-W2（U1、V1 和 W1 为首端，U2、W2 和 V2 为尾端），空间彼此互隔120°，分布在定子铁心内圆的圆周上，构成了三相对称绕组。三相对称绕组从首端来看为沿着顺时针方向分布，即V相比U相后移120°，W相比V相后移120°。当三相对称绕组接上三相对称电源时，在绕组中将流过三相对称电流。

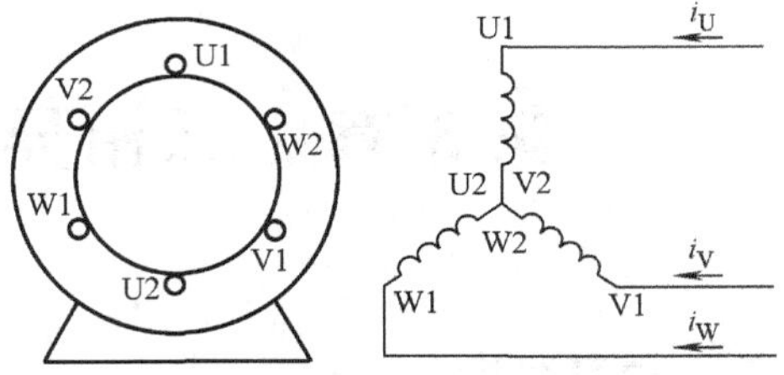

图3-2　三相对称绕组通入三相对称电流

三相对称电流的变化曲线如图3-3a所示，每个时刻各相电流大小、方向均不相同。规定：电流瞬时值为正时，电流从绕组的首端U1、V1、W1流入，用“×”号表示；从绕组尾端流出，用“·”号表示。

三相对称绕组通入三相对称电流，产生的两极旋转磁场如图3-3b所示。由图可见，三相电流的三相合成磁场是旋转的；当某相电流达最大值时，三相合成磁场轴线转到该相绕组的轴线处；当电流变化一周时，磁场转过360°。

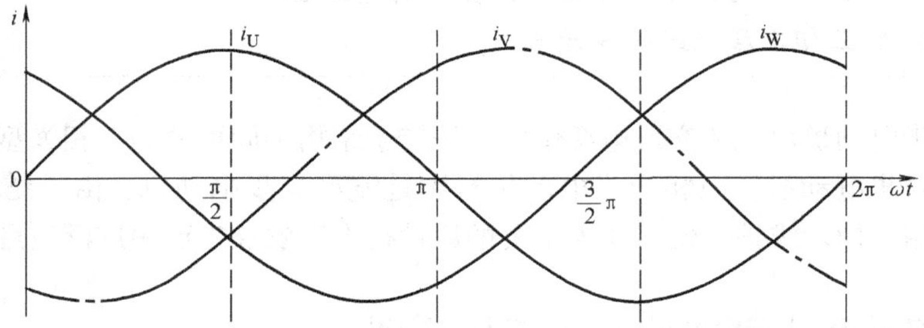

a)

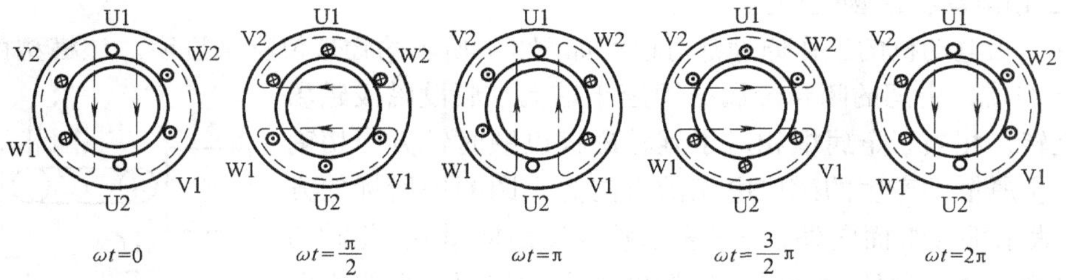

b)

图3-3　三相电动机旋转磁场的产生

a）三相对称电流　b）两极旋转磁场

从上述分析可知，三相对称的交变电流通入对称分布的三相绕组产生的合成磁场，是在空间旋转的磁场，而且是一种磁场幅值不变的圆形旋转磁场。根据理论分析和实践证明，在多相对称绕组中流过多相对称电流时，会产生一种大小恒定的旋转磁场即圆形旋转磁场。

2. 旋转磁场的旋转方向　由图3-3a可知，流入三相定子绕组的电流是按U、V、W的相序达到最大值的，而由图3-3b可知，旋转磁场的旋转方向也是从U相绕组轴线转向V相绕组轴线，再转向W相绕组轴线的，即按U→V→W的顺序旋转(图中为顺时针方向)，而且当某相电流达最大值时，三相合成磁场轴线转到该相绕组的轴线处。因此，在三相定子绕组空间排序不变的条件下，旋转磁场的转向取决于三相电流的相序，即从电流超前相转向电流滞后相。

如果任意调换电动机两相绕组所接交流电源的相序，即假设 U 相交流电仍接 U 相绕组，V 相交流电改与 W 相绕组相接，W 相交流电与 V 相绕组相接，可以对照图 3-3 绘出瞬时的合成磁场图，如图 3-4 所示。由此可见，此时合成磁场的旋转方向已变为逆时针旋转，即与图 3-3 所示磁场的旋转方向相反。

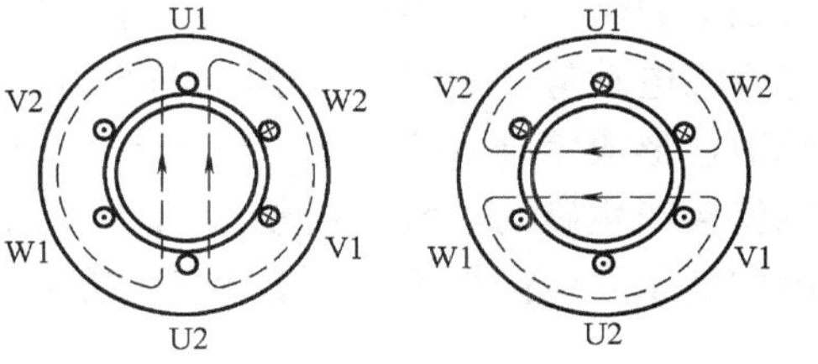

图 3-4　改变相序后的旋转磁场

由此得出结论：若要改变旋转磁场的方向，只需将电源进线中的任意两相对调即可，同时也改变了三相异步电动机的旋转方向。

3. 旋转磁场转速的大小　旋转磁场的转速也称为“同步转速”，用 n_1 表示。由图 3-3 可知，当电流变化一周，在两极磁场的情况下，磁场在空间正好也转过 360°机械角度（1 圈）。设电流频率为 f_1，则旋转磁场的转速 n_1 为每秒 f_1 转或每分钟 $60f_1$ 转。

若定子绕组采用的排列方式不同，则通电后产生的磁极对数也不同，依照前面分析产生一对磁极的方法，仍然可选取几个特殊的时刻，画出各个绕组中电流的流向，即可判定出各时刻产生的磁场情况。例如，如果每相定子绕组由两个线圈串联而成，便能产生两对极旋转磁场(4 极)，如图 3-5 所示。4 极旋转磁场在电流变化一周时，在空间只转过 180°（即 1/2 圈）机械角度，可推出 4 极旋转磁场转速 $n_1 = 60f_1/2$。

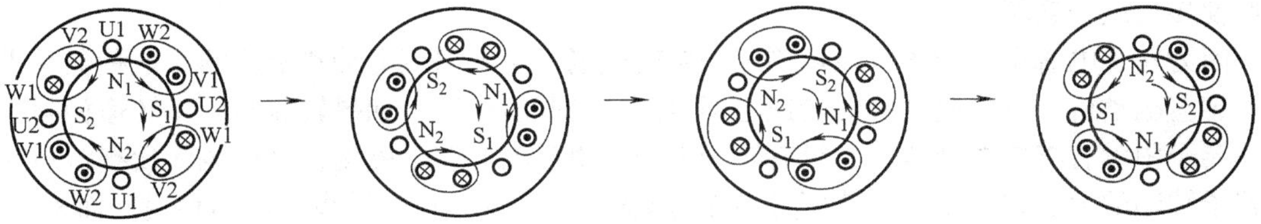

图 3-5　4 极旋转磁场

由此类推，当旋转磁场具有 p 对磁极时，交流电每变化一个周期，磁场就在空间转过 $1/p$ 圈。故旋转磁场的转速（同步转速）n_1 为

$$n_1 = 60f_1/p \tag{3-1}$$

式中　n_1——同步转速（r/min）；

f_1——交流电的频率（Hz）；

p——电动机的磁极对数。

我国电网供电电流的频率（即工频）为 $f_1 = 50\text{Hz}$（即每秒完成 50 个周期的变化），一对磁极旋转磁场的转速就是（50×60）r/min = 3000r/min。同步转速 n_1 与磁极对数 p 对应关系见表 3-1。

表 3-1　同步转速 n_1 与磁极对数 p 对应关系（$f_1 = 50\text{Hz}$）

同步转速 n_1/(r/min)	3000	1500	1000	750	600	500
磁极对数 p	1	2	3	4	5	6

3.1.3　三相异步电动机的旋转原理

1. 转子的旋转速度 n　图 3-6 所示为 2 极三相笼型异步电动机的模型。当定子绕组刚连接到电源时，转子不旋转，定子磁场以 $n_1 = 3000\text{r/min}$ 的转速切割转子导条，在转子导条中感应出电动势。由于转子这时是静止不动的，转子中感应的电动势为最大。由于转子导条两端短接形成闭合回路，感应电流会流过转子导条，如图 3-7 所示。一旦有电流，每根导条周围就会产生磁场。转子磁场受定子磁场的吸引，产生电磁力 F(可用左手定则判断方向)，因此转子开始按与旋转磁场相同的方向旋转。

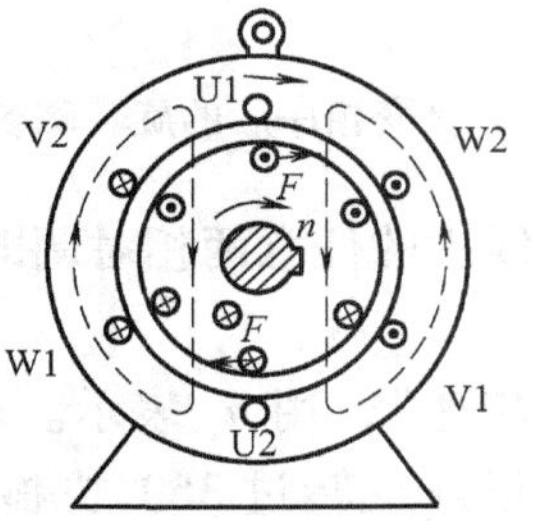

图 3-6　2 极三相笼型异步电动机的模型

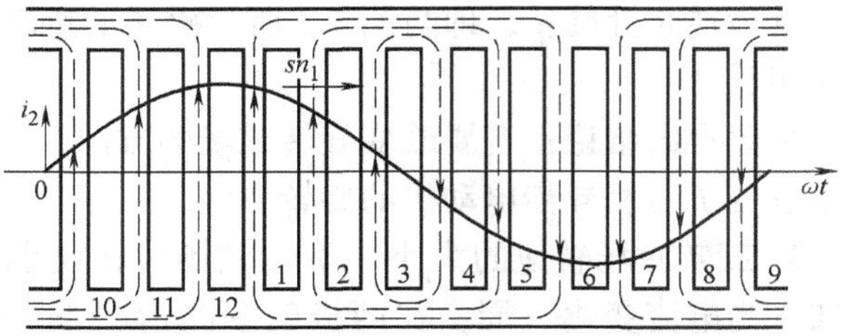

图 3-7　笼型绕组导条形成的电流

随着转子转速 n 的增大，转子导条切割旋转磁场的速度减慢。假设已加速到转速 $n = 1000\text{r/min}$，转子导条现在切割旋转磁场的速度为 2000r/min，而不是 3000r/min。由于转子导条与旋转磁场的相对运动速度变慢，感应电动势减小，转子电流也减小。随着转子继续加速，旋转磁场与转子导条的相对运动速度进一步减小，使感应电动势更小，转子电流也变得更小。如果是空载运行，电动机将加速到电磁转矩与阻力、轴承摩擦损耗相等，此时，转子的速度接近旋转磁场的同步转速。

因为转子电流是由转子导条切割定子旋转磁场产生的感应电动势引起的，这种电动机也称为感应电动机。感应电动机的转速绝不可能达到同步转速，如果转速与同步转速相同，那么在转子中没有感应电动势，也没有转子电流，也就没有转子磁场，因而也就没有转矩或驱动转子转动的力。即转子旋转速度是不能与旋转磁场同步的，“异步”的名称由此而来。

2. 转差率 s　从上述分析可见，异步电动机运转的必要条件是转子的转速 n 和定子旋转磁场转速 n_1 之间存在着差异，此转速差($n_1 - n$)正是转子导体切割定子旋转磁场的速度，它的大小决定着转子电动势及其频率的大小，直接影响到异步电动机的工作状态。同步转速 n_1 与电动机转速 n 之差与 n_1 之比称为异步电动机的转差率 s，即

$$s = \frac{n_1 - n}{n_1} \tag{3-2}$$

当电动机在静止状态或刚接上电源的一瞬间，转子转速 $n = 0$，则对应的转差率 $s = 1$；如转子转速 $n = n_1$，则转差率 $s = 0$；异步电动机在正常状态下运行时，s 在 0 ~ 1 之间变化，额定转差率 s_N 约在 0.01 ~ 0.05 之间。

思考与分析

(1) 定子绕组产生旋转磁场的条件是什么？决定同步转速的两个参数是什么？

(2) 若三相异步电动机的转子绕组开路，定子绕组接通三相电源后，电动机会转动吗？为什么？为什么三相异步电动机不能工作在同步转速？

(3) 三相异步电动机的额定转差率一般是多少？起动瞬间的转差率是多少？转差率等于零对应什么情况，这在实际中存在吗？

(4) 一台三相笼型异步电动机连接到 50Hz 电源，满载额定转速是 720r/min。定子每相极数是多少？

(5) 当三相绕组的排列顺序和电源相序同时改变，旋转磁场的转向是否改变？为什么？

3.2　三相异步电动机的基本结构与分类

图 3-8a 所示为三相笼型异步电动机的外形，图 3-8b 所示为三相绕线转子异步电动机的外形。三相异步电动机的定子结构基本相同，而转子结构有所不同。与直流电机不同，三相异步电动机的定子是电枢。图 3-9 所示为三相笼型异步电动机的结构分解图。

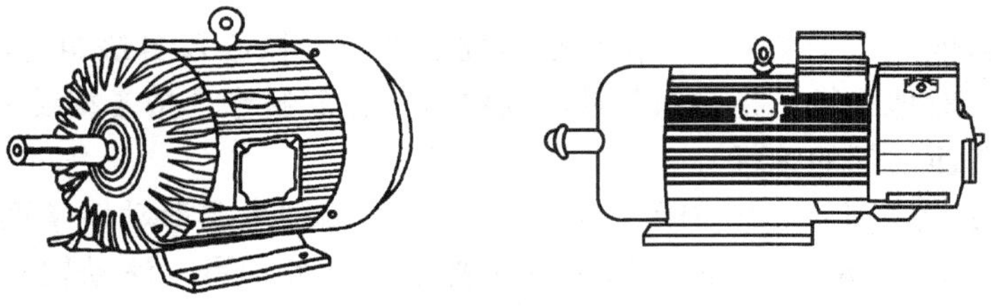

a)　　b)

图 3-8　三相异步电动机外形图

a) 三相笼型异步电动机的外形　b) 三相绕线转子异步电动机的外形

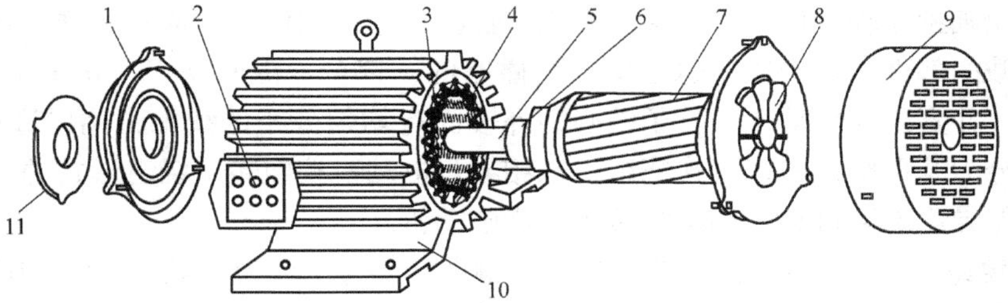

图 3-9　三相笼型异步电动机的结构分解图

1—端盖　2—接线盒　3—定子绕组　4—定子铁心　5—转轴

6—轴承　7—转子　8—风扇　9—罩壳　10—机座　11—轴承盖

3.2.1　三相异步电动机的定子部分

定子部分由机座、定子铁心、定子绕组及端盖、轴承等部件组成。

(1) 机座：用来支承定子铁心和固定端盖。中小型电动机的机座通常为铸铁件，大型电动机常用钢板焊接机座，如图 3-10 所示。封闭式电动机机座外侧有散热筋，以增加散热面积，防护式电动机的端盖上开有散热通风孔。

(2) 定子铁心：是电动机磁路的一部分，由厚 0.35 ~ 0.5mm 的硅钢冲片叠压成整体装入机座，叠片涂绝缘漆或生成氧化膜等进行绝缘，冲片内圆上冲制有形状相同的槽，用以安放绕组，如图 3-11 所示。

(3) 定子绕组：是电动机的电路部分，也是最重要的部分。定子绕组由嵌入定子铁心槽内的线圈按一定规律连接成三相对称绕组，通入三相交流电流以产生旋转磁场。小型电动机通常采用高强度漆包圆线绕成线圈后，再嵌放在铁心槽内；大、中型电动机则用矩形导线

图 3-10 机座与电枢实物图

1—定子铁心和定子绕组 2—机座

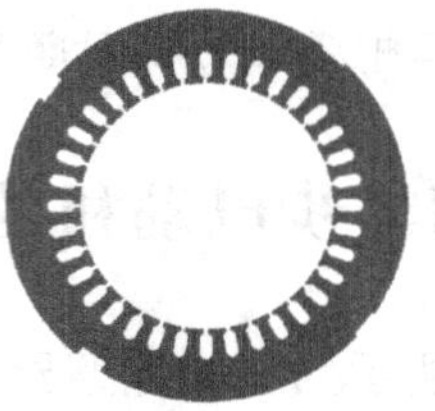

图 3-11 定子铁心冲片

做成成型线圈，再嵌入定子槽内。为保证绕组导电部分与铁心及各绕组之间有可靠的绝缘，定子绕组主要进行对地绝缘，指绕组与铁心间绝缘；相间绝缘，指各相线圈之间的绝缘；匝间绝缘，指线圈各匝之间的绝缘。

（4）轴承：是电动机定、转子衔接的部位，有滚动轴承和滑动轴承两类。滚动轴承又称滚珠轴承（也称为球轴承），目前多数电动机都采用这种轴承。滚动轴承的外部有储存润滑油的油箱，轴承上还装有油环，轴转动时带动油环转动，把油箱中的润滑油带到轴与轴承的接触面上。为使润滑油能分布在整个接触面上，轴承上紧贴轴的一面一般开有油槽。

3.2.2 三相异步电动机的转子部分

三相异步电动机的转子部分一般由转轴、转子铁心、转子绕组、风扇等组成。转轴用碳钢制成，两端轴颈与轴承相配合。轴出端铣有键槽，用以固定带轮或联轴器。转轴是输出转矩、带动负载的部件。转子铁心也是电动机磁路的一部分。由厚 0.35 ~ 0.5mm 的硅钢片叠压成圆柱体，并紧固在转轴上。转子铁心的外表面有均匀分布的线槽，用以嵌放转子绕组。转子绕组可分为笼型绕组和绕线式绕组。三相异步电动机按照转子绕组形式的不同，一般可分为三相笼型异步电动机和三相绕线转子异步电动机。

1. 笼型绕组　在转子铁心的槽里嵌放裸铜条或铝条（称为导条），然后用两个金属环（称为端环）分别在裸金属导条两端将其全部接通（短接），即构成了转子绕组，如图 3-12 所示。

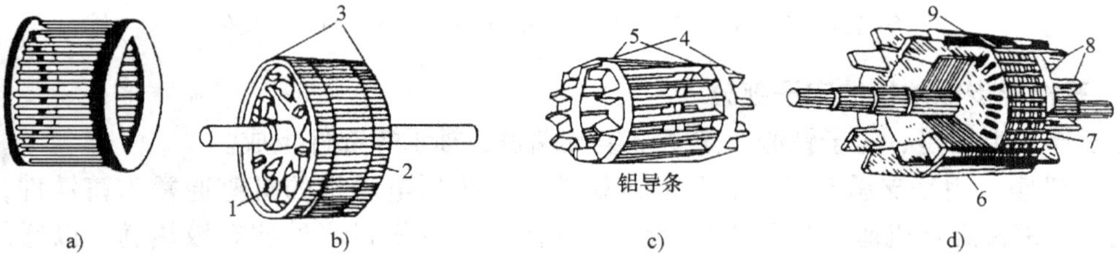

图 3-12 三相笼型异步电动机转子结构示意图

a）铜条转子绕组 b）铜条转子外形 c）铸铝转子绕组 d）铸铝转子外形

1—铁心 2—嵌入的铜导条 3—导条短路环 4、8—风叶

5、7—端环 6—转子铁心 9—铝导条

对于中小型异步电动机，笼型绕组一般为铸铝，将导条、端环和风扇叶片一次铸出。对于 100kW 以上的大容量电动机，由于铸铝质量不易保证，常采用铜条插入转子槽内，在铜条两端焊上铜环，构成笼型绕组。其实，实际生产中的转子铁心槽沿轴向是斜的，导条也是斜的，这

样主要是为了削弱由于定子、转子铁心开槽引起的齿谐波，以改善电动机的起动性能。

2. 绕线式绕组　绕线式绕组与定子绕组类似，由镶嵌在转子铁心槽中的三相绕组组成。绕组一般采用星形(Y)联结，尾端接在一起，首端分别接到转轴上的三个集电环上，通过电刷把三根旋转的线变成了固定线，与外部的变阻器连接，构成转子的闭合回路，以便于控制，如图 3-13 所示。

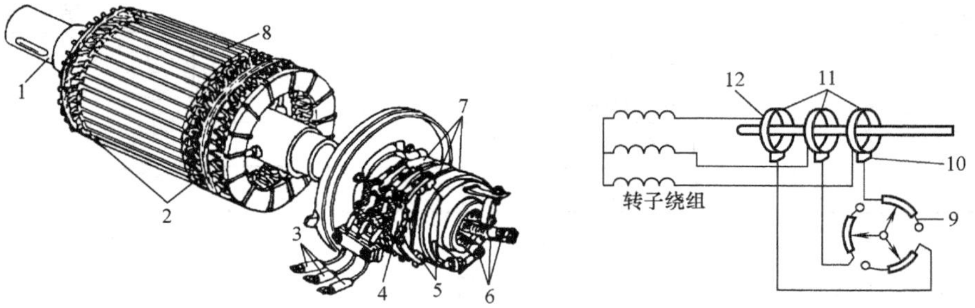

图 3-13　三相绕线转子异步电动机转子结构示意图

1—转轴　2—三相转子绕组　3—电刷外接线　4—刷架　5、10—电刷
6—转子绕组出线头　7、11—集电环　8—转子铁心　9—变阻器　12—转子电路接线

这种转子绕组的特点是，通过集电环和电刷可在转子回路中接入附加电阻或其他控制装置，以改善电动机的起动性能和调速性能。为了减少电动机在运行中的电刷磨损和摩擦损耗，中等容量以上的异步电动机还装有一种提刷短路装置，当电动机起动以后而又不需要调速时，移动其手柄，可使电刷提起，与集电环脱离接触，同时将三个集电环短接。

3. 两种转子结构的比较　笼型转子结构简单，造价低廉，并且运行可靠，因而应用十分广泛；绕线转子结构较复杂，造价也高，但是它的起动性能较好，并能利用变阻器阻值的变化，在一定范围内进行调速，在起动频繁、需要较大起动转矩的生产机械(如起重机)中常常被采用。

思考与分析

(1) 三相异步电动机的定、转子铁心如用非铁磁材料制成，会出现什么后果？

(2) 一台三相异步电动机，如果把转子抽掉，而在定子三相绕组施加对称三相额定电压会产生什么后果？

(3) 与笼型电动机相比，绕线转子电动机的优点是什么？

(4) 三相异步电动机主要有哪几部分组成？各部分的作用是什么？

实训　三相笼型异步电动机的拆装与通电试车

为了对电动机进行维护和保养，及时修理电动机故障，电动机的拆卸与装配是电工需要具备的一项基本技能，了解并掌握电动机的正确拆卸与装配步骤与方法，对用好电动机大有益处。

1. 设备、工具和器材　万用表 1 块，钳形电流表 1 块，兆欧表 1 块，转速表 1 块，380V 小型三相异步电动机 1 台；锤子、撬棍、厚木版、钢管、拉具、套筒、钢条、铜条、螺钉旋具、汽油、刷子、干布、绝缘胶布、演草纸、圆珠笔、劳保用品等，按需而定。

2. 拆卸前的准备工作　准备好拆卸工具，特别是拉具、套筒等专用工具；选择和清理拆卸现场；熟悉待拆电动机的结构及故障情况。

（1）标记记录。标出电源线在接线盒中的相序；标出联轴器或传动带轮在轴上的位置；标出机座在基础上的位置，整理并记录好机座垫片；拆卸电源线和保护接地线，测定并记录绕组对地绝缘电阻；把电动机拆离基础，搬至修理拆卸现场。将操作内容填写记录于表3-2。

表3-2　拆装前标记记录表

拆装地点	作好标记打√		结　论
	联轴器在轴上位置		
	端盖与机座		
	轴承及轴承盖		
	机座与基础		

（2）拆装顺序记录。中小型异步电动机的拆卸步骤如下：

1）从电动机轴上拆下传动带轮或联轴器；

2）卸掉前轴承（负荷侧）外盖；

3）拆下前端盖；拆下风罩、风扇；

4）拆下后轴承（非负荷侧）外盖；

5）拆卸后端盖；

6）抽出转子；

7）拆下前、后轴承和前、后轴承内盖。

当电动机容量很小或电动机端盖与机座配合很紧不易拆卸时，可考虑用如下步骤拆卸：

1）拆下风罩、风扇；

2）拆下前轴承盖上的螺钉，取下前轴承外盖；

3）拆下后端盖紧固螺栓，用木锤（或在轴的前端垫上硬木）敲打，使后端盖与机座脱离；

4）把后端盖连同转子一同抽出机座；

5）拆下前端盖紧固螺钉，用长方木或软金属条穿过定子铁心，顶住前端盖外沿，把前端盖敲出。

将拆装顺序填入表3-3中。

表3-3　拆装顺序记录表

顺序号	部件名称	结　论
1		
2		
3		
4		
5		

3. 主要部件的拆卸方法

（1）带轮或联轴器的拆卸。首先用石笔或粉笔标示带轮或联轴器与轴配合的原位置，以备安装时照原位置安装，如图3-14a所示。取下联轴器或带轮的定位螺钉或定位销子，装上拉具(拉具有两脚和三脚的两种)，丝杆顶端要对准电动机轴的中心，如图 3-14b 所示。用扳手转丝杆，使带轮或联轴器慢慢地脱离转轴，如图 3-14c 所示。如果带轮或联轴器时间较长锈死或太紧，不易拉下来时，可在定位螺孔内注入螺栓松动剂，如图 3-14d 所示，待数分钟后再拉。若仍拉不下来，可用喷灯将带轮或联轴器四周稍稍加热，使其膨胀时拉出。注意加热的温度不宜太高，以防轴变形。拆卸过程中，手锤最好尽可能减少直接重重敲击带轮或联轴器，以免带轮碎裂而损坏电动机轴。

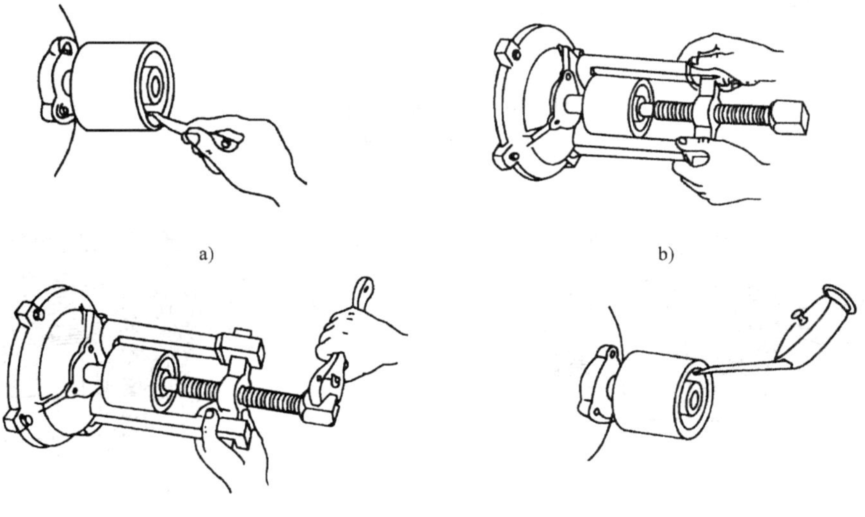

a)　b)　c)　d)

图 3-14　带轮或联轴器的拆卸

a) 标记　b) 装拉具　c) 转丝杠　d) 注松动剂

(2) 拆卸轴承盖和端盖。用扳手旋下固定端盖的螺钉和固定轴承盖的三个螺钉，拆下轴承盖外盖，如图 3-15a 所示。将较大的螺钉旋具(或找大小适宜的旋凿)，插入螺钉盘的根部，把端盖按对角线一先一后地向外扳撬。注意不要把螺钉旋具插入电动机内，以免把线包撬伤，拆卸过程如图 3-15b 所示。

(3) 拆卸轴承。根据轴承的大小，选好适宜的拉具。拉具的脚爪应紧扣在轴承的内圈上，丝杆顶点要对准转子轴的中心，扳转丝杆要慢，用力要均匀，如图 3-16a 所示。也可用方铁棒或铜棒拆卸：在轴承的内圈垫上适当的铜棒，用手锤敲打铜棒，把轴承敲出，如图 3-16b 所示。敲打时，要在轴承内圈四周的相对两侧轮流均匀敲打，不可偏敲一边，用力要均匀。

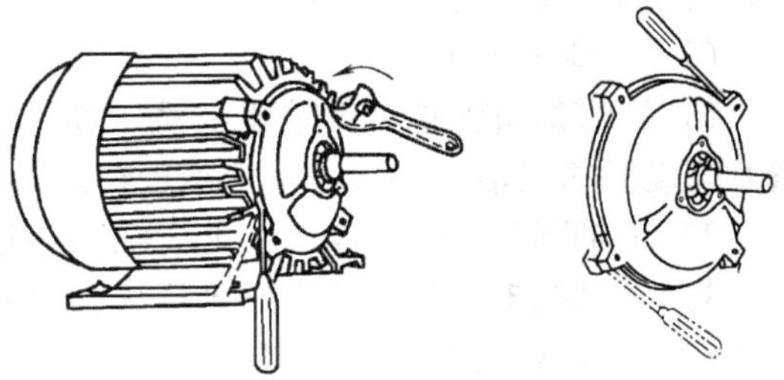

a)　b)

图 3-15　电动机端盖的拆卸过程

a) 卸螺栓　b) 撬端盖

(4) 抽出转子。把电动机端盖拆掉后，便可进行转子的拆卸。拆卸时，一人抬住转轴一端，另一人抬住转轴另一端，如图 3-17a 所示。然后渐渐地把转子往外移出电动机外壳，在移出时，要避免转子轴压伤定子线包，操作方法如图 3-17b 所示。

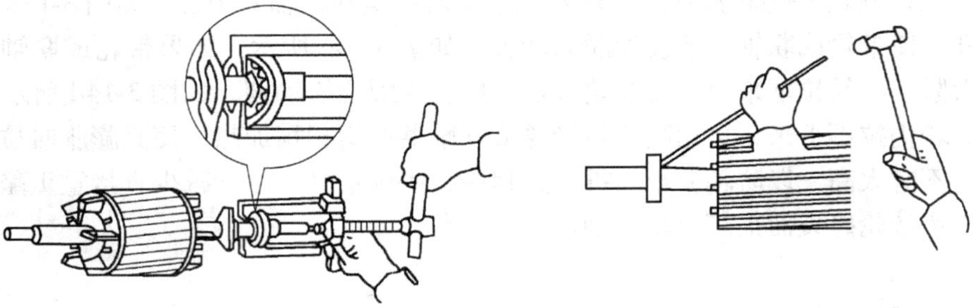

a) b)

图 3-16 电动机轴承的拆卸

a）用拉具拉出 b）用铁棒或铜棒敲出

a) b)

图 3-17 电动机转子的拆卸

a）两人抬住转子 b）轻轻移出转子

4. 电动机的装配 三相异步电动机修理后的装配顺序，大致与拆卸时相反。装配时要注意拆卸时的一些标记，尽量按原记号复位。装配的顺序如下：安装滚动轴承；安装后端盖；安装转子；安装前端盖；安装风扇和带轮。

（1）安装滚动轴承。

1）用煤油将轴承盖及轴承清洗干净，然后察看轴承有无裂纹，再用手旋转轴承外圈，看其转动是否灵活、均匀，噪声是否较大，如果感觉不是太好，应更换。

2）将轴颈部位擦干净，套上清洗干净并已加好润滑脂的内轴承盖。

3）电动机轴承的安装可用敲打法。把轴承套到轴上，对准轴颈，用一段内径略大于轴颈直径、外径略大于轴承内圈外径的铁管，一端顶在轴承的内圈上，另一端用手锤敲，把轴承敲进去，如图 3-18a 所示。另一种方法是用铁条顶住电动机轴承的内圈，对称地、轻轻地敲，轴承也能水平地套入转轴，操作方法如图 3-18b 所示。

4）在轴承滚珠间隙及轴承盖里装填洁净的润滑脂，一般只要装满空腔容积的 2/3 就可以了。

（2）安装后端盖。将轴伸端朝下垂直放置，在其端面上垫木块，将后端盖套在后轴承上，用木锤敲打到位。接着安装轴承外盖，外盖的槽内同样加上润滑脂。用螺栓联接轴承内外盖并紧固。

（3）安装转子。把转子对准定子孔中心，然后沿着定子圆周的中心线缓缓向定子里送，不得碰擦定子绕组。当端盖与机座合拢时，应将拆卸时所做的端盖与机座间的位置标记对

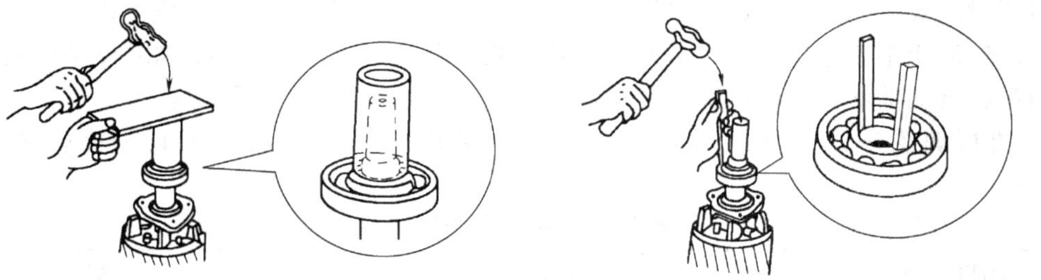

a)　　　　b)

图 3-18　电动机轴承的安装

a）用铁管敲打　b）用铁条敲打

齐，然后装上端盖螺栓并旋紧。

（4）安装前端盖。将前端盖的标记与机座标记对齐，用木锤均匀敲击端盖四周，待端盖与机座合拢后，装上端盖螺栓，按对角线逐步拧紧。注意不可以一次将一只螺栓拧紧后再拧另一只，操作方法如图 3-19 所示。先旋 1 和 4 螺栓，然后旋 2 和 3 螺栓，再旋 1 和 4。依照此方法，逐步将螺栓旋紧。

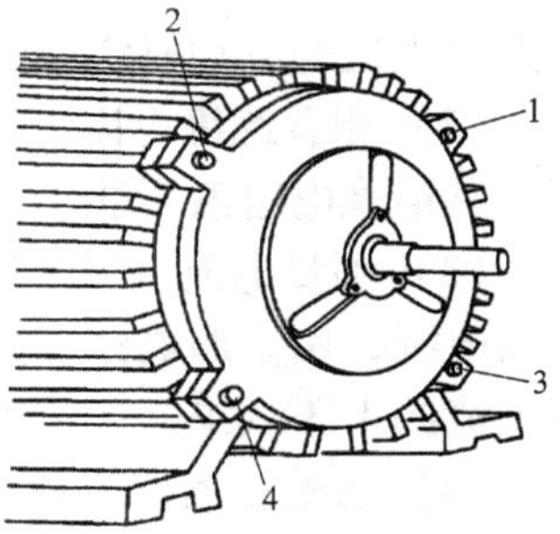

图 3-19　端盖螺栓紧固方法

安装前轴承盖之前，先用一根一头与轴承内盖螺纹相配的穿心钢丝穿过端盖，拧在轴承内盖的任一螺孔上，然后将前轴承外盖套入轴颈并将钢丝穿入任一螺孔。外盖与端盖合拢后，调整内、外盖及端盖的三个孔在同一条中心线上，拧上螺栓。取出穿心钢丝，将其余螺栓依次穿入并旋紧。

（5）检查转子。用手转动转轴，检查转子转动是否灵活、均匀，有无停滞或偏重现象。

（6）带轮或联轴器的安装。首先用细砂纸把电动机转轴的表面打磨光滑，如图 3-20a 所

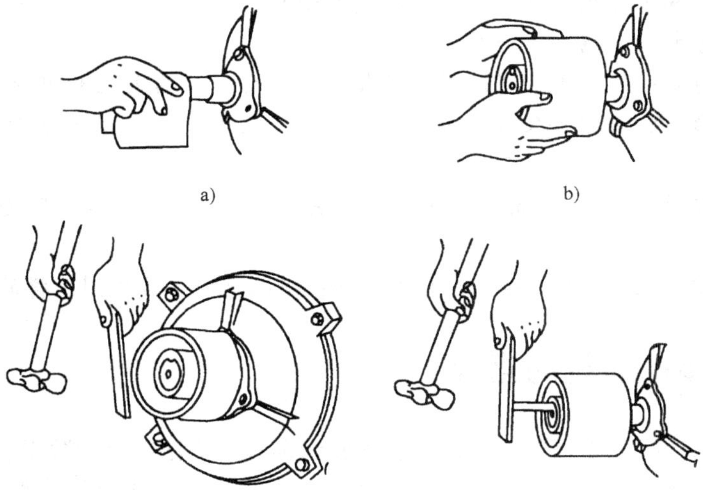

a)　　　　b)

c)　　　　d)

图 3-20　带轮或联轴器的安装

a）转轴打磨　b）安装带轮或联轴器　c）敲打带轮　d）使键进入槽内

示。然后对准键槽，把带轮或联轴器套在转轴上，如图3-20b所示。用铁块垫在带轮或联轴器前端，然后用手锤适当敲击，从而将带轮或联轴器套进电动机轴上，如图3-20c所示。再用铁板垫在键的前端，轻轻敲打，使键慢慢进入槽内，如图3-20d所示。

5. 填写训练记录　将主要部件的拆卸与装配操作中使用的工具和操作要点填入表3-4中。

表3-4　主要部件训练记录表

主要部件名称	记录内容		结论
	使用工具		
	操作要点		

6. 通电试车方法

（1）一般检查。检查所有紧固件是否拧紧；转子转动是否灵活，轴伸端有无径向偏摆；用万用表检查电动机绕组的通断情况。

（2）测量绝缘电阻。测量电动机定子绕组每相之间的绝缘电阻和绕组对机壳的绝缘电阻，其绝缘电阻值不能小于0.5MΩ。

（3）测量电流。经上述检查合格后，安装好接地线。根据铭牌规定的电流电压，正确接通电源，用钳形电流表分别测量三相电流，检查电流是否在规定的范围(空载电流约为额定电流的1/3)之内；三相电流是否平衡。

（4）通电观察。上述检查合格后可通电观察，用转速表测量转速是否均匀并符合规定要求；检查机壳是否过热；轴承有无异常声音。

思考与分析

（1）三相异步电动机拆卸前要作好标记，目的是什么？

（2）敲打法拆卸轴承时，最好用什么样的材料顶住？

（3）上紧电动机端盖螺栓，如何操作？

（4）星形(Y)联结的定子绕组，用万用表测得两两出线端直流电阻均为2Ω，问每相电阻为多少？三角形(△)联结的定子绕组，测得两两出线端直流电阻均为3Ω，问每相电阻为多少？

（5）额定电压为380V的三相异步电动机拆装后，测得冷态绝缘电阻为0.8MΩ，是否可以投入运行？

（6）测定额定电压为380V的三相异步电动机绝缘电阻，应选用怎样的兆欧表？

3.3　三相异步电动机的铭牌

要正确使用电动机，必须要看懂铭牌。正确识别电动机铭牌上的数据，会给安装和维修电动机带来很大的方便。以图3-21a所示Y2系列三相笼型异步电动机为例，参照直流电机，对图3-21b所示电动机铭牌中有关数据的意义进行说明。

3.3.1　电动机的型号与接法

1. 电动机的型号　用以表明电动机的系列、几何尺寸和极数。由汉语拼音字母、国际

a)

	三相异步电动机		
	型号Y2-132S-4	功率5.5kW	电流11.7A
频率50Hz	电压380V	接法 △	转速1440r/min
防护等级IP44	重量68kg	工作制S1	F级绝缘
××电机厂			

b)

图 3-21　Y2 系列三相笼型异步电动机
a）外形　b）铭牌

通用符号和阿拉伯数字组成。三相异步电动机的型号组成及含义如图 3-22 所示。

2. 电动机的接法　指电动机定子三相绕组与三相交流电源的连接方法，对 Y 和 Y2 系列电动机而言，国家标准规定凡 3kW 及以下者均采用星形(Y)联结，4kW 及以上者均采用三角形(△)联结，以便采用Y-△减压起动。

图 3-23 为三相绕组接法示意图。定子绕组三相共 6 个出线端，引出到机座接线盒内的接线板上，首端分别为 U1、V1、W1，尾端分别为 U2、V2、W2。可按要求接成星形(Y)联结或三角形(△)联结再与三相交流电源相接。

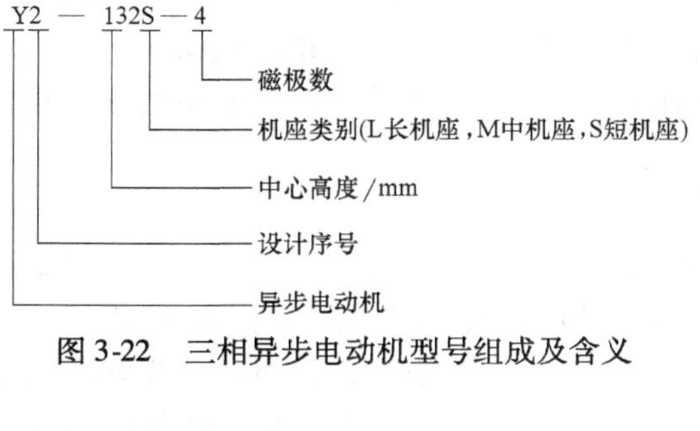

图 3-22　三相异步电动机型号组成及含义

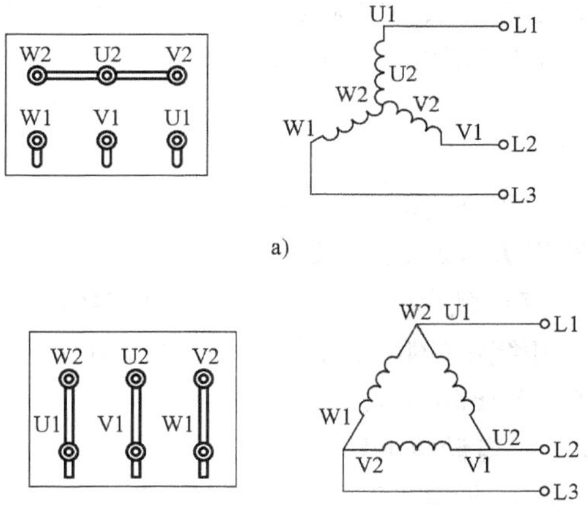

b)

图 3-23　三相定子绕组的联结方式
a）星形(Y)联结　b）三角形(△)联结

3.3.2　电动机的额定值

（1）额定功率 P_N：指电动机在额定运行时输出的机械功率(kW)。额定功率表征了电动机长期使用时的负载能力，额定功率不等于电动机使用时的实际输出功率，实际输出功率与负载轻重有关，负载重，输出功率就大，反之就小。

（2）额定电压 U_N：指在额定运行状况下，电动机所用的电源电压标准等级(V)。三相异步电动机的额定电压有 380V、3kV 及 6kV 等多种。一般规定，电动机的运行电压不能高于或低于额定值的 5%。因为电动机在满载或接近满载情况下运行时，电压过高或过低都会使电动机的电流大于额定值，从而使电动机过热。

电动机铭牌上常标有“220V/380V”，这表示该电动机有220V和380V两种额定电压。如果电源电压为220V，应把电动机的三相绕组接成三角形(△)联结；如果电源电压为380V，应把电动机的三相绕组接成星形(Y)联结。

(3) 额定频率f_N：指电动机在额定运行情况下，定子绕组所接交流电源的频率(Hz)。我国规定标准交流电源频率(工频)为50Hz。

(4) 额定电流I_N：指电动机在额定电压、额定频率和额定负载下运行时定子绕组的线电流(A)。

通常电动机的定子绕组为三角形(△)联结时，线电流是相电流的$\sqrt{3}$倍；为星形(Y)联结时，线电流等于相电流。一般电动机电流受外加电压、负载等因素影响较大，了解电动机允许通过的最大电流对正确选择导线、开关以及电动机上所加的熔断器和热继电器提供了依据。

(5) 额定效率η_N：指满载时的效率。由于电动机内部的损耗，输出功率总是要比输入功率小，电动机输出功率与输入功率之比，称为电动机的效率。

(6) 额定功率因数$\cos\varphi_N$：指在额定功率下运行时的功率因数。在交流电路中，有功功率总是小于视在功率，电动机有功功率与视在功率之比称为功率因数，用$\cos\varphi$来表示。

功率因数的大小，与电动机所带负载有关，空载时很小，约为0.2。随着负载的增加，其值相应提高，满载时，功率因数最大。一般中小型异步电动机$\cos\varphi_N$为0.8左右，η_N为90%左右。实用中应选择容量合适的电动机，防止出现“大马拉小车”的现象。

对三相异步电动机，额定功率不等于从电源吸取的电功率P_1，以上各量之间的关系为

$$P_1 = \sqrt{3}U_N I_N \cos\varphi_N \tag{3-3}$$

$$P_N = P_1 \eta_N \tag{3-4}$$

对于额定电压为380V的三相异步电动机，其$\cos\varphi_N$和η_N的乘积大约在0.8左右，代入计算得$I_N \approx 2P_N$，由此可估算380V三相异步电动机的额定电流，即“一个千瓦两个电流”。

(7) 额定转速n_N：指电动机在额定运行时的旋转速度(r/min)。电动机的额定转速与定子三相绕组的联结无关，一般两极电动机额定转速为2930r/min左右，4极电动机额定转速为1440r/min左右。

3.3.3 电动机的防护等级

按国际电工委员会(IEC)标准，我国异步电动机常用的防护形式有IP11、IP22、IP23和IP44几种，如图3-24所示。前三类防护形式散热好，但电动机受外界影响大，多用于设备环境条件较好的场合。IP为国际防护(International Protection)的缩写，后面数字为电动机外壳防尘、防水等级，数字越大，表示防护能力越强。例如，IP44表示电动机能防止大于1mm的固体进入，同时能防止溅水入内。

此外，三相异步电动机铭牌上的绝缘等级和工作制等与直流电动机铭牌上参数意义相同。绕线转子异步电动机(YR)的铭牌上还标明了转子绕组的额定电压(指定子加额定频率的额定电压而转子绕组开路时集电环间的电压)和转子的额定电流，以作为配用起动变阻器等的依据。

【例3-1】 一台三相异步电动机，其额定转速$n_N = 975$r/min，电源频率$f_1 = 50$Hz。试求电动机的极对数和额定负载下的转差率。

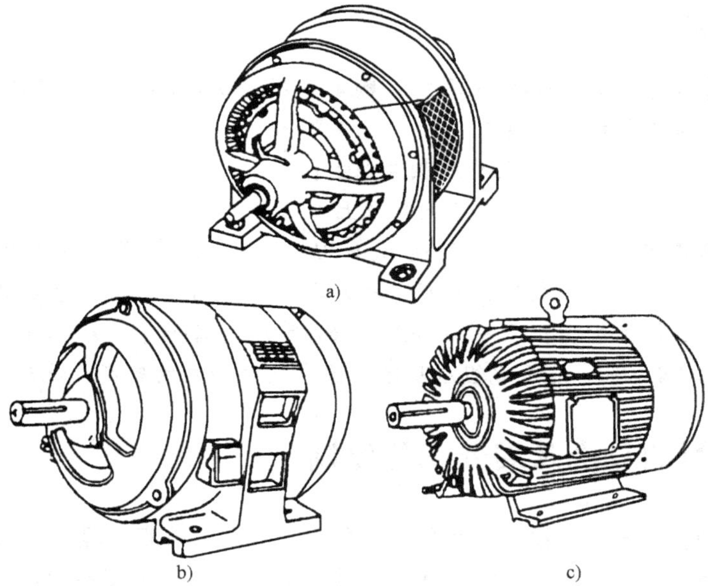

图 3-24　防护形式电动机的外形图

a）IP11（开启式）　b）IP22、IP23（防护式）　c）IP44（封闭式）

解：由于电动机的额定转速应接近且略小于同步转速 n_1，所以，$n_1=1000\text{r/min}$ 而 n_1 与磁极对数 p 有一定对应关系，即 $p=\dfrac{60f_1}{n_1}=3$。

额定转差率为

$$s_N=\frac{n_1-n_N}{n_1}$$

$$=(1000\text{r/min}-975\text{r/min})\div 1000\text{r/min}=0.025$$

【例 3-2】　某三相异步电动机，极对数 $p=2$，定子绕组为三角形联结，接于 50Hz、380V 的三相电源上工作，当负载转矩 $T_L=91\text{N}\cdot\text{m}$ 时，测得 $I_1=30\text{A}$、$P_1=16\text{kW}$、$n=1470\text{r/min}$，求该电动机带此负载运行时的 s、P_2、η 和 $\cos\varphi$。

解：

$$n_1=60\frac{f_1}{p}=1500\text{r/min}$$

$$s=\frac{n_1-n}{n_1}$$

$$=(1500\text{r/min}-1470\text{r/min})\div 1500\text{r/min}=0.02$$

$$P_2=\frac{T_2n}{9550}=91\text{N}\cdot\text{m}\times 1470\text{r/min}\div 9550=14\text{kW}$$

$$\eta=\frac{P_2}{P_1}\times 100\%=14\text{kW}\div 16\text{kW}\times 100\%=87.5\%$$

$$\cos\varphi=\frac{P_1}{\sqrt{3}U_1I_1}=0.81$$

思考与分析

(1) 一台三相异步电动机铭牌上写明：额定电压380/220V，定子绕组为Y/△联结，试问以下两种情况下电动机能否正常工作?

1) 定子绕组△联结，接于380V三相电源上；

2) 定子绕组Y联结，接于220V三相电源上。

(2) 某台三相异步电动机的额定转速 $n_N=720r/min$，试求该电动机的极对数和额定转差率。另有一台4极三相异步电动机的额定转差率 $s_N=0.05$，试求该电动机的额定转速。

(3) 一台三相异步电动机Y—160M2—2的额定数据如下：$P_N=15kW$，$U_N=380V$，$\cos\varphi_N=0.88$，$\eta_N=88.2\%$，定子绕组△联结，试求该电动机的额定电流和对应的相电流。

3.4 定子绕组的分类及展开图的绘制

定子绕组的种类很多，按槽内层数分，有单层、双层和单双层混合绕组，按绕组端接部分的形状，单层绕组又有链式、交叉式和同心式之分，双层绕组又有叠绕组和波绕组之分。但无论怎么分类，构成绕组的原则是一致的，定子绕组是三相对称绕组。

3.4.1 定子绕组的基本术语

(1) 线圈、线圈组、绕组。线圈也称绕组元件，是构成绕组的最基本的单元，用导线绕制，分为有效边和端部。其中有效边进行电磁能量的转换，端部起连接作用，在不影响电磁性能及工艺操作的条件下，端部要尽可能短。线圈组是由多个线圈按一定规律连接形成的一个组；多个线圈或线圈组按一定的规律连接形成绕组。三相电动机有三个绕组，常称为三相绕组。

(2) 极距 τ。在定子圆周内，每个磁极所占的槽数称为极距；即

$$\tau=\frac{Z_1}{2p} \tag{3-5}$$

式中 τ——极距；

Z_1——定子铁心总槽数；

p——磁极对数。

(3) 线圈节距 y。一个线圈的两个有效边所跨定子圆周的距离称为节距，一般用槽数表示。如某线圈的一个有效边嵌放在第1槽，另一个有效边嵌放在第6槽，则其节距 $y=6-1=5$ 槽。为获得较大的电动势，应使节距近似等于极距，即

$$y\approx\tau=\frac{Z_1}{2p} \tag{3-6}$$

$y=\tau$ 时称为整距绕组；$y<\tau$ 时称为短距绕组，可节省导线，双层绕组常用 $y=5\tau/6$，以减少谐波损耗，改善电气性能；$y>\tau$ 时称为长距绕组，浪费导线。一般应用中，多采用短距绕组和整距绕组，不采用长距绕组。

(4) 电角度与机械角度。电动机圆周一圈为360°，这个角度称为机械角度。从电磁观点看，把一对磁极在定子圆周上占的宽度定义为360°电角度，则电动机圆周上总的电角度为 $p\times360°$。换句话说，电动机圆周空间上任意两点间相距的电角度数与这两点间相距的几

何角度的关系为

$$\text{电角度} = p \times \text{几何角度} \tag{3-7}$$

（5）槽距角：相邻两槽之间的电角度称为槽距角，用 α 表示，即

$$\alpha = \frac{p}{Z_1}360° \tag{3-8}$$

式中　Z_1——定子铁心槽数。

（6）每极每相槽数：每个极下每相绕组所占的槽数称为每极每相槽数，用 q 表示，即

$$q = \frac{Z_1}{2m_1 p} \tag{3-9}$$

式中　m_1——定子绕组的相数。对三相定子绕组，$m_1 = 3$。

（7）相带：指每个极距内属于同一相的槽所连续占有的区域。因为一个极距为180°电角度，若每极下三相均分，则相带宽为60°电角度。

（8）极相组：指将磁极下属于同一相（即一个相带）的 q 个线圈按照一定方式串联成的线圈组。电动机定子绕组实际制造中，一般把一相绕组分为若干个极相组绕好，再分组嵌线，最后再连接起来成为一个相绕组。在画绕组的展开图时，也是把极相组作为一个单元来画，最后把它们连接起来组成三相绕组。

3.4.2　三相对称绕组的绕制原则与基本形式

1. 三相对称绕组的绕制原则

（1）结构对称原则。即三相绕组的结构完全一样。每相绕组线圈的节距、数量、匝数、尺寸、线径等均应相同，线圈的节距应为短距且尽可能接近整距。

（2）布置均匀原则。每个极域内的槽数（线圈数）要相等，各相绕组在每个极域内所占的槽数应相等，但在电动机的圆周空间互相错开120°电角度。

（3）电流一致原则。三相绕组通电时，为了产生规定的磁极数和极性，同一相带的电流参考方向应相同，相邻相带的电流参考方向应相反，同相绕组中线圈之间的连接应保持电流参考方向一致。

2. 三相对称绕组的基本形式　按以上原则，三相定子绕组的基本形式如图3-25所示。从图中可以看出，各种极数的定子绕组共同的规律是：每极相组只有1个集中绕组，节距 $y = \tau$，定子的最少槽数2极为6、4极为12、6极为18、8极为24；三相绕组为单层绕组，其几何尺寸及连接方式完全相同；各相绕组的对应边在圆周上互差120°电角度，排列规律逆时针为U1、W2、V1、U2、W1、V2。

实训　三相对称绕组展开图的绘制

定子绕组仅采用基本形式是不够的。同一种极数的电动机，还要考虑到功率的大小和其他电气性能要求以及实际的嵌放工艺和使用材料的成本等因素。因此，实际的定子绕组在基本形式的基础上还要进行改进和完善，但三相对称绕组的绕制原则不变。

绕组展开图能较清楚地反应绕组的结构，工程上的图样均用此类图形来表示绕组。三相对称绕组展开示意图如图3-26所示。

1. 实训说明　在小型三相交流电动机中，单层绕组应用很广。单层绕组的最初形式为叠绕组，经改进有同心式、链式、交叉式及同心交叉式等形式，以适应不同的电动机。三相单层绕组展开图的绘制方法与步骤如下。

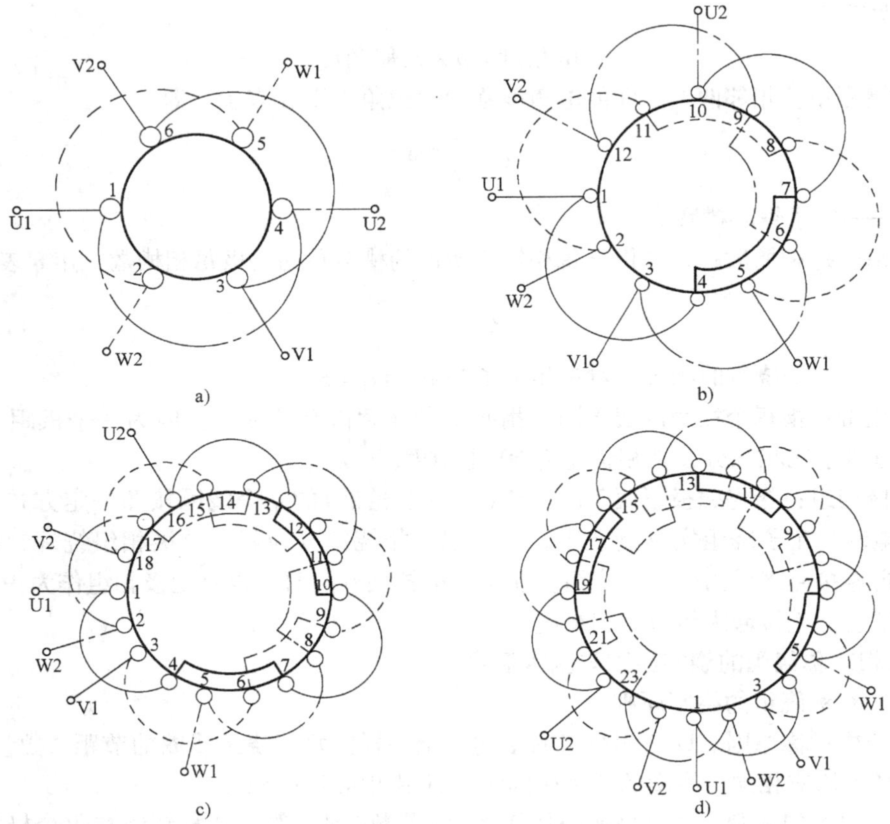

图 3-25　三相定子绕组的基本形式

a）2 极　b）4 极　c）6 极　d）8 极

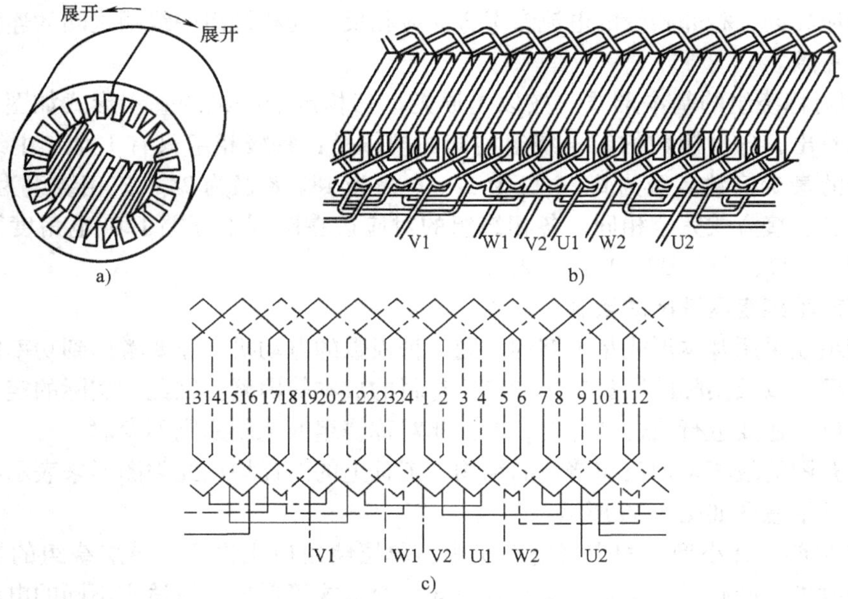

图 3-26　三相对称绕组展开示意图

a）定子铁心　b）展开后的铁心和绕组　c）绕组展开图

（1）分极分相。将总槽数按给定的极数均匀分开（N、S 极相邻分布），将每个极距下的槽数按三相均匀分开，按照 U1、W2、V1、U2、W1、V2 顺序排列，假设有效边电流方向并标记，规定 U1、V1、W1 流进，U2、V2、W2 流出。

（2）连线圈和线圈组。按电流一致的原则，将一对极域内属于同一相的某两个有效边连成一个线圈，再将一对极域内属于同一相的 q 个线圈连成一个线圈组。

（3）连接一相绕组。将属于同一相的 p 个线圈组，按串联或并联方式连成一相绕组，并标记首尾端。其他两相按同样的方法连接。

（4）连接三相绕组。将三个连接好的单相绕组，按星形（Y）联结或三角形（△）联结连成完整的三相绕组。

2. 单层叠绕组展开图的绘制　单层叠绕组是由基本绕组发展而形成的。基本绕组的每极每相槽数为 $q=1$（集中绕组），而叠绕组的 $q>1$（可以是 2、3、4、……）。基本绕组每相在 1 对磁极下只放 1 个线圈元件，而单叠绕组每相在 1 对磁极下则放 1 个极相组，每相的若干极相组仍是首—尾依次串联。以三相 4 极 24 槽单层叠绕组展开图为例进行说明。

（1）计算极距 τ、每极每相槽数 q。$\tau=Z_1/(2p)=6$ 槽；$q=Z_1/(2m_1p)=2$ 槽，1 个极相组中有 2 个线圈。

（2）展开图上划分极、相带并画出电流参考方向。在图 3-27 中用 24 根平行线段表示电动机的 24 槽，将 24 槽分成 4 个极，每个极下有 6 个槽，每极每相有 2 个槽，每对极域内按 U1、W2、V1、U2、W1、V2 相带排列。

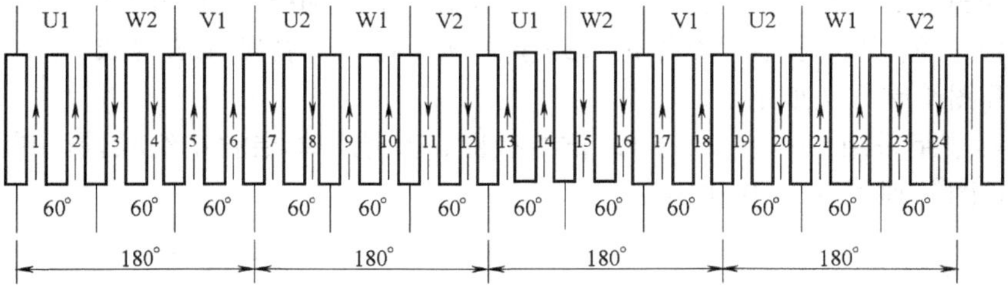

图 3-27　分极、分相及假定电流参考方向

电流参考方向是 U1、V1、W1 相带向上，U2、V2、W2 相带向下。所以，一个相带中有效边的电流方向应相同，而相邻相带的有效边电流方向相反。

（3）连接线圈组及相绕组。节距 $y=6(1\sim7)$，U1、U2 为 U 相线圈的对应边，V1、V2 和 W1、W2 分别为 V 相和 W 相线圈的对应边。根据电流参考方向，U 相单层叠绕组展开图如图 3-28 所示，由此可得，三相单层叠绕组展开图如图 3-29 所示。

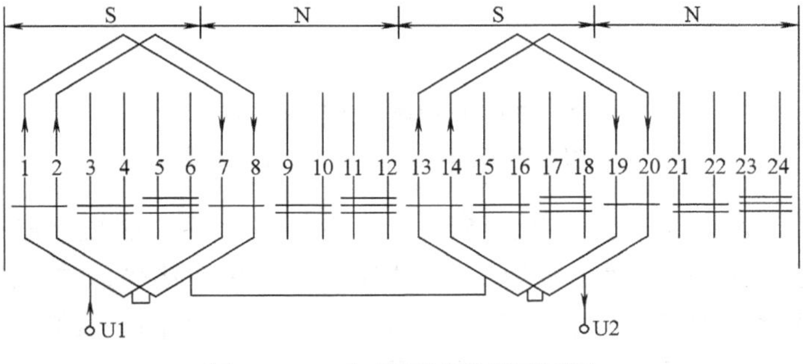

图 3-28　U 相单层叠绕组展开图

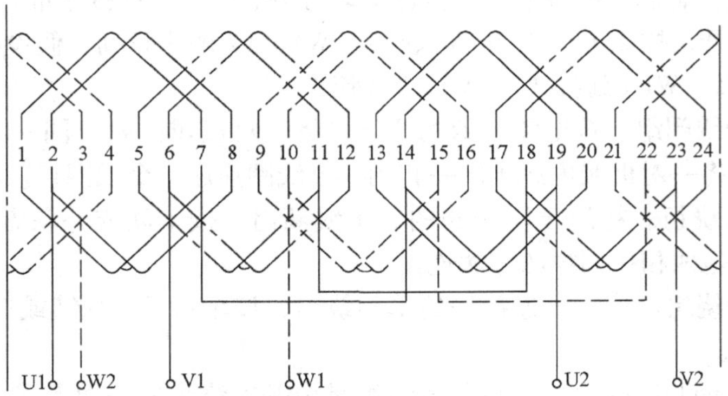

图 3-29 三相单层叠绕组展开图

(4) 电源引线。各相绕组的电源引出线端位置没有严格的规定，通常相隔120°电角度。U、V、W 相的各线圈沿参考电流方向连接，电流方向都是从 U1、V1、W1 流入，U2、V2、W2 流出。三相绕组的首尾不能标错，如果规定电流流入的一端为首，则电流流出的一端为尾。

(5) 嵌线工艺要点。选相同的绕线模，每 2 个线圈为 1 组，绕制 6 个极相组；嵌放规律：嵌放 2 槽退空 2 槽，再嵌放 2 槽再退空 2 槽，吊边数为 2；每相 2 个极相组首—尾依次串联。

3. 单层链式绕组展开图的绘制 链式绕组是由相同节距的线圈组成的，结构特点是绕组线圈一环套一环，形如长链，线圈的节距 y 必须是奇数，否则无法构成。三相 4 极 24 槽定子绕组展开图绘制方法如下。

(1) 实际节距采用 $y=5(1—6)$，重组线圈，其他与单层叠绕组相同。单层链式绕组连接图和展开图分别如图 3-30 和 3-31 所示。

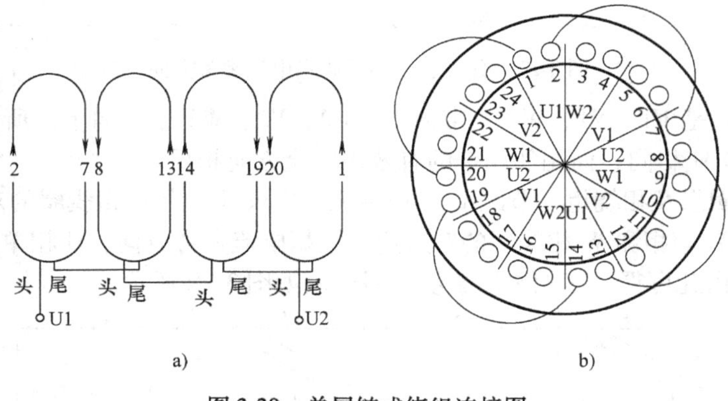

图 3-30 单层链式绕组连接图

a) U 相绕组展开图 b) U 相绕组端部接线图

(2) 单层链式绕组嵌放工艺要点。绕制 12 个相同的线圈，嵌放规律：嵌放 1 槽退空 1 槽，再嵌放 1 槽再退空 1 槽，吊边数为 2；其端部极相组之间接线是首—首、尾—尾串联。

4. 单层同心式绕组展开图绘制 各相绕组均由不同节距的同心线圈(大线圈套在小线圈外面)经适当连接而成。这种绕组嵌放线圈容易，常用于 2 极电动机中。三相 2 极 24 槽定子

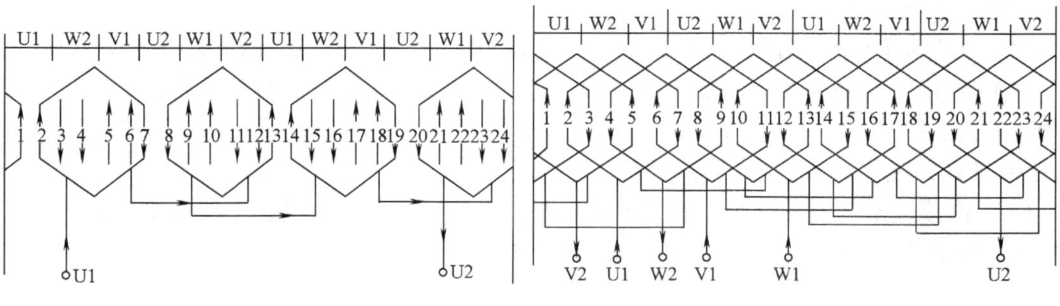

a)　　　　b)

图 3-31　单层链式绕组展开图

a) U 相绕组展开图　b) 三相绕组展开图

绕组展开图构造如下。

(1) 计算极距 τ、每极每相槽数 q。$\tau = Z_1/(2p) = 12$ 槽；$q = Z_1/(2m_1p) = 4$ 槽。

(2) 展开图上划分极、相带并画出电流方向。用 24 根平行线段表示电动机的 24 槽，将 24 槽分成 2 个极，每个极下有 12 个槽；每极每相有 4 个槽，按 U1、W2、V1、U2、W1、V2 相带排列，相邻相带的有效边电流方向相反。

(3) 连接线圈组及相绕组。节距 y 取短距，大线圈节距为 11 槽，小线圈节距为 9 槽。根据参考电流方向，U 相绕组连接顺序如图 3-32a 所示，V 相、W 相绕组也在图 3-32b 中依次画出。

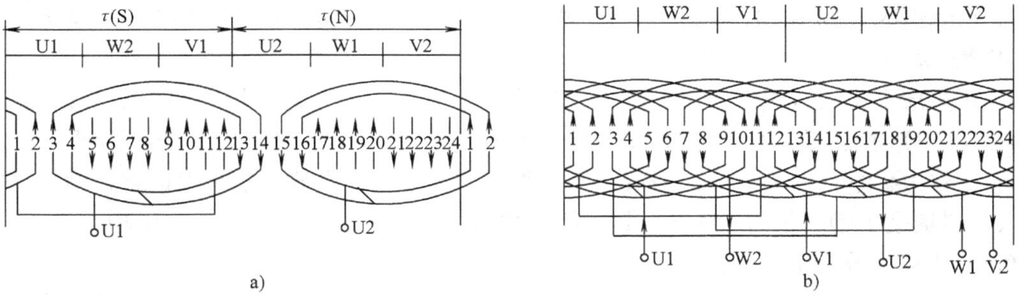

a)　　　　b)

图 3-32　同心绕组展开图

a) U 相绕组展开图　b) 三相绕组展开图

(4) 电源引线。若 U 相绕组的首端 U1 定为第 3 槽，则 V 相绕组的首端 V1 应为第 11 槽，W 相绕组的首端 W1 应为第 19 槽。三相绕组的首尾不能标错，如果规定电流流入的一端为首，则电流流出的一端为尾。

(5) 单层同心式绕组嵌放工艺要点。选同心式绕线模，每个极相组有 2 个大小不同的线圈，共 6 组。嵌放规律：嵌放 2 槽退空 2 槽，再嵌放 2 槽再退空 2 槽，吊边数为 4；如吊起 4 个边，嵌放困难，可选用逐相分层嵌放，最后使其绕组端部形成三平面结构。其端部极相组之间接线是尾—尾串联。

5. 单层交叉式绕组展开图绘制　交叉式绕组主要用于 q 为奇数(如 $q=3$)的 4 极或 2 极的小型三相异步电动机定子绕组中。这种绕组实际上是同心式绕组和链式绕组的一个综合。由于采用了不等距的线圈交叉排列构成，它比同心式绕组的端部短，且便于布置。三相 4 极

36 槽定子绕组展开图构造如下。

（1）计算极距 τ、每极每相槽数 q。$\tau = Z_1/(2p) = 9$ 槽；$q = Z_1/(2m_1 p) = 3$ 槽。

（2）展开图上划分极、相带并画出电流方向。用 36 根平行线段表示电动机的 36 槽，将 36 槽分成 4 个极，每个极下有 9 个槽；每极每相有 3 个槽，按 U1、W2、V1、U2、W1、V2 相带排列，相邻相带的有效边电流方向相反。

（3）连接线圈组及相绕组。节距 y 取短距，大线圈节距为 8 槽，小线圈节距为 7 槽。根据参考电流方向，单层交叉式绕组接线图如图 3-33 所示。

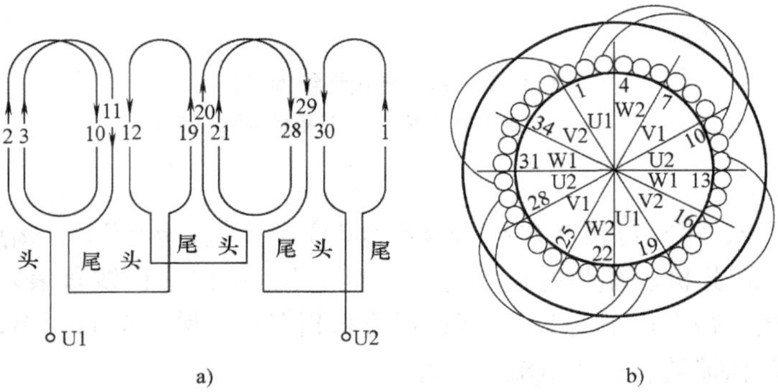

图 3-33 单层交叉式绕组接线图

a）U 相绕组展开图 b）三相绕组展开图

（4）电源引线：若 U 相绕组的首端 U1 定为第 2 槽，则 V 相绕组的首端 V1 应为第 8 槽，W 相绕组的首端 W1 应为第 14 槽。然后 U、V、W 相的各线圈沿电流方向连接，便形成各相绕组展开图，如图 3-34 所示。

（5）单层交叉式绕组嵌放工艺要点 先绕 6 个大极相组，每个极相组由 2 个线圈组成，且节距(1—9)稍大，称为大组；再绕 6 个小极相组，每个极相组只含 1 个线圈且节距(1—8)稍小，称为小组；嵌放规律：嵌放 2 槽大组退空 1 槽，再嵌放 1 槽小组退空 2 槽，再嵌放 2 槽大组再退空 1 槽，吊边数为 3；其端部极相组之间接线是首—首、尾—尾相串联。

6. 三相双层叠绕组展开图的绘制

（1）单层绕组的特点。单层绕组的优点是每槽只有一个线圈边，嵌线方便，槽利用率高，而且链式或交叉式绕组的线圈端部也较短，可以省铜。但是，它们都是从单层整距叠绕组演变而来的，所以从电磁观点来看，不论节距如何变化，整个磁场与整距绕组相同。节距的变化只是为了减少端部的长度，并不能改变磁场的分布，因此不可能用绕组的短距来改善感应电动势及磁场的波形，电磁性能较差，一般只能适用于中心高 160mm 及以下的小型异步电动机。而且单层绕组的结构选定以后，往往连接成短距绕组，其节距实际也不能任意选择。

单层链式绕组用于 $q=2$ 的 4、6、8 极电动机，单层交叉式绕组用于 $q=3$ 的 2 极和 4 极电动机，同心式绕组用于 $q=4$ 的 2 极电动机。这些绕组形式在日常的修理工作中都经常可以见到。但是，单层绕组嵌线后端部较厚、不易整形。三相绕组的制作过程分为线圈绕制、绕组嵌线、绕组接线、绕组整形捆扎、绕组浸漆和烘干等工艺，在此不做介绍。

（2）双层绕组的特点。双层绕组的每个槽内有上下层两个线圈边，每个线圈的一边嵌

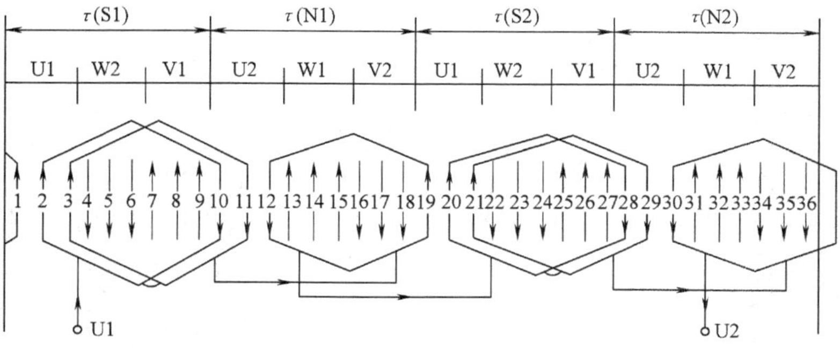

a)

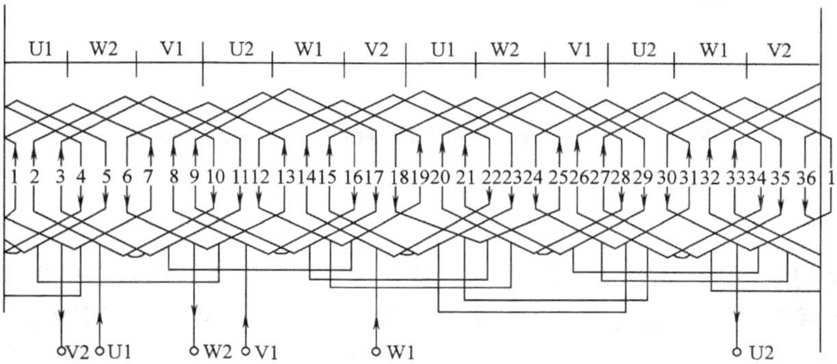

b)

图 3-34　单层交叉式绕组展开图

a）U 相绕组展开图　b）三相绕组展开图

放在某一槽的上层，另一条边嵌放在另一个槽的下层，整个绕组的线圈数正好等于槽数。双层绕组的主要优点是：

1）可以选择最有利的节距(如选 $y \approx 5\tau/6$)，使异步电动机的旋转磁场波形更接近于正弦波。因为非正弦波含有高次谐波分量，而谐波分量能增加电动机的损耗、噪声、振动，减少电动机的输出功率；

2）所有线圈具有同样的形状和尺寸，便于制造；

3）可以组成较多的并联支路，容易制造大容量电动机，10kW 以上的电动机主要采用双层绕组；

4）端部形状排列整齐，有利于散热和增加机械强度。

双层绕组不足之处主要是同一槽内放置上、下两有效边，可能不属于同一相，因而层间电压较高，需要可靠的层间绝缘；槽利用率低，且绕组的嵌线工艺比单层复杂。

双层绕组可分为叠绕组和波绕组两种形式，双层叠绕组槽内有效边的分相与单层绕组分相的方法相同。当只对三相 4 极 36 槽双层叠绕组的所有上层边进行分相时，结果与对三相 4 极 36 槽单层绕组分相完全相同，而双层叠绕组所有下层边的位置，由线圈节距 y 来确定，图 3-35 所示就是按以上规律安排出的三相 4 极 36 槽双层叠绕组 U 相端部接线图。

（3）双层叠绕组的安排步骤和规律如下。

1）对绕组上层边按对称三相绕组进行分相，划分出每对极下的 U1、W2、V1、U2、

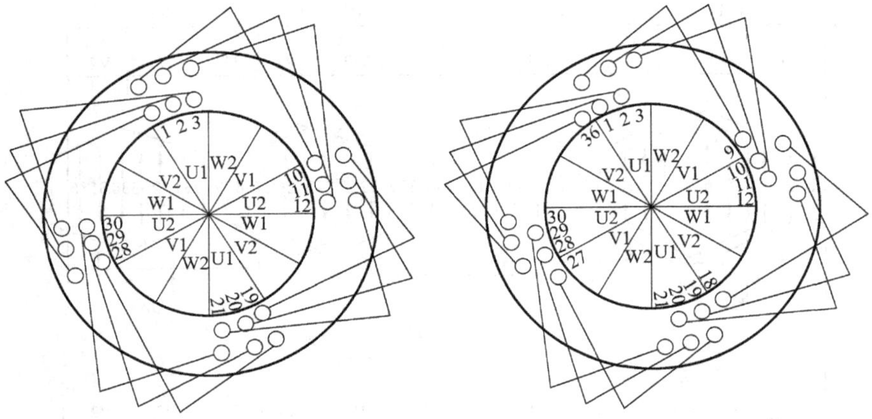

a) b)

图 3-35 三相 4 极 36 槽双层叠绕组 U 相端部接线图

a) $y=9$ b) $y=8$

W1、V2 相带；

2）按给定的节距 y，确定每一线圈的下层边，用叠绕的方式形成各线圈端部；

3）按照各线圈上层有效边内电流的参考方向，连成极相组和一相绕组。

按以上步骤，可画出三相 4 极 36 槽双层叠绕组 U 相展开图，如图 3-36 所示。图中的实线表示上层边，虚线表示下层边。

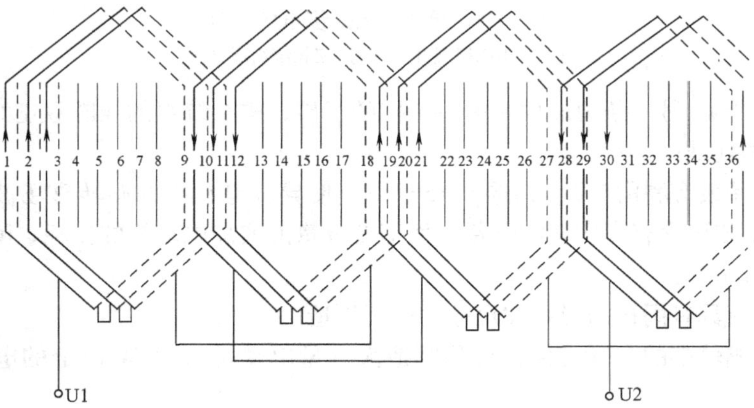

图 3-36 三相 4 极 36 槽双层叠绕组 U 相展开图

需要说明的是，有些电动机，尤其是大功率、低速电动机，绕组中电流很大，这就要求选用很粗的绕组导线，但粗导线嵌线很困难。为解决这一问题，可以将每相绕组分成两条支路并联起来，再接引出线。同一相绕组中各并联支路必须对称，也就是说各并联支路中串联的绕组数必须相等。

思考与分析

（1）三相异步电动机的 $Z_1=24$，$m_1=3$，$2p=4$，则每极每相的槽数为多少？

（2）三相异步电动机的定子单层绕组的线圈数与定子总槽数是什么关系？

（3）三相异步电动机定子各相绕组在每个磁极下应均匀分配，目的是什么？

（4）绘制三相异步电动机定子绕组展开图时，要先将定子槽数按极数均分，每等份占多少电角度？

（5）对照定子绕组展开图，若每相绕组都是顺着极相组电流箭头方向串联成的，则这个定子绕组的接线是否正确？

（6）型号为Y—112S—6的三相异步电动机的定子绕组数据为：$Z_1=36$，$2p=6$，单层链式绕组。计算绕组各参数，画出U相绕组展开图和三相绕组展开图。

（7）三相异步电动机双层绕组一般采用什么形式？

第 4 章　三相异步电动机的特性与应用

学习目标

1. 理解三相异步电动机的机械特性和工作特性。
2. 熟悉三相异步电动机各种起动方法的原理及特点。
3. 能够对三相异步电动机的起动电流进行测量。
4. 掌握三相异步电动机正反转控制的原理。
5. 熟悉三相异步电动机电气制动的基本原理。
6. 熟悉三相异步电动机各种调速方法的原理及特点。

4.1　三相异步电动机的机械特性和工作特性

4.1.1　固有机械特性

1. 电磁转矩 T　由于异步电动机的转矩是由载流导体在磁场中受电磁力的作用而形成的，因此转矩的大小与旋转磁场的磁通 Φ_m、转子导体中电流 I_2 及转子功率因数有关，即

$$T = C_T \Phi_m I_2 \cos\varphi_2 \tag{4-1}$$

式中　C_T——电动机转矩常数。

由力学知识可知

$$T_2 = \frac{P_2}{\Omega} = \frac{P_2}{\frac{2\pi n}{60}} = \frac{9550 P_2}{n} \tag{4-2}$$

式中　T_2——输出转矩(N · m)；

P_2——输出功率(kW)；

n——电动机的转速(r/min)；

Ω——电动机的机械角速度(rad/s)。

当电动机在额定状态运行时，有

$$T_N = \frac{9550 P_N}{n_N} \tag{4-3}$$

由此可见，输出功率相同的异步电动机若极数多，则转速就低，输出转矩就大；极数少，转速高，输出转矩就小。在选用电动机时必须掌握这个规律。

2. 固有机械特性曲线　三相异步电动机的固有机械特性曲线如图 4-1 所示。

(1) 起动转矩 T_{st}和起动转矩倍数 λ_{st}。在电动机起动的瞬间，$n=0$(或 $s=1$)，电动机轴上产生的转矩称为起动转矩 T_{st}(又称堵转转矩)。如果起动转矩 T_{st}大于电动机轴上所带的机械负载转矩 T_L，则电动机就能起动；反之电动机无法起动。起动转矩是衡量电动机起动性能好坏的重要指标，通常用起动转矩倍数 λ_{st}来表示

$$\lambda_{st}=\frac{T_{st}}{T_N} \tag{4-4}$$

式中　T_N——电动机的额定转矩(N·m)。

已淘汰的旧型号国产三相异步电动机 J2、JO2 系列的 λ_{st} 约在 0.95～1.9 之间，目前国产 Y 系列及 Y2 系列三相异步电动机该值为 2.0 左右，其起动性能优于老产品。

需要说明的是，在起动瞬间，转子切割定子旋转磁场的速度最高，在转子绕组中产生的感应电动势最大，转子中电流很大，定子电流也很大，但因转子电路的功率因数很低，所以转矩并不是最大。三相异步电动机起动特性曲线如图 4-2 所示。显然三相异步电动机这种起动性能与生产机械的要求是相矛盾的。为了解决这一矛盾，必须根据具体情况，采取不同的起动方法限制起动电流，增大起动转矩，从而改善电动机的起动性能。

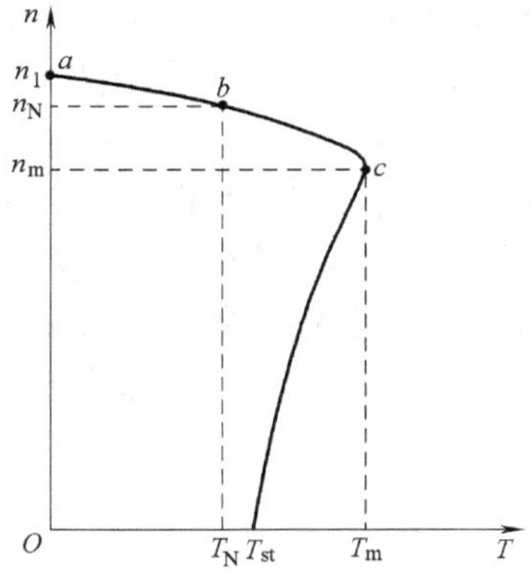

图 4-1　三相异步电动机的固有机械特性曲线

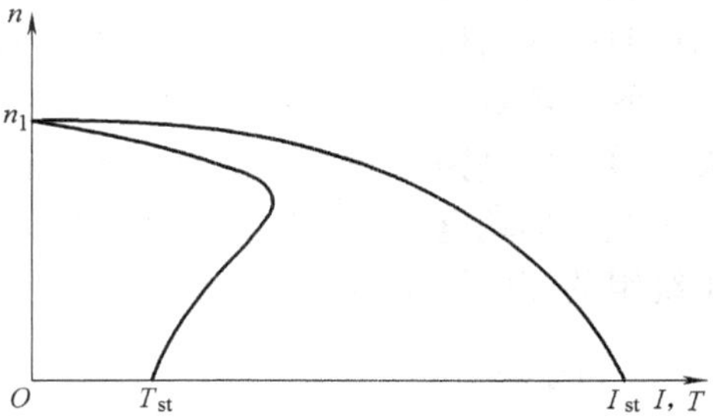

图 4-2　三相异步电动机起动特性曲线

(2) 最大转矩 T_m 和过载能力 λ_m。当转速为某一值 n_m 时，电动机产生的转矩最大，称为最大转矩 T_m，该转速 n_m 称为临界转速。电动机在运行中拖动的负载转矩 T_L 必须小于 T_m，才有可能稳定运行，否则会因拖不动负载而被迫停转。电动机产生的最大转矩 T_m 与额定转矩 T_N 之比称为电动机的过载能力，用 λ_m 来表示，即

$$\lambda_m=\frac{T_m}{T_N} \tag{4-5}$$

一般三相异步电动机的 λ_m 在 1.8～2.2 之间，它表明在短时间内负载只要不超过 (1.8～2.2)T_N，电动机仍能继续运行。

(3) 额定状态和同步运行。当电动机在额定状态下运行时，对应的转速为额定转速 n_N，此时的转差率为额定转差率，而电动机轴上产生的转矩则为额定转矩 T_N；当电动机转速达到同步转速时，$T=0$，$n=n_1$，$s=0$，转子电流 $I_2=0$，显然，如果没用外界转矩的作用，三相异步电动机是不可能运行于这一点的。

(4) 电动机的稳定运行区。正常情况下，电动机稳定运行在机械特性曲线的 *abc* 段。在 *abc* 段，电动机的电磁转矩可以随着负载的变化而自动调整，称为自适应负载能力。这种能力是电动机区别于其他动力机械的重要特点(如柴油机在增加负载时，必须由操作者加大油门，才能带动新的负载)。因为 *abc* 段比较平坦，所以电动机的转速变化不大，为硬机械特性。

4.1.2 人为机械特性

电动机的机械特性与电动机参数、外加电源电压、频率有关，因此人为地改变这些参数而获得的机械特性称为异步电动机的人为机械特性。在机电传动系统中，人们可以通过合理地利用人为机械特性对异步电动机进行控制。

1. 降低电源电压时的人为机械特性　电磁转矩 T 与电源电压 U_1 的关系是 $T \propto U_1^2$。电源电压降低时，电动机的转矩大大减小，s_m、n_1 与 U_1 无关而不变，如图 4-3 所示。例如，当电源电压降为额定电压 U_1 的 80%，即为 $0.8U_1$ 时，电动机的转矩则降为额定值的 64%。过低的电压常使电动机不能起动。若运行之中电压降低，电动机的转速会随之下降，转子和定子的电流很快增大，如果长期低压运行，电动机就有可能拖不动负载而被迫停转并产生很大的电流，会因过热而烧毁。为了保证电动机的安全运行，要求电源电压的波动不超过额定电压的 ±5%。

2. 定子回路串入电阻或电抗时的人为机械特性　在电动机定子回路中外串电阻或电抗后，电动机端电压为电源电压减去所串电阻或电抗上的压降，因此，定子绕组相电压降低，这种情况下的人为机械特性与降低电源电压时的相似，如图 4-4 所示。图中实线 1 为降低电源电压时的人为机械特性曲线，虚线 2 为定子回路串入电阻 R_{1s}或 X_{1s}后的人为机械特性曲线。从图中可看出，所不同的是串入 R_{1s}或 X_{1s}后的最大转矩要比直接降低电源电压时最大转矩大一些，这是因为随着转速的上升和起动电流的减小，在 R_{1s}或 X_{1s}上的电压降减小，电动机定子绕组的端电压自动增大，致使最大转矩大些。而降低电源电压时，在整个起动过程中定子绕组的端电压是恒定不变的。

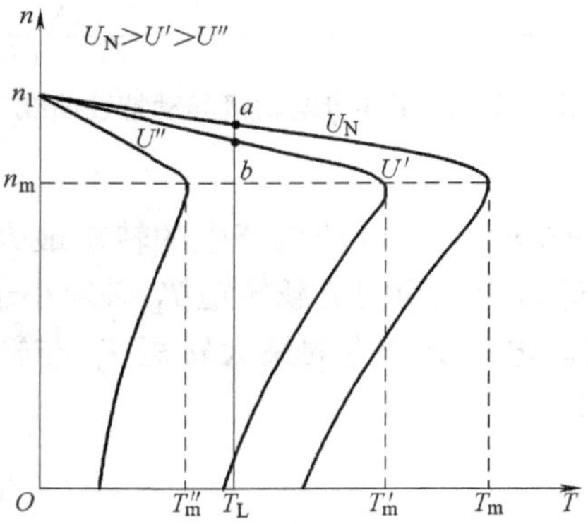

图 4-3　电源电压对机械特性的影响

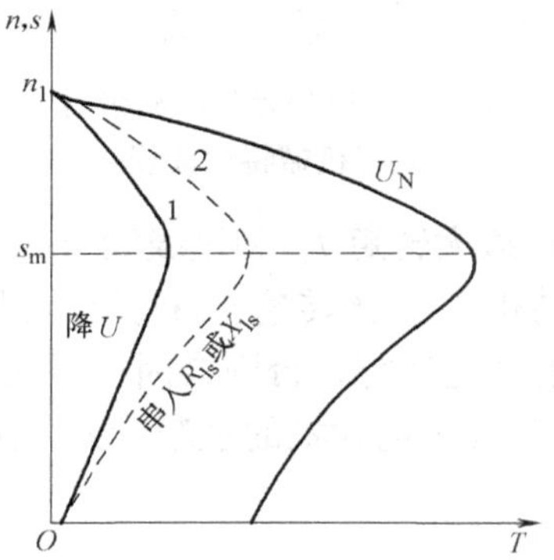

图 4-4　定子回路串入电阻或电抗时的人为机械特性

3. 转子回路中总电阻 R_2 对电动机机械特性的影响　改变转子回路中总电阻 R_2 的值，不会改变最大转矩和同步转速，但改变了临界转差率的值。绕线转子异步电动机可以通过集电环将三相对称电阻串入转子回路，串入电阻后的特性曲线如图 4-5 所示。很明显，串入的电阻愈大，临界转差率亦愈大，特性变软，可选择适当的电阻 R_{2r}接入转子电路，使 T_m 发生在 $s_m=1$ 的瞬间，即最大转矩发生在起动瞬间，以改善电动机的起动性能。

4.1.3 三相异步电动机的工作特性

三相异步电动机的工作特性是指当外加电源电压 U_1 和电源频率 f_1 为常数时，异步电动机的转速 n、转矩 T、定子绕组电流 I_1、定子功率因数 $\cos\varphi_1$ 及效率 η 与该电动机输出功率 P_2 的关系曲线。这些曲线可用实验方法测得，三相异步电动机的工作特性曲线如图 4-6 所示。

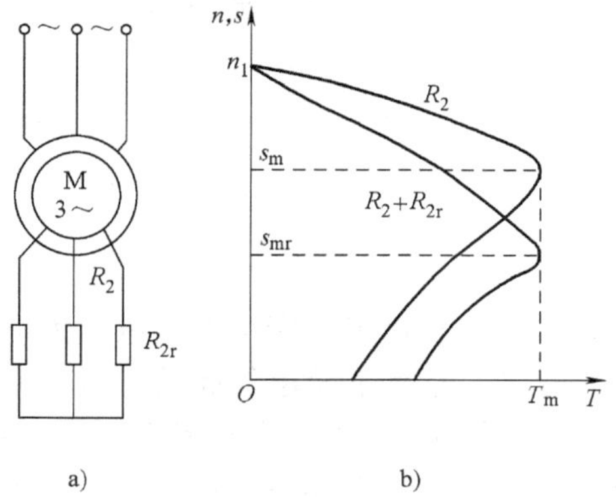

图 4-5　转子回路串入电阻时的人为机械特性
a）接线图　b）特性曲线

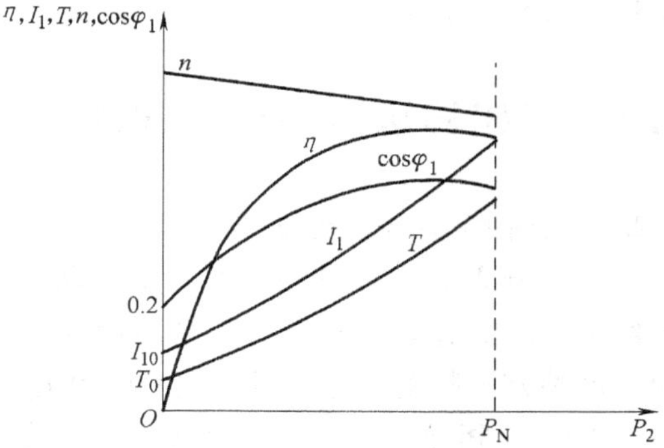

图 4-6　三相异步电动机的工作特性曲线

从三相异步电动机的工作特性曲线可以判断它工作性能的好坏，进而正确选用电动机以满足不同的工作要求。根据三相异步电动机的工作特性曲线，可以看出：

（1）三相异步电动机的转速 n 在电动机正常运行范围内随负载 P_2 的变化不大。

（2）随着负载的增加，转速下降，转子电流增大，定子电流也随着增大，定子电流几乎随着 P_2 按比例增加。

（3）三相异步电动机在空载时功率因数很低，随着负载 P_2 增加，$\cos\varphi_1$ 增加较快，通常在额定负载 P_N 时达到最大值。此时，负载再增加，由于转差率 s 增大，转子漏感抗变大，转子电流的无功分量增加，定子电流的无功分量也随着增加，因此电动机定子功率因数又重新开始下降。选用电动机时，其容量应根据负载情况正确选择，使电动机尽量在功率因数较高的情况下运行，以达到节能的目的。

（4）电动机在正常运行范围内，转速变化不大，近似为直线，故 $T=f(P_2)$ 也近似为一条直线。而 $T=T_0+T_2$，在转速不变的情况下，T_0 为一个常数，所以 T 是在 T_2 的基础上叠加 T_0 形成的，因此，异步电动机的转矩特性是一条不通过原点的近似直线。

（5）电动机的效率 η 随着负载 P_2 的增加而增加，开始时增加较快，通常也在额定负载时达到最大值，此后随 P_2 的增加效率反而略有下降。因为效率达最大值后，如果负载继续增加，定、转子铜耗跟着很快增加，效率反而降低。对于中小型三相异步电动机，最大效率通常出现在 $(0.7\sim1.0)P_N$ 范围内。一般来说，电动机的容量越大，效率越高。因此在选择电动机时，应充分估计负载的情况，尽量让电动机在额定负载或接近额定负载的状态下运行。

思考与分析

（1）某三相异步电动机的额定转速 $n_N=1460\text{r/min}$，当负载转矩只为额定转矩的 1/2 时，电动机的转速如何变化？

（2）三相异步电动机的定子与转子之间没有直接电的联系，为什么负载转矩增加后，定子绕组的电流也要增大？

（3）如果把额定接法为Y联结的电动机误接成△联结，或把额定接法为△联结的电动机误接成Y联结，将会产生什么后果？空载运行时，两种联结对转速是否有影响？

(4) 三相异步电动机在一定负载转矩下运行时，如果电源电压突然降低或升高，对电动机的转矩、定子电流和转速有何影响?

4.2 三相异步电动机的起动

4.2.1 三相笼型异步电动机的起动

1. 全压起动　在三相笼型异步电动机起动时，加在电动机定子绕组上的电压为电动机的额定电压的起动方式，称为全压起动，也称直接起动，这是最简单的起动方法。一般来说，这种方法起动时电动机的起动电流 I_{st}为额定电流 I_N 的5~7倍，起动转矩为额定转矩的1~2倍。三相异步电动机本身通常是允许直接起动的，但是，下述一些情况下，直接起动是有困难的。

(1) 电源容量小，频繁起动。

(2) 负载的惯性较大时，急速发热可造成损伤。

(3) 过高的起动转矩可能对负载造成冲击。

一般规定，三相异步电动机的额定功率小于7.5kW时允许直接起动；如果电动机功率大于7.5kW，而电源总容量也较大，且符合式(4-6)，电动机也允许全压起动。

$$\frac{I_{st}}{I_N} \leqslant \frac{1}{4}\left[3+\frac{\text{电源总容量(kV·A)}}{\text{起动电动机功率(kW)}}\right] \tag{4-6}$$

2. 减压起动　凡不满足直接起动条件的，均采用减压起动。减压起动是指电动机在起动时降低加在定子绕组上的电压，起动结束后加额定电压运行的起动方式。减压起动虽然能降低电动机的起动电流，但由于电动机的转矩与电压的平方成正比，因此减压起动时电动机的转矩也减小较多，故此法一般适用于电动机空载或轻载起动。

(1) Y-△减压起动。对于正常运行时定子绕组为△联结的电动机，起动时定子绕组改接成Y联结，这时加在定子每相绕组上的电压为直接起动时的 $1/\sqrt{3}$，可以实现减压起动，其接线原理图如图4-7所示。起动时，先合上开关S1，并将开关S2投向“Y”位置，定子三相绕组作Y形联结开始起动，待电动机转速升高到一定值后再将开关S2投向“△”位置，电动机便在额定电压下正常运行。

由图4-8所示的电路图可知，三相绕组作Y联结时，加在每相绕组上的电压为三相绕组作△联结时的 $1/\sqrt{3}$倍。由于转矩与电压平方成正比，故Y联结时的转矩为△联结时的1/3，而相电流也降低到△联结时的 $1/\sqrt{3}$，故Y联结时绕组的线电流是△联结时的1/3。即Y-△减压起动时的起动电流 I_{st}、起动转矩 T_{st}分别为直接起动时的1/3。

此法的最大优点是所需设备较少、价格低，因此在轻载起动条件下，应优先采用。我国生产的三相笼型异步电动机，凡功率在4kW及以上者，正常运行时都采用△联结。

(2) 自耦变压器减压起动。电动机起动时，利用自耦变压器来降低加在电动机定子绕组上的电压；待电动机起动后，再将电动机与自耦变压器脱离，如图4-9所示。起动时，先合上开关S1，并将开关S2投向“起动”位置，这时经过自耦变压器降压后的交流电压加到电动机三相定子绕组上，电动机开始减压起动。待电动机转速升高到一定值后，再把S2投向“运行”位置，电动机就在全压下正常运行，此时自耦变压器已从电网上切除。

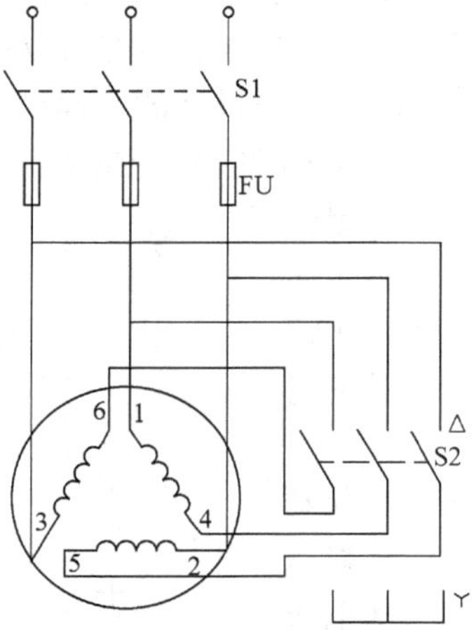

图 4-7　Y-△减压起动的接线原理图

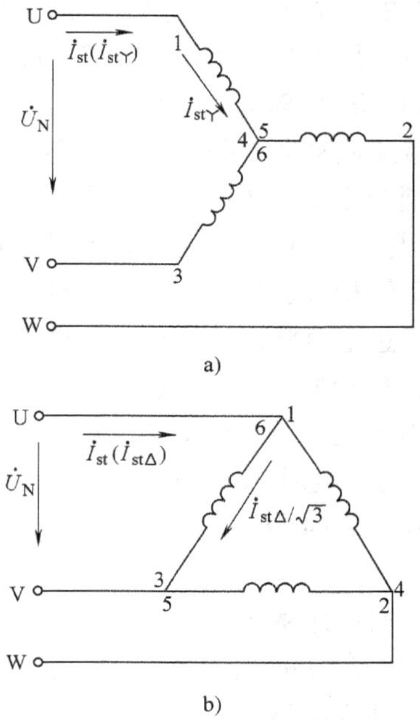

图 4-8　Y-△联结电路图
a) Y联结　b) △联结

图 4-10 所示为自耦变压器减压起动时的一相等效电路图。由变压器的工作原理可知，此时二次电压与一次电压之比 k 为

$$k=\frac{U_2}{U_1}=\frac{N_2}{N_1}<1$$

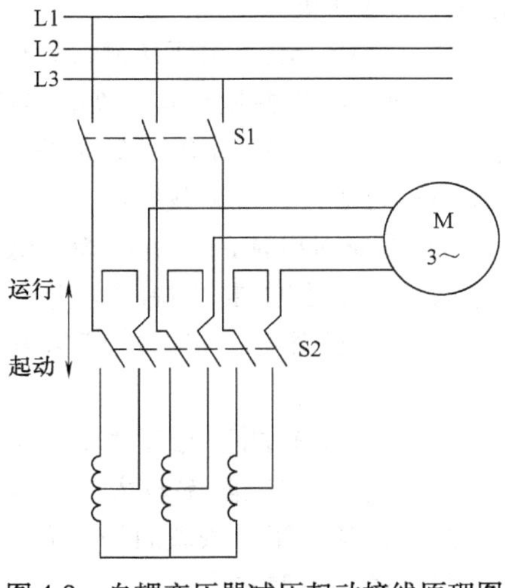

图 4-9　自耦变压器减压起动接线原理图

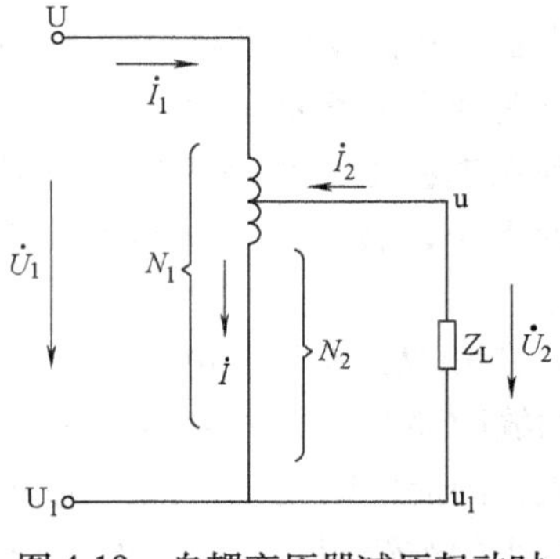

图 4-10　自耦变压器减压起动时一相等效电路图

起动时，加在电动机定子每相绕组的电压 $U_2=kU_1$，只有全电压起动时的 k 倍，因而电流 I_2 也只有全电压起动时的 k 倍，即 $I_2=kI_{st}$。但变压器一次电流 $I_1=kI_2=k^2I_{st}$，即此时从

电网吸取的电流 I_1 只有直接起动时的 k^2 倍，起动转矩也是直接起动时的 k^2 倍。

自耦变压器二次侧有 2 ~ 3 组抽头，二次电压可以分别为一次电压的 80%、65% 或 80%、60% 和 40%。在实际使用中常把自耦变压器、开关触头、操作手柄等组合在一起构成自耦减压起动器(又称起动补偿器)。

自耦变压器减压起动的优点是可以按容许的起动电流和所需的起动转矩来选择自耦变压器的不同抽头实现减压起动，而且不论电动机定子绕组采用Y联结或△联结都可以使用；缺点是设备体积大、投资较大。另外，起动用自耦变压器是按短时工作设计的，起动时自耦变压器处于过电流状态下运行，因此不适于起动频繁的电动机，选配时应充分注意。

（3） 串电阻(电抗)减压起动。如图 4-11 所示，起动时在定子绕组中串电阻降压，起动结束后再用开关将电阻切除，电动机全压运行。由于串电阻起动时，电阻因有能量损耗而发热，一般常用铸铁电阻片。有时为了减小能量损耗，也可用电抗器代替电阻进行起动。

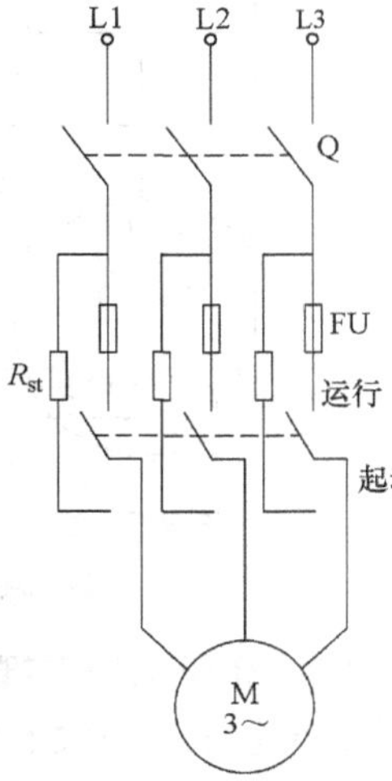

图 4-11　串电阻减压起动接线原理图

若此时电压降为 k 倍，则起动电流为直接起动时的 k 倍，起动转矩为直接起动时的 k^2 倍。也就是说，这种起动方法与Y-△减压起动、自耦变压器减压起动相比，起动转矩减少较大，而起动电流的减少较小，因此只适用于空载或轻载起动的场合。

串电阻(电抗)减压起动具有起动平稳、工作可靠、设备线路简单、起动时功率因数高等优点，主要缺点是电阻的功率损耗大、温升高，所以一般不宜于频繁起动。若采用电抗器代替电阻，则所需设备费较贵，且体积大。

3. 选择特殊三相笼型异步电动机

（1） 深槽式三相笼型异步电动机。深槽式三相笼型异步电动机的主要特点是转子的槽特别深而且窄。起动时，因漏感抗大，转子电流主要从槽口处漏电抗小的导条流过。这时转子电流被“挤”到槽口表面，这种现象称为集肤效应，如图 4-12 所示。集肤效应的结果是槽底部分的导条截面内几乎没有电流通过，相当于转子导条的有效截面积减小了，从而使转子电阻增大，起动电流减小而起动转矩增大，可满载起动。

随着转速升高至起动结束，转子频率逐渐降低，集肤效应对电流的影响逐渐降低，各并联小导条的漏电抗也逐渐降低至小于其电阻值，这时电流分配主要取决于各并联小导条电阻的大小，转子电流逐渐均匀地分布在转子导条的整个截面上，转子电阻恢复到正常值。

（2） 三相双笼型异步电动机。三相双笼型异步电动机的转子有两套笼型绕组，两笼间由狭长的缝隙隔开，如图 4-13 所示。其上笼导条截面积较小，且由电阻率较大的黄铜或铝青铜制成，因而电阻较大，但上笼交链的漏磁通少，漏抗小；其下笼导条截面积较大，且由电阻率较小的纯铜制成，因而电阻较小，但下笼交链的漏磁通多，漏抗大。

起动时，转子电流频率较高，两笼的漏电抗都较大，转子电流主要决定于漏电抗的大小。由于下笼电抗大，上笼电抗小，转子电流大部分流过上笼，使上笼起主要作用。同时上笼电阻大，在增大起动转矩同时，可以减小起动电流。

起动结束后，转子电流频率很低，两笼的漏电抗都很小，转子电流主要决定于转子电阻的大小。由于下笼电阻小，上笼电阻大，因此转子电流大部分流过下笼，使下笼在正常运行时起主要作用。

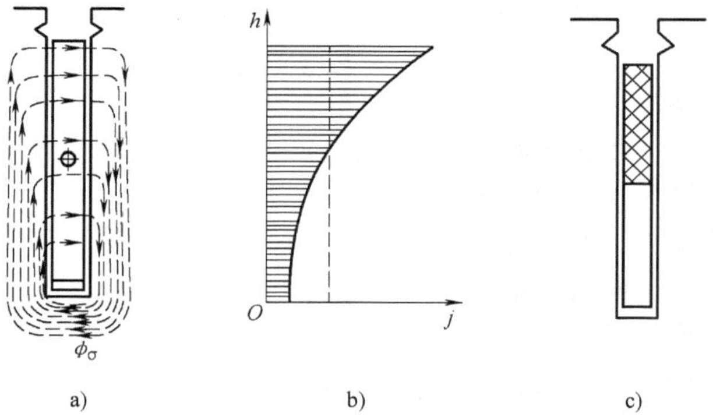

图4-12　深槽式笼型转子导条的集肤效应
a）槽漏磁　b）电流密度分布　c）导条的有效截面

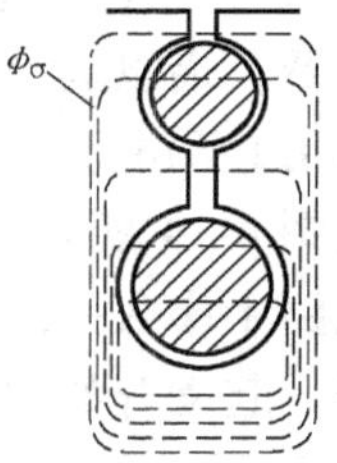

图4-13　双笼型转子的槽形

【例4-1】　一台△联结的三相笼型异步电动机，已知 $P_N=10kW$，$U_N=380V$，$I_N=20A$，$n_N=1450r/min$，由手册查得 $I_{st}/I_N=7$，$T_{st}/T_N=1.4$，拟半载起动，电源容量为200kV·A，试选择适当的起动方法，并求此时的起动电流和起动转矩。

解：

（1）根据式(4-6)可得

$$\frac{I_{st}}{I_N}=7>\frac{1}{4}[3+(200kV\cdot A/10kW)]=5.75$$

所以不能采用直接起动。

（2）$T_{Yst}=\frac{T_{st}}{3}=\frac{1.4T_N}{3}=0.47T_N<0.5T_N$

所以也不能采用Y-△减压起动。

（3）按题意应有 $T'_{st}=k^2T_{st}>0.5T_N$，而

$$k^2>\frac{0.5T_N}{T_{st}}=\frac{0.5T_N}{1.4T_N}=0.357$$

故将变压器抽头置于60%位置，可用该方法起动。此时

$$T_N=\frac{9550P_N}{n_N}=9550\times10kW\div1450(r/min)=65.86N\cdot m$$

$$I'_{st}=k^2I_{st}=k^2(7I_N)=0.6^2\times7\times20A=50.4A$$

$$T'_{st}=k^2T_{st}=k^2(1.4T_N)=0.6^2\times1.4\times65.86N\cdot m=33.2N\cdot m$$

【例4-2】　有台拖动空气压缩机的三相笼型异步电动机 $P_N=40kW$，$n_N=1465r/min$，起动电流 $I_{st}=5.5I_N$，起动转矩 $T_{st}=1.6T_N$，运行条件要求起动转矩 $T'_{st}=(0.9\sim1.0)T_N$，电网允许电动机的起动电流 $I'_{st}<3.5I_N$。试问应选用何种起动方法？

解：按要求，起动转矩的相对值应保证为

$$\frac{T'_{st}}{T_{st}}\geqslant\frac{0.9T_N}{1.6T_N}=0.56$$

起动电流的相对值应保证为

$$\frac{I'_{st}}{I_{st}} \leqslant \frac{3.5I_N}{5.5I_N} = 0.64$$

由前面分析可知，当自耦变压器电压比为0.8时，可满足以上条件，故选用自耦变压器减压起动的方法。

4.2.2 三相绕线转子异步电动机的起动

1. 转子串电阻起动　起动时，在转子电路串联起动电阻器，借以提高起动转矩，同时因转子电阻增大也限制了起动电流。起动结束，切除转子所串电阻。

如图4-14所示，在三相绕线转子异步电动机的转子电路中串入一组可以均匀调节的变阻器，即起动变阻器。起动开始时，手柄置于图中所示的位置，此时全部电阻串在转子电路中；随着电动机转速的升高，逐渐将手柄按顺时针方向转动，串入转子电路中的电阻逐渐减小；当电阻被全部切除（即电阻为零）时，电动机起动结束。

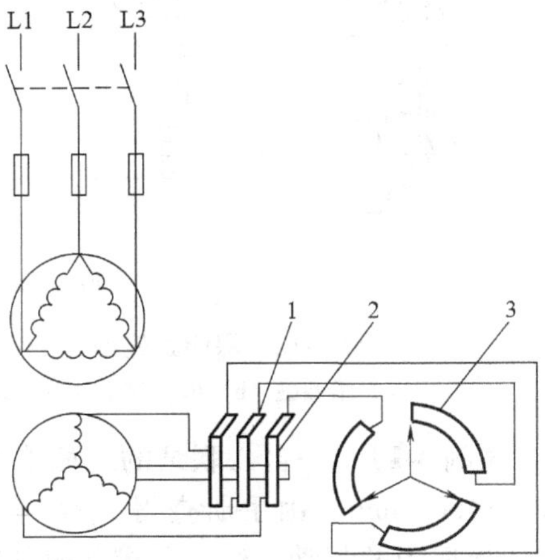

图4-14　转子串电阻起动接线原理图
1—电刷　2—集电环　3—起动电阻

此法一般用于小容量的三相绕线转子异步电动机上，当电动机容量稍大时则采用图4-15所示的电路，此时电阻不是均匀地减小，而是通过接触器触头或凸轮控制器触头的开闭有级地切除电阻。该电路的具体动作原理简述如下：起动时控制器的全部触头S1～S4均断开，合上电源开关S后，电动机开始起动，此时电阻器的全部电阻都串入转子电路内，如电阻值选取正确，可使 $s_m = 1$，即电动机的最大转矩产生在电动机起动瞬间。电动机转动后，顺次逐步闭合S1、S2、S3、S4触头，电动机转速逐步增加，一直到起动过程结束。

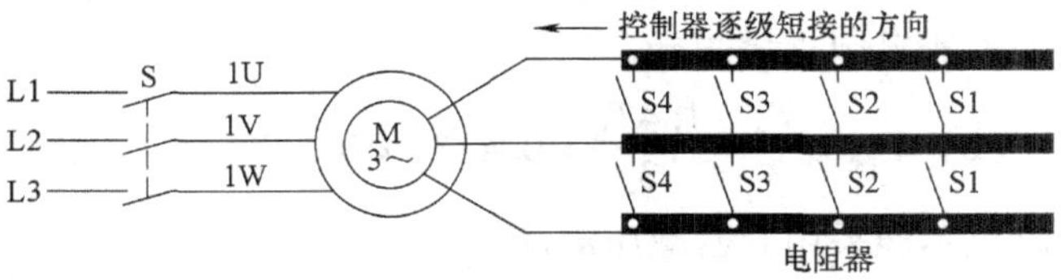

图4-15　转子串电阻有级起动接线原理图

转子串电阻的起动特性曲线如图4-16所示。起动过程中，电动机转速沿着 *abcdefgh* 点上升，随着电阻被逐段切除，电动机起动转矩始终在 T_{st1} 和 T_{st2} 之间变动，直到最后电动机稳定运行于固有机械特性曲线的 h 点。为了保证起动过程的平稳快速，一般选取

$$T_{st1} = (1.5 \sim 2)T_N$$

$$T_{st2} = (1.1 \sim 1.2)T_N$$

上述起动过程中，产生的转矩是比较大的，适合于容量较大的设备重载起动的情况，广泛用于桥式起重机、卷扬机、龙门吊车等重载设备。转子串电阻起动的缺点是所需起动设备较多，起动时有一部分能量消耗在起动电阻上，起动级数也较少。还需要注意，转子三相绕组所接电阻并非越大越好，转子三相绕组所接电阻要适当。为克服以上缺点，又研制了转子串频敏变阻器起动的方法。

2. 转子串频敏变阻器起动　频敏变阻器外形结构如图4-17a所示，它是一种有独特结构的无触点元件，其结构与三相电抗器相似，即由三个铁心和三个绕组组成，三个绕组接成星

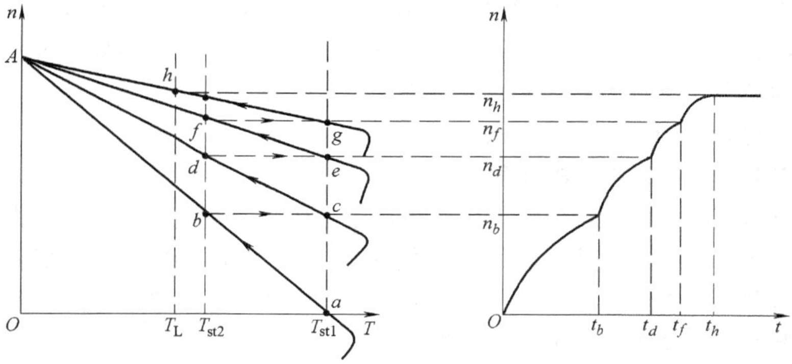

图 4-16　转子串电阻的起动特性曲线

形联结，并通过滑环和电刷与绕线异步电动机的三相转子绕组相连，如图 4-17b 所示。

频敏变阻器的铁心用 6～12mm 厚的钢板制成。当绕组中通过交流电后，铁心中产生的涡流损耗及磁滞损耗都较大。由于铁心较饱和，感抗相应较小，另外由于绕组匝数不很多，因此绕组的直流电阻也较小。

当绕线转子电动机刚开始起动时，电动机转速很低，转差率 s 很大，铁心中的损耗很大，即 R_2 很大，因此限制了起动电流，增大了起动转矩。随着电动机转速的增加，转差率 s 下降($f_2 = sf_1$)，于是 R_2 减小，起动电流及转矩保持一定数值。故频敏变阻器实际上是利用转差率的平滑变化来使转子回路总电阻平滑减小的。起动结束后，转子绕组短接，把频敏变阻器从电路中切除。

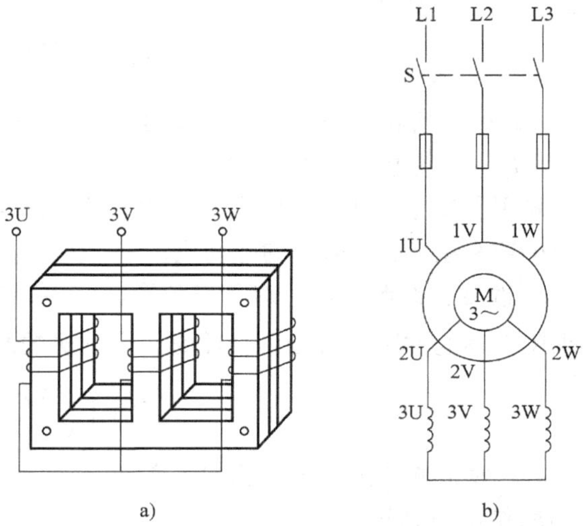

图 4-17　串频敏变阻器起动

a）外形结构　b）起动电路

该起动方法的主要优点是结构简单、成本较低、使用寿命长、维护方便，能使电动机平滑起动(无级起动)，基本上可获得恒转矩的起动特性。主要不足之处是由于电感 L 的存在，功率因数较低，起动转矩并不很大。因此当绕线转子电动机在轻载起动时，采用频敏变阻器法起动优点较明显，而重载起动一般采用串电阻起动。

思考与分析

（1）异步电动机分别在重载或轻载情况下起动时，起动电流大小是否一样？为什么？起动时间是否一样？为什么？

（2）三相异步电动机初始起动瞬间，即 $s = 1$，定子电流大而功率因数小，原因何在？

（3）三相异步电动机在运行时，转子突然被卡住，这时电动机的电流会如何变化？对电动机有何影响？

(4) 为什么绕线转子异步电动机转子串合适电阻既能减小起动电流，又能增大起动转矩？三相绕线转子异步电动机能不能使起动转矩等于最大转矩？采取什么方法实现？

(5) 绕线转子异步电动机转子串电抗能改善起动性能吗？

(6) 深槽式电动机为什么能改善起动性能？

实训 三相异步电动机起动电流的测量

电动机的起动电流又称堵转电流，只有在额定电压下的堵转状态时，才能准确测得。对于功率稍大的电动机，因其堵转电流 I_{st} 和堵转转矩 T_{st} 均较大，直接实施堵转来测量，既不安全又容易损坏自身的绕组和轴承。用下述方法，不需要专用场地和设施，只是借助电动机负载堵转，可就地对电动机起动电流进行测量。

1. 两相测量法　人为去掉一相电源，将电动机改为两相电源接线。电动机通电起动，此时电动机的电磁转矩近似为零，若与负载保持可靠连接时，电动机不会转动。在此状态下测得的堵转电流约为正常起动电流的 $\sqrt{3}/2$ 倍，即

$$I'_{st}=\left(\frac{\sqrt{3}}{2}\right)I_{st}=0.866I_{st}$$

式中 I'_{st}——两相电源时测得的起动电流(A)；

I_{st}——正常起动电流(A)。

采用上述方法测量时的电流较大，I'_{st} 一般是电动机额定电流的 3.5~6 倍，故通常只适合于小功率星形(Y)联结的电动机。

2. 改变接线测量法　对于三角形(△)联结的电动机，可先将其改接成星形(Y)联结后，再采用上述的方法进行测量。此时，电动机的起动电流是正常起动电流的 $\sqrt{3}/6$ 倍，即

$$I'_{st}=\left(\frac{\sqrt{3}}{6}\right)I_{st}=0.289I_{st}$$

I'_{st} 一般是电动机额定电流的 1.2~2.2 倍，这种方法通常适合于功率不是很大的三角形(△)联结的电动机。

3. 自耦变压器降压法　将减压起动用的自耦变压器，改变接头。把图 4-18a 所示原来星形联结的接线端子 2、4、6 拆开，改为三相电源的输入端，如图 4-18b 所示；再把 1、3、5 端并接成新的星形联结(如图 4-18b 所示)。自耦变压器中间抽头及电动机的接线不变。

若这台自耦变压器输出电压为输入电压的 80%，即 $k=U_2/U_1=0.8$，则改变接线后，输出电压为输入电压的 20%，即 $k=0.2$。因电动机的电流与所加电压成正比，改接后电动机的起动电流为

$$I'_{st}=kI_{st}=0.2I_{st}$$

如果测得的起动电流 $I'_{st}=100\text{A}$，则电动机在额定电压下的起动电流 I_{st} 为

$$I_{st}=I'_{st}/k=100\text{A}\div0.2=500\text{A}$$

因转矩与所加电压的平方成正比，所以此时的转矩为

$$T'_{st}=k^2T_{st}=0.04T_{st}=4\%T_{st}$$

因为自耦变压器改接后电动机的转矩只有原转矩的 4%，借助负载的机械阻力，不难实现堵转。因测试电流较小，一台自耦变压器最大可测其三倍功率的电动机。此外，采用这种方法时，电动机的起动电流是其额定电流的 0.8~1.4 倍，供电电源(即自耦变压器的输入

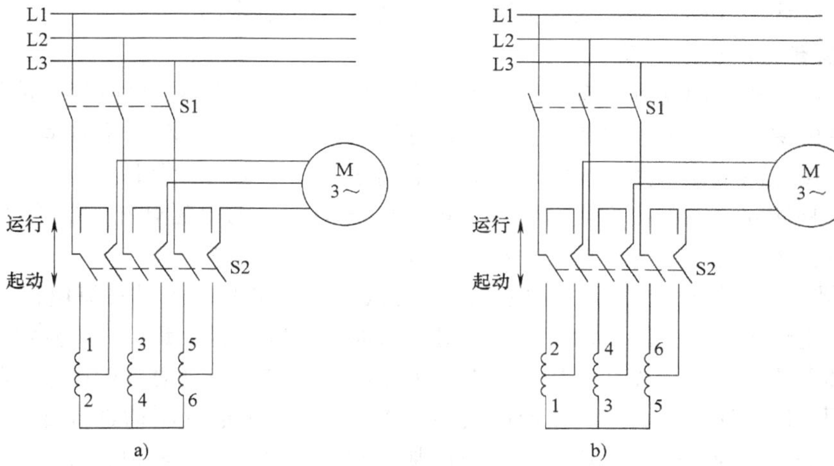

图 4-18　改换自耦变压器两端接头的接线图

a) 2、4、6 星形联结，1、3、5 接电源　b) 1、3、5 星形联结，2、4、6 接电源

端)的起动电流为 k^2I_{st}(本例为 $0.04I_{st}$)。

思考与分析

(1) 三种测量方法中，你认为哪种最好？比较三种方法中起动电流的大小，说说操作中应注意什么问题。

(2) 测量时，若电动机仍慢速转动，影响测量值吗？可以采取什么措施？

(3) 测量之前，怎样选择电流表的量程？

(4) 如果实际测量时，电源电压偏高于额定电压值，会影响测量结果吗？应该怎么办？

(5) 如果电动机实际运行中，考虑铁心饱和因素，与不饱和时比较，电动机的实际起动电流变大还是变小？在用以上三种方法时，测量结果应怎样调整？

(6) 想想两相测量法中的 $\sqrt{3}/2$ 是怎么推导出来的？是否适合△联结的电动机？

4.3　三相异步电动机的反转和制动

4.3.1　三相异步电动机的反转

如果要想使电动机从顺转变为逆转(或从逆转变为顺转)，只要对调任意两根电源线的位置即可，如图 4-19 所示。对各种机械，电动机的转向是非常重要的。若电动机与机械装置连接，而当转向相反时对该机械没有损害，那么可以短时间向电动机供电以观察电动机的转向，如果不正确，调换任意两个端子的接线即可使电动机反转；若转向不正确会使机械装置损坏，则当电动机与这样的机械装置相连时，连接前必须确定其转向，一个方法是在连接上机械负载前，先对电动机作电气连接，短时通电测出它的转向。有些场合这种方法可能不实际或非常不方便，这时可在电源供电前使用相序测试仪确定电动

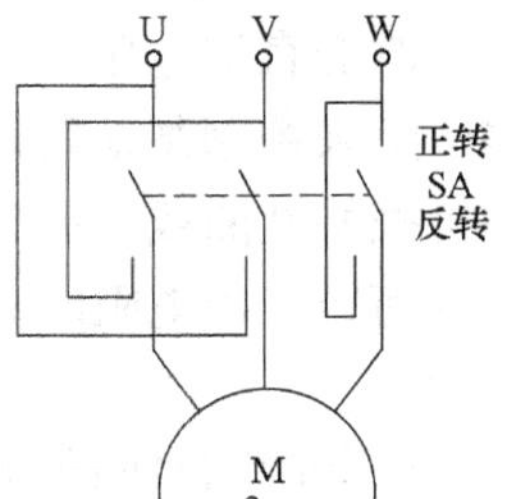

图 4-19　正反转接线图

机的转向。相序测试仪用来比较两个不同的三相电源连接的相序。

4.3.2 三相异步电动机的制动

三相异步电动机的制动方法有下列两类：机械制动和电气制动。机械制动是利用机械装置使电动机从电源切断后迅速停转。它的结构有好几种形式，应用较普遍的是电磁抱闸，主要用于起重机械上吊重物时使重物能迅速而又准确地停留在某一位置上。

电气制动是使异步电动机产生与电动机的旋转方向相反的电磁转矩(即制动转矩)。电气制动通常可分为能耗制动、反接制动和回馈制动(再生制动)等三类。

1. 能耗制动　在断开电动机三相电源的同时接通直流电源，此时直流电流流入定子的两相绕组，产生恒定磁场。转子由于惯性仍继续沿原方向以转速 n 旋转，切割定子磁场产生感应电动势和电流，载流导体在磁场中受电磁力作用，其方向与电动机转动方向相反，因而起到制动作用，制动转矩的大小与直流电流的大小有关。因为能耗制动是将直流电流通入定子绕组而得到的，故通常也叫直流制动。能耗制动的整个过程如图 4-20 所示。

能耗制动机械特性曲线如图 4-21 所示。制动时系统运行点从点 a 移至特性曲线 1 的点 b，在制动转矩和负载转矩的共同作用下，电动机沿曲线 1 迅速减速，直到 $n=0$。当$n=0$ 时，$T=0$，所以能耗制动能准确停车。不过当电动机停止后，不应再接通直流电源，否则将会烧坏定子绕组。另外制动的后阶段，随着转速的降低，能耗制动转矩也很快减小，所以制动比较平稳，但制动效果则比反接制动差。

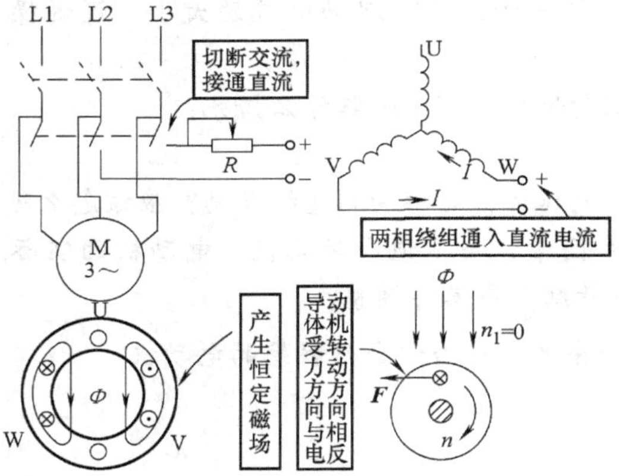

图 4-20　能耗制动的整个过程

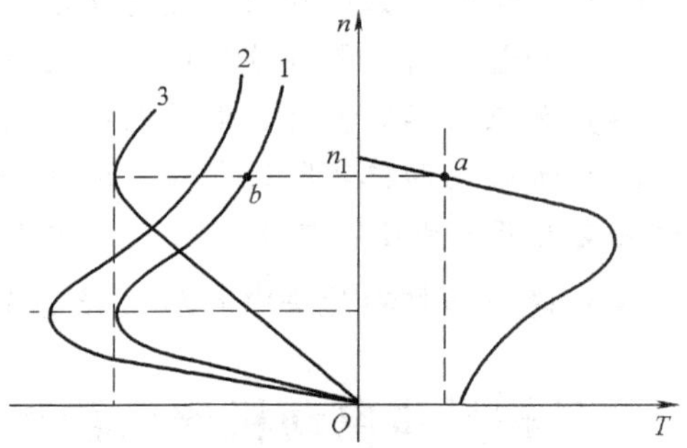

图 4-21　能耗制动机械特性曲线

制动转矩的大小取决于转子转速、励磁磁场和转子电阻。因此，三相笼型异步电动机可通过改变直流电压 U、R 或励磁电流 I_f 的大小，而绕线转子电动机则可通过改变 I_f 和转子回路电阻来控制制动转矩的大小。在图 4-21 中，曲线 2 为增大励磁电流 I_f 而转子不串电阻时的机械特性曲线，此时最大转矩增大，但产生最大转矩时的速度不变；曲线 3 为励磁电流 I_f 不变而转子串电阻时的机械特性曲线，此时最大制动转矩不变，但产生最大转矩时的速度增大。

由于制动时间很短，所以通过定子的直流电流可以大于电动机定子的额定电流，一般取 $I_f=(2\sim3)I_N$。能耗制动的优点是制动力强、制动较平稳，可以使生产机械准确停车，故广泛应用于矿井提升、起重运输及机床等生产机械上。缺点是需要一套专门的直流电源供制动用。能耗制动时定子三相绕组常用的几种接线方法如图 4-22 所示。

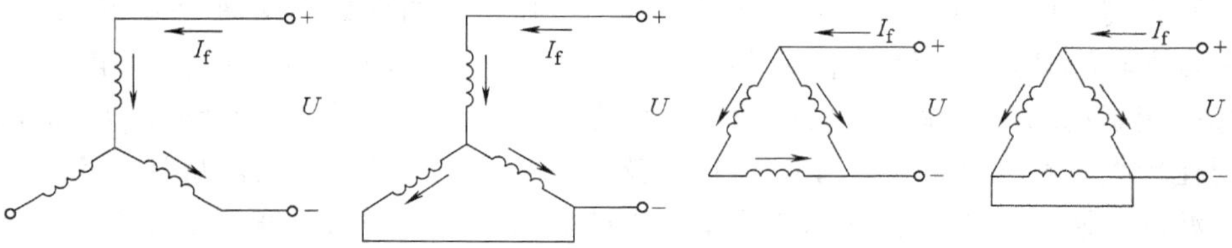

图 4-22　能耗制动时定子三相绕组常用的几种接线方法

2. 反接制动　反接制动有电源反接制动（两相反接）和倒拉反接制动（转速反接）两种。反接制动前，几个因素必须考虑：是否需要确定限制最大允许电流，特别是对反复工作的电动机；需要检查所驱动的机械设备，以确保重复的反接制动不会引起机械设备的损坏；当电动机转速降低至接近零时就应立即切断电源，否则电动机将反转。

（1）电源反接制动接线如图 4-23 所示。反接制动前，电动机处于正向电动状态，以转速 n 逆时针旋转。电源反接制动时，把定子绕组的两相电源进线对调，同时在转子电路串入制动电阻 R_{bk}。由于电源反接后，旋转磁场的方向改变，但转子的转速和转向由于机械惯性来不及变化，因此转子绕组切割磁场的方向改变，转子电动势 E_2 改变方向，转子电流 I_2 和电磁转矩 T 也随之改变方向，使 T 与 n 反向，成为制动转矩，电动机便进入反接制动状态。

电源反接制动时，电动机从电动状态下的特性曲线 1 变成第Ⅲ象限的曲线 2，如图 4-24 所示。但此时由于机械惯性，转速不能突变，系统运行点 a 只能平移到特性曲线 2 的点 b，电磁转矩由正变负，与转速 n 的方向相反，电动机进入反接制动状态。转子转速将在电磁转矩和负载转矩共同作用下，迅速从点 b 降到点 c。待 $n=0$（点 c）时应将电源切断，否则，电动机将反向起动运行。

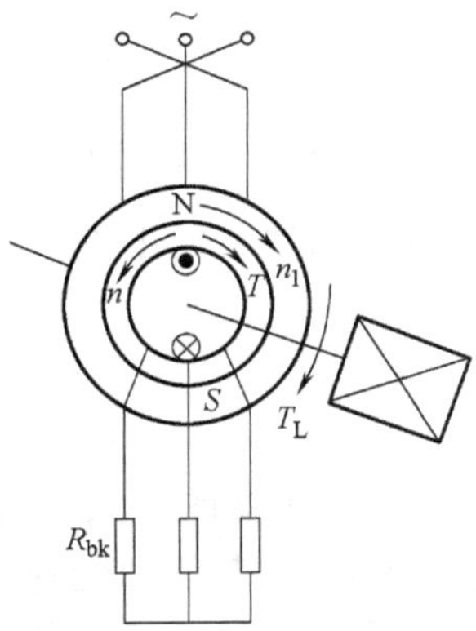

图 4-23　电源反接制动接线

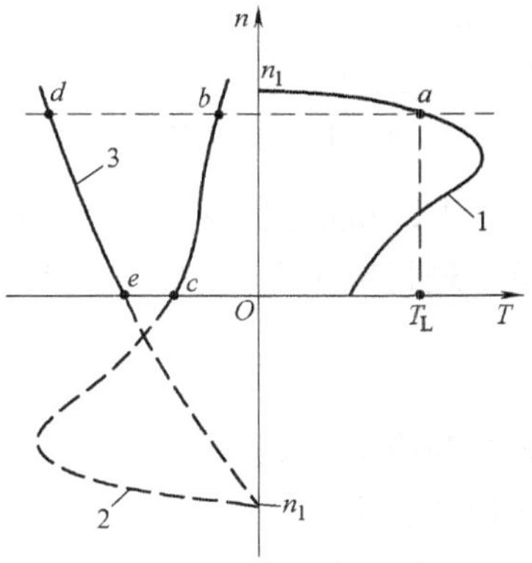

图 4-24　电源反接制动机械特性曲线

电源反接制动时，电动机的转差率为

$$s=\frac{-n_1-n}{-n_1}=\frac{n_1+n}{n_1}>1 \tag{4-7}$$

显然，转子电路不串电阻时，制动瞬间的制动转矩较小而制动电流很大（将达到额定电流的 10 倍），制动效果不佳。若转子电路串入电阻 R_{bk}，则可使转子回路 $\cos\varphi_2$ 增大，制动转矩提高，同时也可减小制动电流。

为了限制制动电流，常在三相笼型异步电动机定子电路中串接电阻。对于绕线转子异步电动机，则在转子回路中串接电阻。这时的人为机械特性曲线如图 4-24 所示的曲线 3，制动工作点由点 b 转换到点 d，然后沿特性曲线 3 减速，至 $n=0$(点 e)时将电源切断。

电源反接制动的特点是：设备简单，操作方便，制动转矩较大，制动强烈。但制动过程中能量损耗较大，在快速制动停车时，若不及时切断电源电动机就可能反转，不易实现准确停车。电源反接制动适用于要求迅速停车的生产机械，对于要求迅速停车并立即反转的生产机械更为理想，如某些中型车床和铣床的主轴电动机制动和某些起重电动机的制动。

(2) 倒拉反接制动接线如图 4-25 所示。设电动机原来拖动位能性恒转矩负载(重物)，处于正向电动状态，异步电动机电源相序不变，稳定工作点在特性曲线点 a，如图 4-26 所示，电磁转矩 T 与负载转矩 T_L 相平衡。如果在其转子电路中串入足够大的电阻 R_{bk}，使临界转差率 $s_m >> 1$，则在串电阻瞬间，由于机械惯性，电动机转速不变，此时系统运行点转移到特性曲线 2 的点 b，转子电流减小，电磁转矩减小，$T<T_L$，使电动机减速到点 c，重物迫使电动机转子反转。

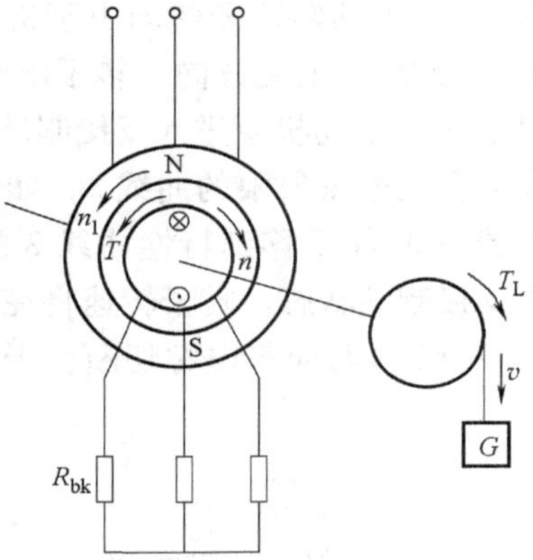

图 4-25　倒拉反接制动接线

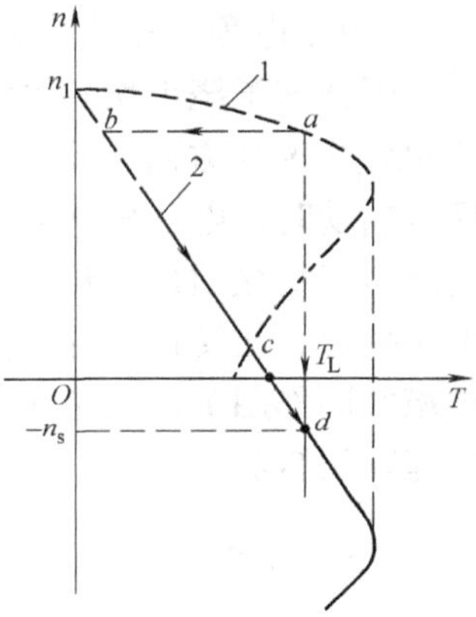

图 4-26　倒拉反接制动特性

此时，电动机的机械特性曲线由第Ⅰ象限延伸到第Ⅳ象限，重物开始下放，电动机转速由正变负，进行倒拉反接制动。这时的转差率为

$$s=\frac{n_1-n}{n_1}=\frac{n_1+|n|}{n_1}>1 \tag{4-8}$$

负载转矩成为拖动转矩，电动机电磁转矩起制动作用，随着下放速度的增大，转子电流 I_2 和电磁转矩随之增大，直至 $T=T_L$，系统达到相对平衡状态，重物以速度 n_s 匀速下放。

可见，倒拉反接制动与电源反接制动不同，它是一种能稳定运转的制动状态。这时下放重物的速度不要太快，否则不太安全。改变串入转子电路电阻值的大小，可获得不同的下放速度。在倒拉制动状态下，转子轴上输入的机械功率(重物的位能减少)转变成电功率后，连同电源输送来的电磁功率一起，消耗在转子电路的电阻上。

倒拉反接制动适用于电动机拖动位能性负载，由提升重物转为下放重物的系统中，可实现重物低速均匀下放，其特点是设备简单、操作方便但转速稳定性差，而且能量损耗大。

3. 回馈制动　若异步电动机在电动状态下运行时，由于某种原因，使电动机的转速 n 超过了旋转磁场的同步转速 n_1($s<0$)，此时电动机变成一台与电网并联的发电机，将机械能转变成电能反送回电网，这种制动方式称为回馈制动。异步电动机回馈制动运行状态有两

种情况。

（1）起重机械下放重物时。例如在桥式吊车上，电动机反转（机械特性曲线在第Ⅲ象限）下放重物，开始处于反转电动状态，电磁转矩和负载转矩方向相同，系统加速，重物快速下降，直到 $|n|>|n_1|$，电动机被负载转矩拖入回馈制动状态（机械特性曲线进入第Ⅳ象限），即电动机的实际转速超过同步转速，电磁转矩改变方向成为制动转矩，并随着转速的上升而增大。当 $T=T_L$ 时，系统达到稳定状态，重物匀速下降，电动机运行在图 4-27 中的点 a，此时，重物将储藏的位能释放出来，由电动机转换成电能反馈到电网。增加转子电路的串入电阻，重物下降时的稳定运行速度升高，电动机运行在图 4-27 中的 b 点。转子电路电阻越大，电动机转速就越高，但为了不会因转速太高而造成运行事故，转子串入的电阻值不允许太大。

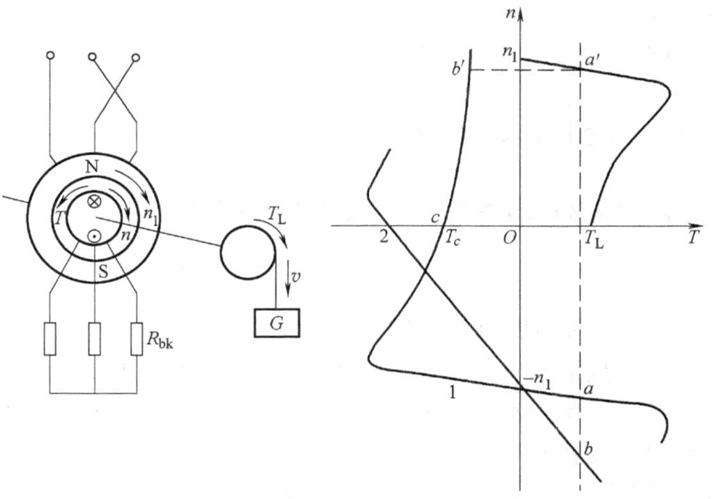

图 4-27　起重机械下放重物时的回馈制动

（2）电动机在变极调速（或变频调速）过程中。电动机在变极调速（设由 $2p=2$ 调到 $2p=4$）瞬间，电动机转速约 2900r/min 左右，而当磁极对数变为 $2p=4$ 时，此时旋转磁场同步转速降为 1500r/min，就出现了电动机转速大于旋转磁场同步转速的情况，如图 4-28 所示。由于电动机转速不能突变，在降速开始一段时间内，电动机将运行在机械特性曲线的发电区域内（b 点），此时，电磁转矩为负，和负载转矩一起，迫使电动机降速。在降速的过程中，电动机将运行系统中的动能转换成电能反馈到电网，当电动机在高速挡所储存的动能消耗完后，电动机就进入 $2p=4$ 的电动状态，一直到电动机的电磁转矩又重新与负载转矩相平衡，电动机稳定运行在 c 点。

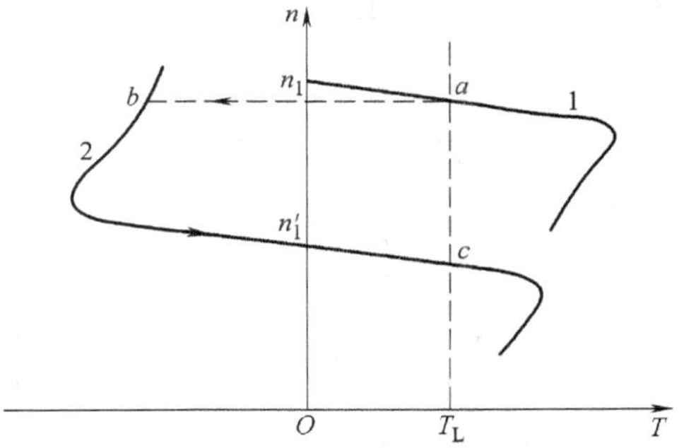

图 4-28　变极或变频调速时的反馈制动特性曲线

思考与分析

（1）现有一台桥式起重机，其主钩由绕线转子异步电动机拖动。当轴上负载转矩为额定值的一半时，电动机分别运转在 $s=2.2$ 和 $s=-0.2$，问两种情况各对应于什么运转状态？两种情况下的转速是否相等？从能量损耗的角度看，哪种运转状态比较经济？

（2）在桥式起重机车的绕线转子异步电动机转子回路中串联可变电阻，定子绕组按提升方向接通电源，调节可变电阻既能使重物提升又能使重物下降，其中有无矛盾？关键何在？

（3）在电动机变极和变频调速从高速到低速的转换过程中，有一制动降速过程，试分析其原因；绕线转子异步电动机转子电路串电阻，从高速到低速的降速过程中有无上述现象？为什么？

(4) $s=0$、$s=1$、$0<s<1$、$s>1$ 这 4 种情况下三相异步电动机各处于什么工作状态？

4.4 三相异步电动机的调速

由前面提到的公式可得异步电动机的转速为

$$n=n_1(1-s)=\frac{60f_1(1-s)}{p} \tag{4-9}$$

故三相异步电动机的调速有三种方法。

(1) 变极调速：改变定子绕组的磁极对数 p 来改变电动机同步转速 n_1 进行调速。

(2) 变频调速：改变异步电动机定子电源频率 f_1 来改变同步转速 n_1 进行调速。

(3) 变转差率调速：保持电动机同步转速 n_1 不变，改变转差率 s 来进行调速，包括降低定子电压、在绕线转子异步电动机转子电路中串入电阻等方法调速。

4.4.1 变极调速

1. 变极调速原理　改变极对数调速，通常用改变定子绕组接线的方式来实现，这样的三相异步电动机称为多速异步电动机。将三相异步电动机定子绕组展开图简化成图 4-29a 所示形式，此时 U 相绕组的磁极数为 $2p=4$。若改变绕组的连接方法，使一半绕组中的电流方向改变，成为图 4-29b、c 所示的形式，则此时 U 相绕组的磁极数即变为 $2p=2$。由此可以得出：当每相定子绕组中有一半绕组内的电流方向改变时，即达到了变极调速的目的。

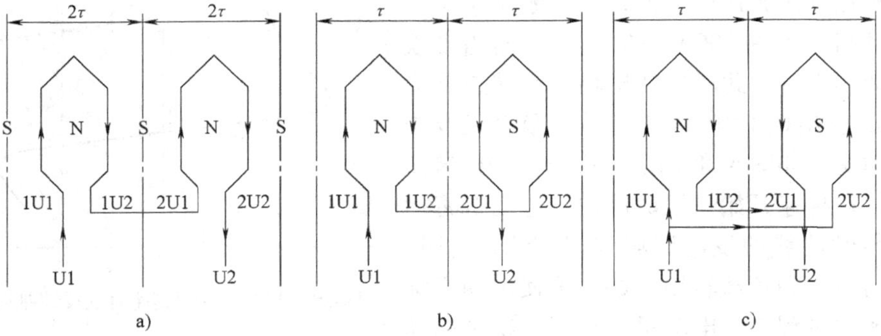

图 4-29　变极调速电动机绕组展开示意图

a) 顺串 $2p=4$　b) 反串 $2p=2$　c) 反并 $2p=2$

在图 4-30a 中，4 组线圈反向串联（尾—尾或首—首连接），则线圈 1、2、3、4 中的电流在电动机气隙中产生 4 极磁场。若将半相绕组（线圈 3、4）顺向连接（首—尾连接），如图 4-30b 所示，则线圈 3、4 中的电流反向，这时，在电动机气隙中就产生了 6 极磁场，这样可获得 4/6 极两种速度。

2. 变极接线方式　图 4-31 所示为双速异步电动机常用的两种接线方式，变极后每相绕组的两组线圈为反向并联，极数减少一半。而三相绕组经演变后，实质上都成为两个并联的Y联结，分别为Y/YY和△/YY变极。这两种变极接线方式，每相只需三个引出端，所以变极接线很简单，控制也很方便。

3. 变极调速时的允许输出　设变极前后电源线电压 U_N 不变，通过线圈的电流 I_N 不变(即保持导体电流密度不变)，变极前后效率 η 和功率因数 $\cos\varphi$ 近似不变。

(1) Y/YY变极调速。

Y联结时：$P_Y=3\left(\frac{U_N}{\sqrt{3}}\right)I_N\eta_Y\cos\varphi_Y=\sqrt{3}U_NI_N\eta_Y\cos\varphi_Y$

YY联结时：$P_{YY}=3\left(\frac{U_N}{\sqrt{3}}\right)2I_N\eta_{YY}\cos\varphi_{YY}=2\sqrt{3}U_NI_N\eta_{YY}\cos\varphi_{YY}$

可见，$P_{YY}=2P_Y$。由于Y联结时的极对数是YY联结时的两倍，因此后者的同步转速是前者的两倍，转子转速也近似是两倍，即 $n_{YY}=2n_Y$，则

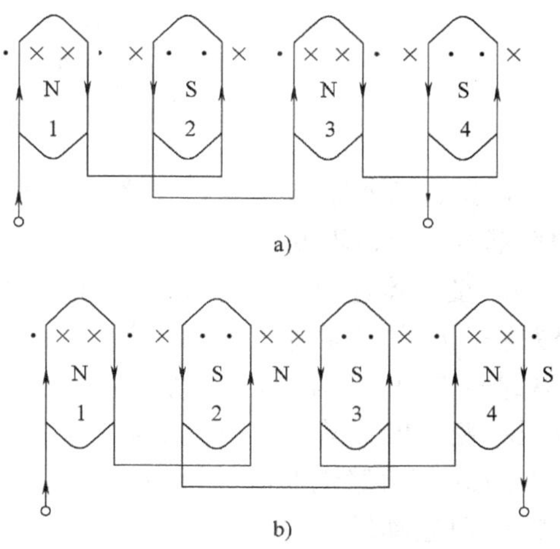

图 4-30　4/6 极反向变极原理示意图
a) 4 极　b) 6 极

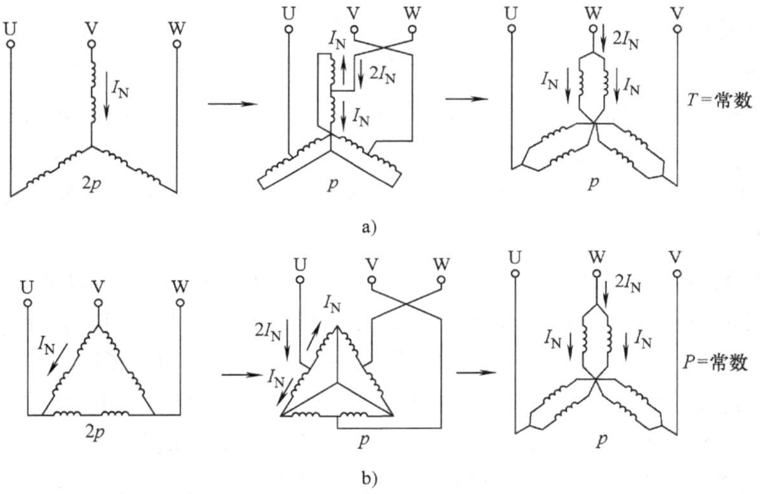

图 4-31　双速异步电动机常用的两种接线方式
a) Y/YY变极　b) △/YY变极

$$T_Y=\frac{9.55P_Y}{n_Y}=\frac{9.55(2P_Y)}{2n_Y}=\frac{9.55P_{YY}}{n_{YY}}=T_{YY}$$

可见，从Y联结变成YY联结后，极数减小一半，转速增加一倍，功率增大一倍，而转矩基本上保持不变，属于恒转矩调速方式。

(2) △/YY变极调速。

这种调速输出功率之比为

$$\frac{P_{YY}}{P_\triangle}=\frac{3\frac{U_N}{\sqrt{3}}2I_N\eta_{YY}\cos\varphi_{YY}}{3U_NI_N\eta_\triangle\cos\varphi_\triangle}=\frac{2}{\sqrt{3}}\approx1.15$$

输出转矩之比为

$$\frac{T_{YY}}{T_{\triangle}}=\frac{\dfrac{9.55P_{YY}}{n_{YY}}}{\dfrac{9.55P_{\triangle}}{n_{\triangle}}}=\frac{2}{\sqrt{3}}\times\frac{n_{\triangle}}{2n_{\triangle}}=\frac{1}{\sqrt{3}}\approx0.577$$

可见，从△联结变成YY联结后，极数减小一半，转速增加一倍，转矩近似减小一半，功率基本上保持不变，近似为恒功率调速方式。

4. 变极调速时的机械特性　由Y联结改成YY联结时，两个半相绕组由一路串联改为两路并联，所以YY联结时的阻抗为Y联结时的 1/4。再考虑改接后电压不变，极数减半。通过分析可以知道，YY联结时电动机的最大转矩和起动转矩均为Y联结时的 2 倍，临界转差率不变，但对应的同步转速是不同的。其机械特性曲线如图 4-32a 所示。

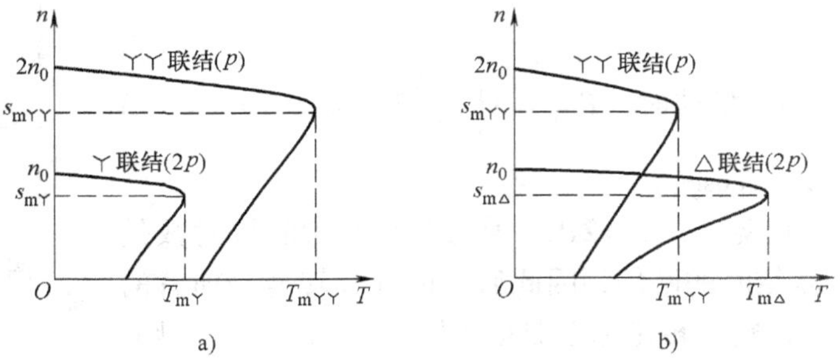

图 4-32　变极调速时的机械特性曲线

a) Y/YY变换时的机械特性曲线　b) △/YY变换时的机械特性曲线

由△联结改成YY联结时，阻抗参数也是变为原来的 1/4，极数减半，相电压变为原来的 $1/\sqrt{3}$倍。可以知道，YY联结时的最大转矩和起动转矩均为△联结时的 2/3 倍，其机械特性曲线如图 4-32b 所示。

5. 变极调速的应用　一台多速电动机选择哪种接线方式，不仅要考虑转速（极数）的改变，还要考虑以下两点。

（1）电动机转速改变前后的性能要求。例如，对 2/4 极双速电动机，若采用Y/YY接法，则电动机在两种转速下的输出转矩基本不变，属于恒转矩调速方式，适用于负载转矩基本恒定的恒转矩调速，例如起重机、运输带等机械；若采用△/YY接法，则电动机在两种转速下的输出功率近似相同，属于恒功率调速方式，较多用于金属切削机床上，如粗车时，进刀量大、转速低，精车时，进刀量小、转速高，但负载功率近似不变。在某些机床上，采用变极调速与齿轮箱机械调速相配合，可以较好地满足生产机械对调速的要求。

（2）电动机转速改变前后的转向。例如，对 2/4 极双速电动机，若采用Y/YY接法或△/YY接法，电动机调速前后两种转向均是相反的，所以为了保证变极调速前后电动机的转向不变，在改变定子绕组接线的同时，必须把 V、W 两相的出线端进行对调，使接入电动机的电源相序改变。

以上两点在实际选择电动机的连接方式时必须想到，否则电动机就不能适合负载的需要。多速电机起动时宜先接成低速，然后再换接为高速，这样可获得较大的起动转矩。变极调速的优点是所需设备简单，缺点是电动机绕组引出端较多，且调速级数少。此法只适用于笼型电动机，因为笼型转子磁场的极对数是感应产生的，随定子磁场极对数改变而自动改变，从而形成有效的平均电磁转矩。许多工厂的生产机械一般采用这种方法和机械方法协调进行调速。

4.4.2　变转差率调速

1. 转子回路串电阻调速　此法只适用于绕线转子异步电动机，其机械特性曲线如图

4-33所示。

由于 U_1 不变，故最大转矩 T_{max} 不变，同步转速 n_1 也不变，但产生最大转矩时的转速（即临界转差率）则随转子回路电阻的增大而增大，机械特性变软。由此可见，对应于一定的负载阻转矩 T_L，由负载特性曲线与不同外加电阻下电动机机械特性曲线的交点为 a、b、c、d 等，可知，随着外加电阻的增大，电动机的转速降低。

此法与电动机转子回路串电阻起动的情况完全一样，因此起动电阻又可看作调速电阻，但由于起动过程是短暂的，而调速时则电动机可能长期在某一转速下运行，因而调速电阻的功率容量要比起动电阻大。

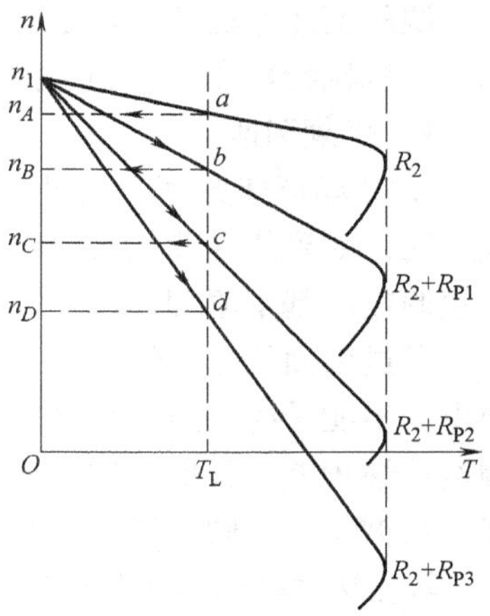

图 4-33　转子回路串电阻调速的机械特性曲线

这种调速方法的优点是所需设备较简单，并可在一定范围内进行调速。缺点是有级调速，且随转速降低，特性变软，转子电路电阻损耗与转差率成正比，低速时损耗大，所以此种调速方法大多用在重复短时运转的生产机械中，在起重、运输设备中应用非常广泛。

2. 调定子电压调速　此法用于笼型异步电动机，改变定子电压调速机械特性曲线如图 4-34 所示。当加在三相笼型异步电动机定子绕组上的电压发生改变时，电动机的机械特性曲线是一组临界转速（临界转差率）不变而最大转矩随电压的平方而下降的曲线。对于恒转矩负载 T_L，由负载特性曲线 2 与不同电压下电动机机械特性曲线的交点可知，电动机的转速可以为 a、b、c 点处的值，不难看出其调速范围很窄，实用价值不大。但对于风机类负载，其负载转矩 T_L 随转速的变化关系如图中曲线 1 所示，可见其调速范围（对应 a'、b'、c' 点的转速）较宽，但要注意，电动机有可能出现过电流问题。目前大多数的电风扇，常采用的在定子回路中串电阻（电抗）和用晶闸管调压调速，就属于这种调速方法。

异步电动机的调压调速通常应用在专门设计的、具有较大转子电阻的高转差率笼型异步电动机上，这种电动机调压调速的机械特性曲线如图 4-35 所示。由图可见，对恒转矩负载，改变电压也能获得较宽的调速范围。但是，这种电动机在低速时的机械特性太软，其运行稳定性往往不能满足生产工艺的要求。

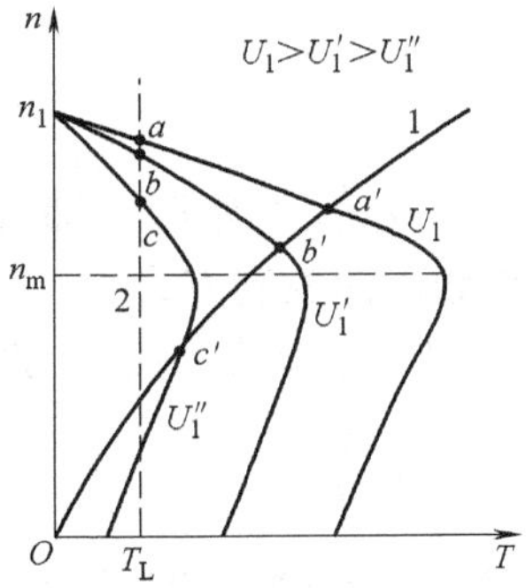

图 4-34　改变定子电压调速的机械特性曲线

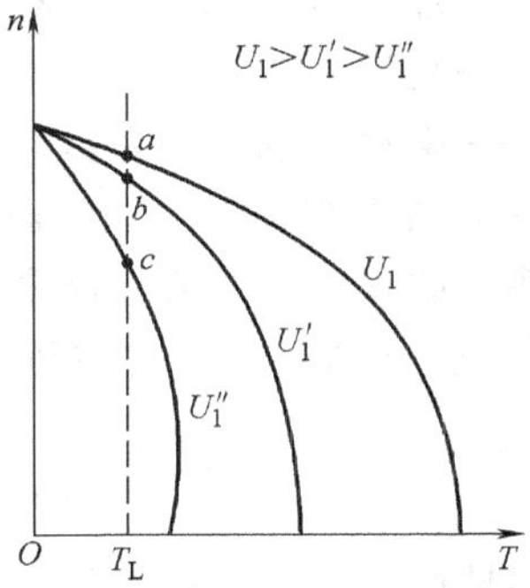

图 4-35　高转差率笼型异步电动机调压调速时的机械特性曲线

调压调速方法的优点是能无级平滑调速，缺点是降低电压时，转矩也按电压的平方比例减小，机械特性变软，调速范围不大。

4.4.3 变频调速

1. 变频调速原理　当异步电动机的磁极对数 p 不变时，电动机的转速 n 与电源频率 f_1 成正比，如果能连续地改变电源的频率，就可以连续平滑地调节异步电动机的转速，这就是变频调速的基本原理。

通过前面的分析知道，笼型异步电动机进行变极调速(多速异步电动机)时，调速级数很少，不能平滑调速，且异步电动机定子绕组还需增加中间抽头。用改变电源电压调速，则调速特性较差，且低速时损耗也较大，很不理想。由于变频调速具有调速范围宽、平滑性好、机械特性较硬等优点，有很好的调速性能，是异步电动机最理想的调速方法。

2. 变频调速的控制方式　先分析电动机变频调速时电源电压与频率的变化规律。前已叙述，只要连续调节交流电源频率 f_1，就能平滑地调节交流电动机的转速。但是，单一地调节电源频率，将导致电动机运行性能的恶化，其原因可由电压平衡方程式来分析。由

$$U_1 \approx E_1 = 4.44K_1N_1f_1\Phi_m$$

可知，若电源电压 U_1 不变，则当频率 f_1 减小时，主磁通 Φ_m 将增加，这将导致电动机磁路过分饱和，励磁电流增大，功率因数降低，铁心损耗增加；反之，若频率 f_1 增加，则 Φ_m 将减小，使电动机的电磁转矩及最大转矩下降，过载能力 λ_m 减小，电动机容量得不到充分利用。因此，为了使交流电动机能保持较好的运行性能，要求在调节 f_1 的同时，改变定子电压 U_1，以维持最大磁通 Φ_m 不变，或保持电动机的过载能力 λ_m 不变。

根据电动机所拖动的负载性质不同，常用的异步电动机变频调速主要有两种控制方式，即恒转矩变频调速和恒功率变频调速。

(1) 恒转矩变频调速：在变频调速过程中，电动机的输出转矩保持不变。通过进一步的数学分析可将异步电动机的额定转矩用式(4-10)表示

$$T_N = \frac{CU_1^2}{\lambda_m f_1^2} \tag{4-10}$$

式中　T_N——额定转矩(N·m)；
C——电动机结构常数；
U_1——加在电动机定子每相绕组上的电压(V)；
f_1——交流电源的频率(Hz)；
λ_m——电动机的过载系数。

若要保持调速前后电动机的输出转矩 T_N 不变，则需保持 U_1/f_1 为常数，即必须保持电源电压与频率成正比例调节，这是目前使用最广泛的一种变频调速控制方式。

(2) 恒功率变频调速：在变频调速过程中，电动机的输出功率保持不变。此时 P_2 为

$$P_2 = \frac{T_2 n}{9550} = \frac{T_2}{9550}\frac{60f_1}{p}(1-s) = C'\frac{U_1^2}{f_1^2}f_1 = C'\frac{U_1^2}{f_1} \tag{4-11}$$

若要保持调速前后电动机的输出功率不变，则需保持 U_1^2/f_1 为常数，即保持 $U_1/\sqrt{f_1}$ 为常数。在交通运输机械中(例如电传动机车、城市轨道交通工具、无轨电车等)希望能实现恒功率调速：电动机转速低时，输出的转矩大，能产生足够大的牵引力使机车、车辆加速；电动机转速高时，输出的转矩可以较小(只需克服运行中的阻力)。

3. 变频调速时电动机的机械特性　以电动机的额定频率 f_{1N} 为基准频率，变频调速时电压随频率的调节规律以基准频率为分界线，可分为以下两种情况。

（1）在基准频率以下恒磁通变频调速：保持 U_1/f_1 为常数进行调节即为恒转矩调速方式。当 f_1 减小时，最大转矩不变，起动转矩增大，临界点转速不变。因此，机械特性随频率减小而向下平移，如图 4-36 中虚线所示。

实际上由于定子电阻 r_1 的存在，随着 f_1 的降低，最大转矩将减小，如图 4-36 中实线所示。为保证电动机在低速时有足够大的最大转矩值，U_1 应比 f_1 降低的比例小一些，使 U_1/f_1 的值随 f_1 的降低而增加，这样才能得到图 4-36 中虚线所示的机械特性曲线。

（2）在基准频率以上弱磁变频调速：频率从 f_{1N} 往上升高，但电压 U_1 却不能超过额定电压 U_{1N}，最大只能达到 $U_1 = U_{1N}$，这将迫使磁通与频率成反比例降低，最大转矩和起动转矩将随频率的升高而减小，其机械特性曲线如图 4-37 所示。这种调速近似为恒功率调速。

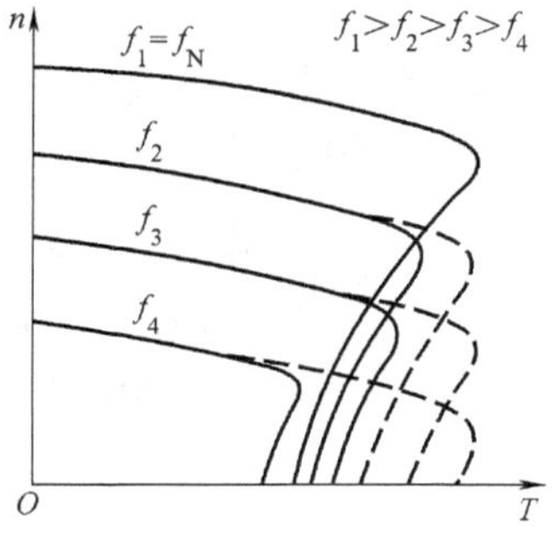

图 4-36　基准频率以下调速时电动机的机械特性曲线

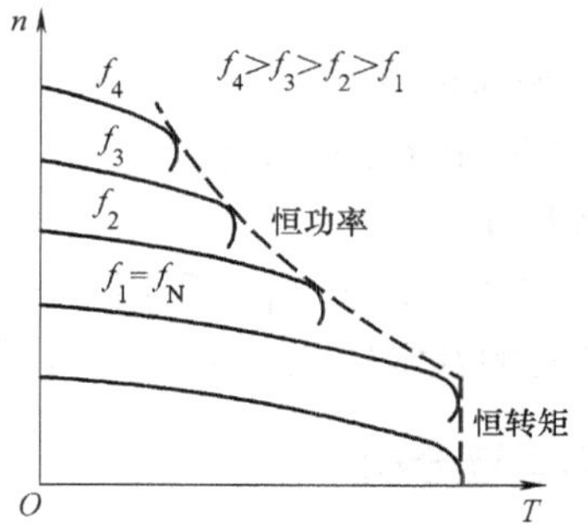

图 4-37　基准频率以上调速时电动机的机械特性曲线

变频调速时，只要满足 U_1/f_1 为常数，即可保持变频调速时电动机过载能力 λ_m 不变，又可使主磁通保持不变，因而变频调速最适合于恒转矩负载。对于恒功率负载采用变频调速时，无法使电动机的过载能力 λ_m 和主磁通同时保持不变。

4. 变频装置简介　由上面分析可知，实现异步电动机的变频调速，关键是要有一套能同时改变电源电压及频率的供电装置，通称变频装置或变频器。变频装置主要有两大类，即间接变频装置和直接变频装置。间接变频装置是先将工频交流电通过整流装置整流成直流电，然后再经过逆变器将直流电变成可控频率的交流电，通常称为交—直—交变频装置。其特点是输出频率可以在 0.1～400Hz 范围内任意调节，是目前中小容量通用变频装置的主要形式。而直接变频装置即是直接将恒压恒频的交流电源变成变压变频的交流电源，称为交—交变频装置，其特点是输出频率比输入频率低，是变频装置的发展方向。

思考与分析

（1）用普通的笼型异步电动机能否进行改变定子电压的调速？指出这种调速方法的优缺点。

（2）为什么变极调速时需要同时改变电源相序？

（3）电梯电动机变极调速和车床切削电动机的变极调速时，定子绕组应采用什么样的接线方式？为什么？

(4) 试述绕线转子异步电动机转子串电阻的调速原理和调速过程，它有何优缺点？

(5) 变频调速为什么是无级调速？变频调速时，电动机的同步转速有何变化？

实训　三相异步电动机额定转速的判断

电工从业人员有时会遇到这样一种情况：电动机使用几年后，有的铭牌不清晰，无法了解电动机的技术数据，从而给检修工作带来不必要的麻烦。遇到这种情况，想要知道电动机的额定转速，比较简单的方法是用万用表来进行判断，具体步骤如下。

1. 找出一相绕组　拆开电动机接线盒的六个接线端子，利用万用表测量电阻值的方法，找出其中的一相绕组。

2. 检测出磁极对数

(1) 把万用表置于交流微安挡(或毫安挡)，将其两表笔连接在找出的这个绕组引出线的两端。如图 4-38 所示，假设连接在 W1 与 W2 两端。

(2) 面对电动机风叶，将电动机转子顺时针转动一周，同时仔细观察万用表指针的摆动情况，数出指针摆动的次数，就是该电动机的磁极对数 p。

3. 计算同步转速 n_1　利用公式 $n_1 = 60f_1/p\,(f_1 = 50\text{Hz})$ 可计算出 n_1，电动机的额定转速按略小于 n_1 估算。

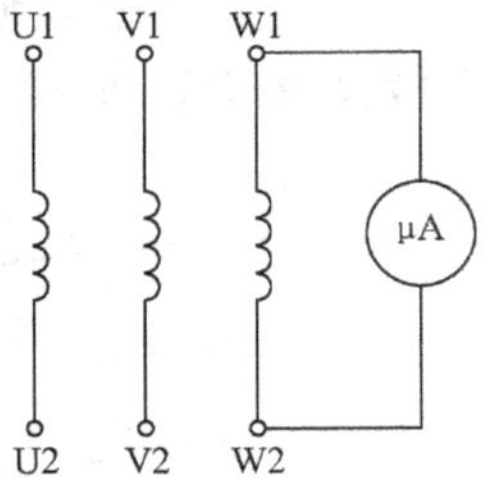

图 4-38　判断电动机转速的实训电路

思考与分析

(1) 用万用表判断电动机转速，其原理是什么？

(2) 如果是未使用过的新电动机或已放置很久的电动机，能否使用该方法？

第5章 三相异步电动机的运行维护与故障检修

学习目标

1. 熟悉三相异步电动机运行前的检查项目与起动注意事项。
2. 能够对三相异步电动机进行运行监视。
3. 了解三相异步电动机常见故障判断与排除方法。
4. 能够正确判断定子绕组首尾端。
5. 能够完成双刀闸控制的三相异步电动机缺相保护电路设计。
6. 熟悉三相异步电动机运行中温升过高的检修方法。
7. 能够对三相异步电动机起动后转速低及转矩小的故障进行检修。
8. 掌握定子绕组拆换工艺和三相异步电动机检修后的一般试验方法。

5.1 三相异步电动机的正常维护

对运行中的三相异步电动机进行维护，是保证它稳定、可靠、经济运行的重要措施。正常维护能有效地减少电动机的故障，当有故障发生时，也可以从平时的维护记录中找到有关资料，作为处理故障和进行修理的依据。

5.1.1 三相异步电动机使用时应注意的问题

（1）使用前，要详细对照铭牌，按照铭牌规定的电压、频率、功率、转速等技术参数与实际配套使用。

（2）使用前，要进行外部机械检查，着重检查各部件是否完好、螺钉是否松动，有无杂物、转子是否能转动。同时用手轻轻转动转子，检查轴承润滑情况以及有无杂音与摩擦。检查合格后方能通电工作。

（3）使用前，应用500V兆欧表检查电动机绕组的绝缘情况，查得电动机绕组绝缘电阻值大于0.5MΩ后方能使用，低于0.5MΩ要进行烘干处理。

（4）检查线路电压与电动机额定电压是否相符，线路电压的变动不应超出电动机额定电压的±5%。

（5）电动机在运行前应装保护接地线或保护中性线。电动机接线盒内右下方有专门的接地装置，应把接地线接在此接地装置上。

（6）检查线路连接是否正确，各接触点是否接触良好，保护设备是否完好，注意熔断器熔体额定电流应为电动机额定电流的1.5倍至2.5倍。

（7）若用带传动，必须检查两转轴中心线是否平行，带松紧是否适当，过紧会使电动机轴加快损坏，过松则容易打滑。对4kW以上的两极电动机不宜采用带传动。

（8）如果用联轴器直接耦合，应注意两转轴中心线要在一条直线上，否则易使轴承损坏或使电动机发生振动。

（9）检查完毕后，电动机应按照电动机铭牌上定子绕组的接线方式连接好，可先接通电源空载运转，查看旋转方向与实际要求是否一致。如果不一致，可将电源先断开，然后打开接线盒，将电源引入线的任意两根换接一下。再空载运转 15min，运转中注意观察有无不正常的声音及有无轴承漏油及电动机发热等现象。

（10）电动机在使用过程中，应经常注意防潮、防尘，保持电动机风道畅通，所有机械连接部分紧固牢靠，电气接触点保持清洁、接触良好。

5.1.2 电动机起动时应注意的问题

（1）在电动机接通电源后，发现电动机不转，应立即断开电源，查明原因，方能再次起动，不允许带电检查电动机不转的原因。

（2）如果采用自耦变压器减压起动或利用Y/△减压起动器起动电动机，特别要注意按操作顺序进行操作，用自耦变压器起动时要先将手柄推到“起动”位置，待电动机转速稳定下来后，再迅速拉到“运转”位置。如是经Y/△减压起动器起动，应先按下“起动”按钮，待起动完毕再按下“运行”按钮。对大型电动机起动更要严防误操作。

（3）在同一线路上的电动机，特别是容量较大的电动机，不允许同时起动，应按操作顺序或按容量由大到小逐台起动，以免多台同时起动使线路电流激增，造成电压过低、起动困难或开关跳闸等不良后果。

（4）电动机起动后要观察电动机的旋转方向是否符合机械负载要求，如水泵、浆泵，上面标有方向铭牌，看看是否一致。如是其他机械应注意观察机械传动方向是否正确，如果方向与要求相反，应立即断开电源，将三相电源线中的任意两根线互相调换一下即可。

（5）电动机的起动次数应尽可能减少，空载连续起动不能超过 3～5 次/min，电动机长期运行停机后再起动，其连续次数不应超过 2～3 次/min。

（6）电动机在起动后，要注意观察电动机电压是否正常，电流是否适当，三相电流是否平衡，传动负载工作是否正常，运行声音是否正常。如发现问题应及时停机，待查明原因、排除故障后方能运行。

5.1.3 电动机在运行中的监视

要经常对运行中的电动机进行监视，特别是对较大型的电动机，经常监视运行情况，能及时发现问题及时处理，减少不必要的损失。监视的主要内容如下。

（1）电压监视。电源电压与额定电压的偏差不超过 ±5%，三相电压不平衡度不超过 1.5%，如图 5-1 所示。

（2）电流监视。用钳形电流表测量电动机的电流，对较大容量的电动机还要经常观察运行中电流是否三相平衡或超过允许值。如果三相严重不平衡或超过电动机的额定电流，应立即停机检查，分析原因。若是负载引起的，应通知有关人员处理；若是电动机本身原因引起的，应及时处理。三相电流不平衡度，在空载时不超过 10%，中载以上时不超过 5%，如图 5-1 所示。

（3）轴承监视。注意电动机的轴承运行声音是否正常，观察有无发热现象，润滑情况以及摩擦情况是否正常。简易方法可用长柄螺钉旋具头放在电动机轴承外的小油盖上，耳朵贴紧手柄，细心听轴承运行中有无杂音、振动，以判断轴承运行情况，如图 5-2 所示。要经常检查轴承发热、漏油等情况，定期清洗轴承、更换润滑油，保持电动机的清洁。连续工作的电动机轴承温度不应超过 95℃。

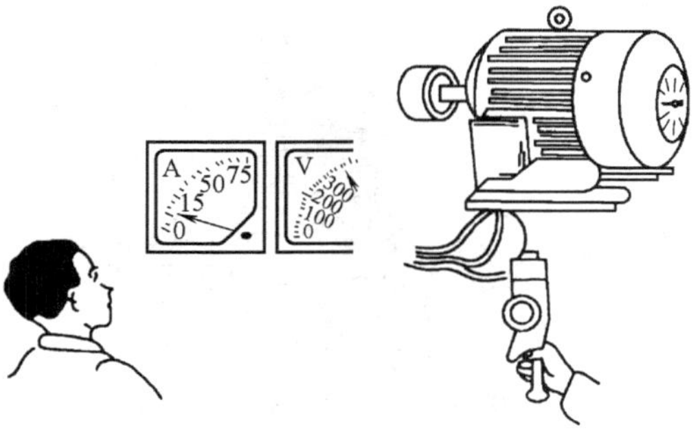

图 5-1　监视电压和电流

图 5-2　听声音判断轴承运行情况

（4）温度监视。用手触及外壳，看电动机是否过热烫手，如发现过热，可用水在电动机外壳上滴几滴，如水急剧汽化，说明电动机显著过热。也可用温度计测量电动机的温度，如发现温度过高，要立即停止运行，查明原因并处理，排除故障后方能继续使用。

电动机在运转中，用酒精温度计测量，温度会不断上升，数小时后，温度达到某一稳定数值而不再上升，此温度与环境温度之差就是电动机的温升。值得注意的是，此温度计测得的是表面温度，如图 5-3 所示，比绕组内部温度最高点大约低 10℃，为此，电动机的实际温升应为所测温度加上 10℃。

（5）机组传动监视。检查带连接处是否良好，松紧是否合适，机组转动是否灵活，有无卡位、窜动及不正常的现象等。

（6）振动监视。注意电动机响声是否正常，电动机是否有焦臭气味；检查电动机各部件螺钉是否拧紧，如松动应紧固。如有其他异常也应停机检修。对不同转速的电动机，振动幅度一般不应超过如下的允许值：3000r/min 时振幅不大于 0. 06mm；1500r/min 时振幅不大于 0. 1mm；1000r/min 时振幅不大于 0. 13mm；750r/min 时振幅不大于 0. 16mm，如图 5-4 所示。对于采用滑动轴承的电动机，轴向位移不能超过 4mm。

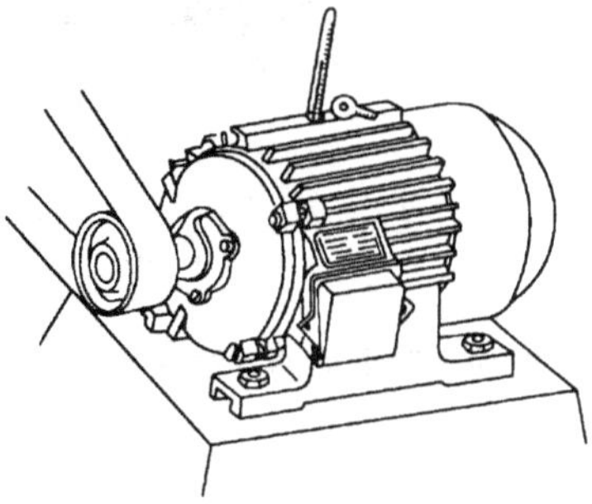

图 5-3　电动机温度的测量

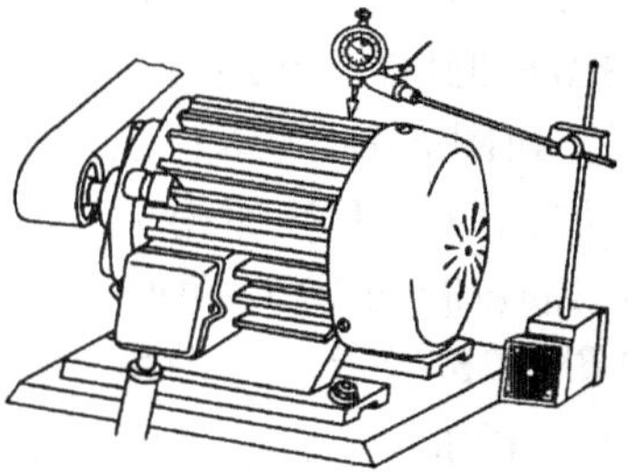

图 5-4　电动机振动的测定

（7）其他情况。检查电动机接线是否符合要求，外壳是否可靠接地或接中性线，如图 5-5 所示。定期在断开电源的情况下，用兆欧表测量电动机绕组的绝缘电阻，如图 5-6 所示。如发现绝缘电阻过低，尤其是电动机受潮时，要及时作干燥处理。

电动机发生以下情况时，应立即停机处理：发生人身触电事故；电动机或起动装置冒烟起火；电动机剧烈振动；电动机所带机械损坏；电动机发生窜轴冲击、扫膛、转速突然下

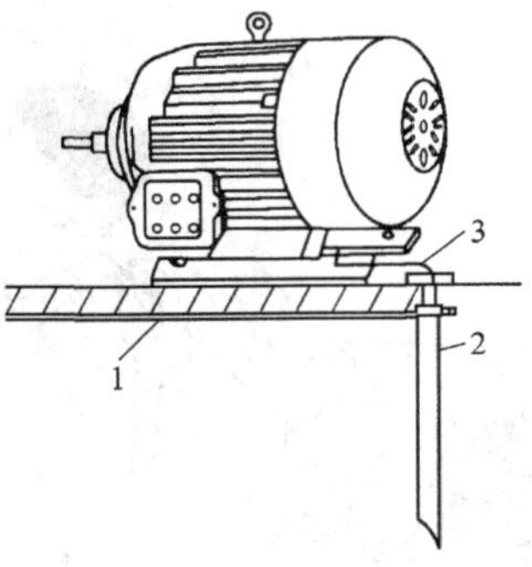

图 5-5 外壳接地检查

1—接地干线 2—接地体 3—接地线

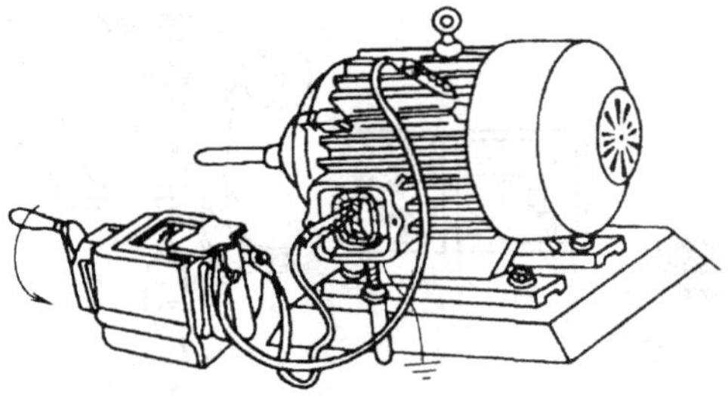

图 5-6 绝缘电阻测量

降、温升迅速上升等。

思考与分析

(1) 三相异步电动机运行前应作哪些检查？起动时应注意哪几个方面的问题？

(2) 额定电压为380V的三相异步电动机，测得冷态绝缘电阻为0.8MΩ，是否可以投入运行？

(3) 额定电压为380V的三相异步电动机，测定绝缘电阻，应选用怎样的兆欧表？

5.1.4 电动机的保养知识

为保证电动机安全、可靠运行，必须重视对电动机的保养。定期检查与保养的时间段有一天、三到六个月(又称小修)和一年(又称大修)。

1. 电动机轴承的清洗与加油 清洗轴承时首先刮去钢珠上的废油并擦净。然后将轴承浸在汽油里，用软毛刷向同一方向洗刷钢珠。最后把轴承放在纸上，让汽油挥发。电动机轴承加油时应注意：在电动机轴承上加油时，只要把油加到能平平地封住钢珠即可，如图 5-7a 所示；在轴承盖上加油时，不宜加得太满，应加到油盖腔的 60%~70% 为宜，如图 5-7b 所示。一般电动机在运行 5000h 左右时，应补充或更换润滑油脂。

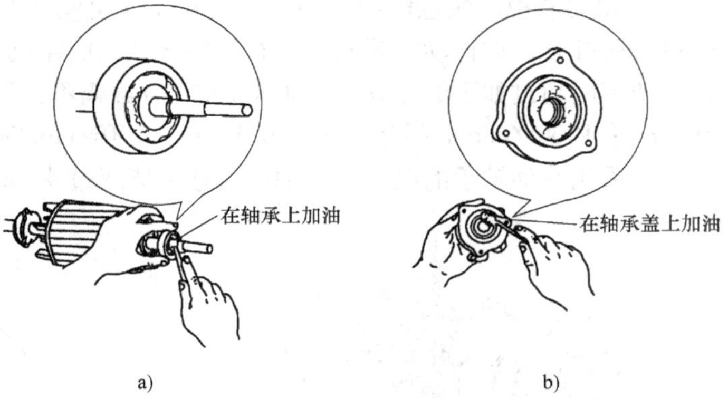

图 5-7 电动机轴承加油方法

2. 清除电动机内部尘垢 有条件时可用压缩空气清除电动机绕组表面灰尘。电动机绕组灰尘太多，一方面吸收空气中的水分，使电动机绝缘电阻降低；另一方面又减少了通风面积，降低了通风效率，使绕组温度升高，缩短了电动机的使用寿命。

如无压缩空气条件时也可用打气筒吹去灰尘，浮在表面的灰尘吹掉以后，再用毛刷进一步刷净绕组线缝和通风道中的脏物。有时黏度很大的油污等脏物嵌在绕组的线缝中，可用细软的清洁旧布或棉纱浸蘸四氯化碳或汽油来擦洗；转子上的油污等可用棉纱浸蘸四氯化碳或汽油来擦洗。

实训 三相异步电动机运行监视与记录

1. 设备、材料及工具 带负载运行的三相异步电动机一台，电压表、电流表各一只，酒精温度计，扳手、螺钉旋具等工具。

2. 训练内容及记录 按上述有关内容所述进行监视，记录于表 5-1 中。

表 5-1 三相异步电动机运行监视记录表

项目	内容	记录		结论
		项目	数值或情况	
1	电压监视	U_{UV}		
		U_{VW}		
		U_{WU}		
2	电流监视	I_U		
		I_V		
		I_W		
3	温度监视：用酒精温度计测量，防护形式为 IP44（封闭式）不测铁心温度	定子绕组		
		定子铁心（IP23）		
		轴承		
4	故障现象监视	外壳有无裂纹		
		螺钉是否松动		
		电动机有无异响		
		有无冒烟或异味		
		联轴器有无异响		
		传送带松紧是否适当		
5	对异常运行情况的处理			

思考与分析

(1) 电压监视和电流监视包含有哪些内容？

(2) 电源电压的高低对电动机运行有哪些影响？

(3) 电动机运行时，影响其温度高低的因素有哪些？

(4) 发生哪些严重故障情况时，电动机应立即停机处理？

(5) 查阅资料，了解电动机正常使用的寿命大概是多少年。

5.2 电动机故障判断与排除方法

电动机在额定条件下运行，其安全性、可靠性、经济性等指标一般能满足拖动机械和工作条件的要求。但在实际使用过程中，若出现电源电压过高或过低、电源断相、电源电压严重不平衡、电动机容量选择不当而长期过载、工作环境恶劣、安装或装配不规范、不正常维护等情况，则容易使电动机发生故障甚至烧毁。

5.2.1 电动机故障分析的一般程序

1. 了解情况 向用户或操作人员了解电动机发生故障前的运行情况、故障发生时的异常表现，并通过电动机的铭牌或相关的技术资料了解该电动机的型号、技术数据和设备运行特点等。

2. 外观检查 电动机断电后外观检查工作可分作两步进行。

(1) 仔细检查供电线路上的电源电压、频率等是否符合电动机的规定，电源开关各接线端口是否锈蚀氧化或松动，各相熔断器是否有熔断或松脱现象，熔体规格是否满足电动机起动及运行电流的要求，电动机电源引线选择是否合理，电动机接线柱连接是否可靠，三相异步电动机首尾端联结方式是否符合电动机铭牌的规定等。

(2) 查看电动机外观有无明显的机械损伤；现场有无焦臭味；电动机冷却后用手转动传动部件，看电动机转子是否卡死，或有无其他异常声响。

3. 绝缘检查 用500V以上兆欧表检查电动机绕组是否发生对机壳短路或相间短路。

4. 试车分析 若经过以上初步检查未发现故障原因，可试通电观察。注意发现异常时应立刻断电，防止故障扩大。电动机断电后若故障立刻消失，则故障原因在电磁方面；若断电后故障依然存在，则故障原因在机械方面。

5.2.2 电动机常见故障分析与处理方法

1. 通电后电动机不能转动，但无异响，也无异味和冒烟

(1) 故障原因。①电源未通(至少两相未通)；②熔丝熔断(至少两相熔断)；③过电流继电器整定值调得过小；④控制设备接线错误。

(2) 故障排除。①检查电源回路开关，熔丝、接线盒处是否有断点，若发现则修复；②检查熔丝型号、熔断原因，换新熔丝；③调节继电器整定值与电动机配合；④改正接线。

2. 通电后电动机不转，然后熔丝烧断

(1) 故障原因。①缺一相电源，或定子绕组一相反接；②定子绕组相间短路；③定子绕组接地；④定子绕组接线错误；⑤熔丝截面积过小；⑥电源线短路或接地。

(2) 故障排除。①检查刀闸是否有一相未合好，电源回路可能有一相断线；消除反接故障；②查出短路点，予以修复；③消除接地；④查出误接，予以更正；⑤更换熔丝；⑥消除接地点。

3. 通电后电动机不转，有嗡嗡声

(1) 故障原因。①定、转子绕组有断路(一相断线)或电源一相失电；②绕组引出线首尾端接错或绕组内部接反；③电源回路接点松动，接触电阻大；④电动机负载过大或转子卡住；⑤电源电压过低；⑥小型电动机装配太紧或轴承内油脂过硬；⑦轴承卡住。

(2) 故障排除。①查明断点予以修复；②检查绕组极性；判断绕组首尾端是否正确；③紧固松动的接线螺钉，用万用表判断各接头是否假接，予以修复；④减载或查出并消除机械故障；⑤检查是否把规定的绕组△联结误接为Y联结；是否由于电源导线过细使压降过大，予以纠正；⑥重新装配使之灵活；更换合格油脂；⑦修复轴承。

4. 电动机起动困难，额定负载时，电动机转速明显低于额定转速

(1) 故障原因。①电源电压过低；②绕组△联结误接为Y联结；③笼型转子开焊或断裂；④定转子局部线圈错接、接反；⑤修复电动机绕组时增加匝数过多；⑥电动机过载。

(2) 故障排除。①测量电源电压，设法改善；②纠正接法；③检查开焊和断点并修复；④查出误接处，予以改正；⑤恢复正确匝数；⑥减载。

5. 电动机空载电流不平衡，三相相差大

（1）故障原因。①重绕时，定子三相绕组匝数不相等；②绕组首尾端接错；③电源电压不平衡；④绕组存在匝间短路、线圈反接等故障。

（2）故障排除。①重新绕制定子绕组；②检查并纠正；③测量电源电压，设法消除不平衡；④消除绕组故障。

6. 电动机空载、过载时，电流表指针不稳、摆动

（1）故障原因。①笼型转子导条开焊或断条；②绕线转子故障（一相断路）或电刷、集电环短路装置接触不良。

（2）故障排除。①查出断条予以修复或更换转子；②检查绕线转子回路并加以修复。

7. 电动机空载电流平衡，但数值大

（1）故障原因。①修复时，定子绕组匝数减少过多；②电源电压过高；③绕组为Y联结的电动机误接为△联结；④电动机装配中，转子装反，使定转子铁心未对齐，有效长度减短；⑤气隙过大或不均匀；⑥大修拆除旧绕组时，使用热拆法不当，使铁心烧损。

（2）故障排除。①重绕定子绕组，恢复正确匝数；②设法恢复额定电压；③绕组改接为Y联结；④重新装配；⑤更换新转子或调整气隙；⑥检修铁心或重新计算绕组，适当增加匝数。

8. 电动机运行时响声不正常，有异响

（1）故障原因。①转子与定子绝缘纸或槽楔相擦；②轴承磨损或油内有砂粒等异物；③定、转子铁心松动；④轴承缺油；⑤风道填塞或风扇与风罩相擦；⑥定、转子铁心相擦；⑦电源电压过高或不平衡；⑧定子绕组错接或短路。

（2）故障排除。①修剪绝缘，削低槽楔；②更换轴承或清洗轴承；③检修定、转子铁心；④加油；⑤清理风道，重新安装；⑥消除擦痕，必要时车小转子；⑦检查并调整电源电压；⑧消除定子绕组故障。

9. 运行中电动机振动较大

（1）故障原因。①由于磨损，导致轴承间隙过大；②气隙不均匀；③转子不平衡；④转轴弯曲；⑤铁心变形或松动；⑥联轴器（或带轮）中心未校正；⑦风扇不平衡；⑧机壳或基础强度不够；⑨电动机底脚螺钉松动；⑩笼型转子开焊断路；绕线转子断路；定子绕组故障。

（2）故障排除。①检修轴承，必要时更换；②调整气隙，使之均匀；③校正转子动平衡；④校直转轴；⑤校正重叠铁心；⑥重新校正，使之符合规定；⑦检修风扇，校正平衡，纠正其几何形状；⑧进行加固；⑨紧固底脚螺钉；⑩修复转子绕组；修复定子绕组。

10. 轴承过热

（1）故障原因。①润滑脂过多或过少；②润滑脂油质不好，含有杂质；③轴承与轴颈或端盖配合不当（过松或过紧）；④轴承内孔偏心，与轴相擦；⑤电动机端盖或轴承盖未装平；⑥电动机与负载间联轴器未校正或皮带过紧；⑦轴承间隙过大或过小；⑧电动机轴弯曲。

（2）故障排除。①按规定加润滑脂（容积的1/3～2/3）；②更换清洁的润滑脂；③过松可用黏结剂修复，过紧应车、磨轴颈或端盖内孔，使之适合；④修理轴承盖，消除擦点；⑤重新装配；⑥重新校正，调整传送带张力；⑦更换新轴承；⑧校正电动机轴或更换转子。

11. 电动机过热甚至冒烟

（1）故障原因。①电源电压过高，使铁心发热大大增加；②电源电压过低，电动机又

带额定负载运行，电流过大使绕组发热；③修理拆除绕组时，采用热拆法不当，烧伤铁心；④定、转子铁心相擦；⑤电动机过载或频繁起动；⑥笼型转子断条；⑦电动机缺相，两相运行；⑧重绕后定子绕组浸漆不充分；⑨环境温度高，电动机表面污垢多，或通风道堵塞；⑩电动机风扇故障，通风不良；定子绕组故障(相间、匝间短路;定子绕组内部连接错误等)。

（2）故障排除。①降低电源电压(如调整供电变压器分接头)，若是由电动机Y、△联结错误引起，则应改正接法；②提高电源电压或换粗供电导线；③检修铁心，排除故障；④消除擦点(调整气隙或挫、车转子)；⑤减载；按规定次数控制起动；⑥检查并消除转子绕组故障；⑦恢复三相运行；⑧采用二次浸漆及真空浸漆工艺进行定子绕组重新浸漆；⑨清洗电动机，改善环境温度，采用降温措施；⑩检查并修复风扇，必要时更换；检修定子绕组，消除故障。

实训 1　三相异步电动机定子绕组首尾端的判别

电动机的绕组有 6 个引出端，每个引出端上都标明了各相绕组的符号。如果标记丢失或标错，就会出现如图 5-8 所示的情况。这种情况的出现，会给电动机的运转带来严重的后果，如定子绕组发热、转子不转、转速降低、三相电流不平衡，甚至会烧断熔体或烧毁定子绕组。因此在 6 个引出端首尾不明的情况下，必须首先查明。

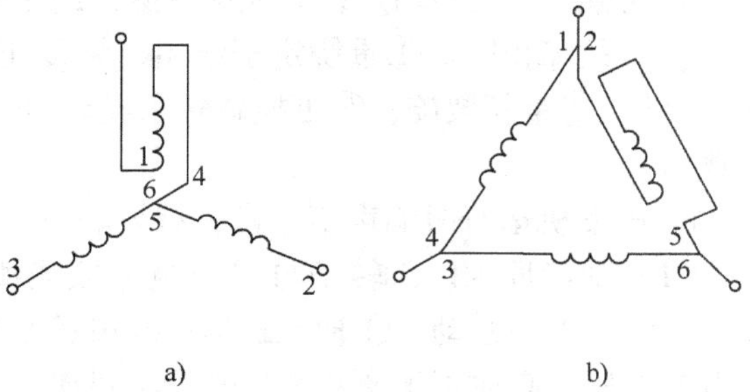

图 5-8　首尾端接反
a）Y联结首尾端接反　b）△联结首尾端接反

1. 剩磁感应法

（1）首先用万用表“Ω”挡找出每相绕组的两个引出端。

（2）给分开后的三相绕组假设编号，分别为 U1、U2、V1、V2、W1、W2。

（3）按图 5-9 所示接线，用手转动电动机的转子。若此时连接在绕组两端的微安表(或万用表微安挡)指针不动，则说明假设的编号是正确的；若指针摆动，说明假设编号的首尾端有错，应逐相对调重测，直至正确为止。

这种方法，称为剩磁感应法。

2. 干电池法

（1）分开绕组做好假设编号后，按图 5-10 所示接线。

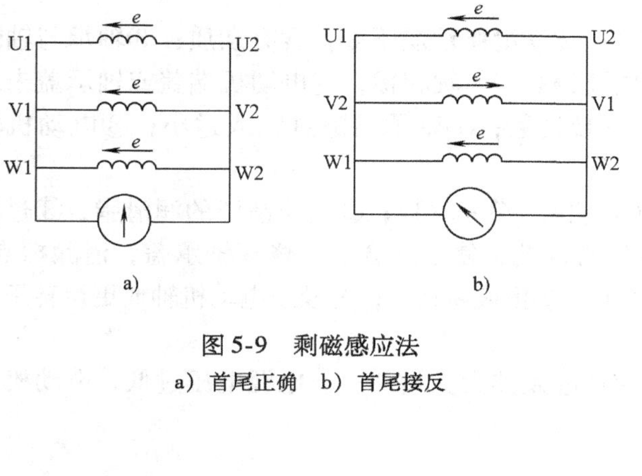

图 5-9　剩磁感应法
a）首尾正确　b）首尾接反

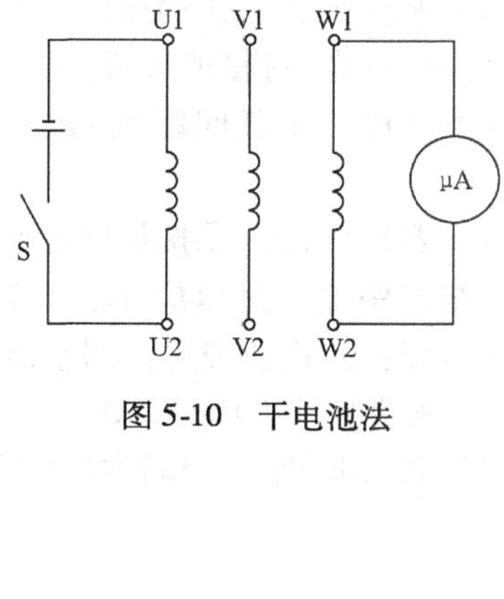

图 5-10　干电池法

（2）合上电池开关瞬间，若微安表（或万用表的微安挡或毫安挡）指针正偏转，则接电池正极的线头与微安表负极所接线头同为首端（或同为尾端）。

（3）照此方法找出第三相绕组的首（或尾）端。

这种方法称为干电池法。

3. 36V 交流电源法

（1）先分清三相绕组，并假设编号。

（2）按图 5-11 所示接线。灯泡亮为两相首尾相连，灯泡不亮为首首或尾尾相连。为避免因接触不良造成误判别，当灯泡不亮时，最好对调引出端的接线，再重新测试一次，以灯泡亮为准来判别绕组的首尾端。

（3）同样方法判定 W1、W2 两个引出端。

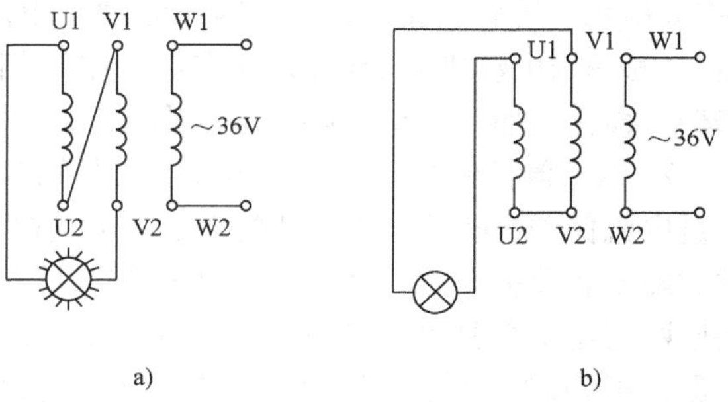

图 5-11　36V 交流电源法

a）灯亮为首尾相连　b）灯不亮为首首或尾尾相连

思考与分析

（1）三种方法的原理是什么？线圈的首尾端和同名端是一个概念吗？

（2）三种方法各有什么优缺点？各自适用什么样的场合？

（3）根据以上方法，将检测好的首尾引出端接成Y联结或△联结后，怎样确认这是正确的连接？

实训 2　双刀闸控制的缺相保护电路设计

1. 三相异步电动机缺相运行分析

（1）若三相异步电动机为△联结，缺相后，电动机绕组两相串联后与另外一相绕组并联而接入电源电压，如图 5-12a 所示。当绕组参数完全对称时，两条电路的电流相位相同，但幅值不等，其合成磁势仍是单相脉动磁动势，无起动转矩；当三相绕组不完全对称时，两条支路电流的相位不同，电动机中形成正、反向幅值不相等的旋转磁场。虽然两个磁场幅值上的差异不大，但产生的起动转矩仍可使空载时的电动机自行起动。

（2）若三相异步电动机为Y联结、一相断线后，另两相绕组串联后接入线电压，如图

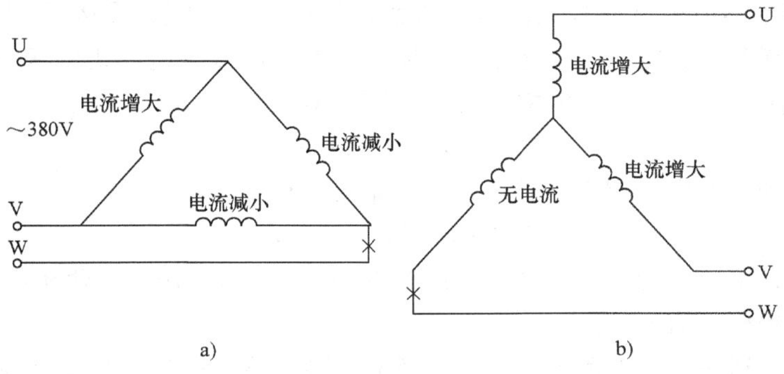

图 5-12　电动机缺相运行

a）△联结　b）Y联结

5-12b 所示。若转子原来静止，因无起动转矩，电动机不能起动(起动瞬间 $n=0$，相当于短路，时间一长电动机会烧坏)；若在旋转中缺相，仍可旋转，但电动机定子电流剧增，转速降低，损耗增加，很易过热，如不及时排除，将使电动机绝缘因温升过高而损坏。

2. 双刀闸控制电路设计　由以上分析可知，三相异步电动机应该在两相以上电流中设有过电流保护。随着电子工业的发展，电动机缺相保护产品相继问世，但这类产品对短路性的故障没有保护作用，因此，电动机工作时安装熔断器还是必要的。如果一时没有缺相保护产品，可临时(也可长久)采用双刀闸控制的方法。

(1) 设备选择与接线图如图 5-13 所示，图中有两只刀闸，各采用不同的熔体。其中一只为起动刀闸，熔体额定电流按常规方法选用；另一只为运行刀闸，熔体额定电流可按照略小于(负载较轻时)或等于电动机额定电流来选用。如有条件，可测出定子绕组的实际电流，来选择运行刀闸熔体的额定电流。

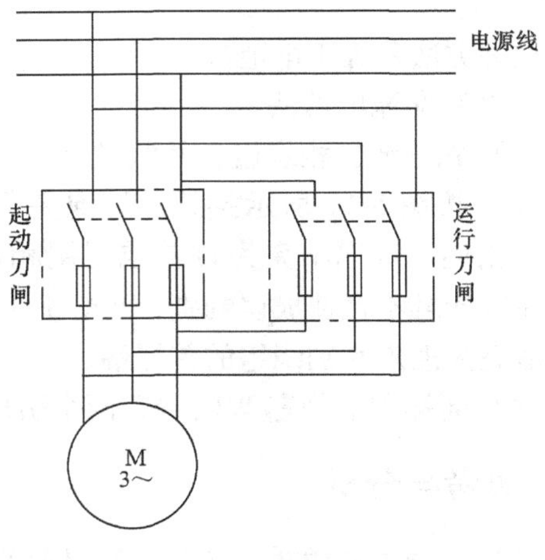

图 5-13　双刀闸控制的缺相保护电路

(2) 操作步骤及原理如下：检查接线无误后，先合上起动刀闸，当电动机起动进入正常运行以后，再合上运行刀闸，同时拉下起动刀闸，由运行刀闸单独工作。

当电动机发生两相运行时，由于运行刀闸使用了与电动机额定电流相同的熔体，当电流增大到熔体的熔断电流时，电源就会被及时切断，从而使电动机得到保护。

下面以一台 $U_N=380V$、$P_N=4.5kW$、$n_N=2900r/min$、$I_N=9.1A$ 的水泵电动机为例，详细说明刀闸熔体额定电流的选择方法。

(3) 起动刀闸　熔体额定电流最小应为

$$9.1A\times1.5(\text{保险系数})=13.65A$$

其熔断电流最小为

$$13.65A\times1.3=17.75A$$

由此就可既保证电动机完成起动过程，又保证当发生短路故障时熔体又能迅速熔断。

(4) 运行刀闸熔体担负着既保证电动机的正常运行，又能在发生两相运行时对电动机实施保护的双重任务。运行刀闸所选用的熔体额定电流应该是电动机的额定电流(也可以实测选用)，或略小一点。这样，熔体的熔断电流最小值应为

$$9.1A\times1.3=11.83A$$

为了确保电动机发生两相运行时，绕组电流增大到

$$9.1A\times1.73=15.74A$$

熔体能迅速熔断，可得运行刀闸熔体的选用范围即应小于 15.74A 的两相运行绕组电流，同时大于 11.83A 的熔体熔断电流。

在本例中，可选用熔断电流为 11A、13.5A 的铜熔体(线径为 0.27mm 和 0.33mm)。所选用的熔体额定电流虽小，但熔断电流正好在所需的范围内，只要电动机起动以后进入正常运行状态，熔体的熔断电流大于电动机的额定电流，熔体是不会熔断的。当电动机发生两相

运行时，一旦电流急剧增大，熔体就会迅速熔断，从而切断电源，达到了保护电动机不被损坏的目的。

思考与分析

（1）查查资料，找到用熔断器保护一台电动机时熔体额定电流的选择方法。

（2）熔断器的额定电流与熔体的额定电流是一回事吗？二者是什么关系？

（3）熔体的额定电流与熔体的熔断电流是一回事吗？二者是什么关系？

（4）电动机正常起动电流要比所选熔体的熔断电流要大的多，熔体为什么不熔断？什么情况下正常选择的熔体会熔断？本设计中，起动时误操作，先合运行刀闸会怎样？

（5）假如电动机两相运行与正常运行时，电动机的转速不变，能否推算出此时的电流与正常电流之间的关系？想想实际情况是怎样的？

（6）三相异步电动机断了一根电源线后，为什么不能起动？而运行时断了一根电源线后，为什么能继续转动？这两种情况对电动机将产生什么影响？

5.3　电动机常见故障的检修

5.3.1　电动机过热故障检修

电动机通电后，很短时间内发热及冒烟，这种现象主要是由于电动机本身或外部原因使定子绕组温升过高造成的。

1. 电动机断相运行　电源导线断路、熔断器熔断一相、电气接头烧断一相、开关一相接触不良、电动机接线柱氧化烧断、电动机本身线圈断路和短路等原因都会造成电动机缺相运行。

（1）电源一相开路。用万用表电压挡测量电动机主接触器上接线端头的三相交流电压，万用表的两支表笔依次两两测量三个端头，共测量三次。如果在测量中，只有一次测出电压，而其他两次均测不出电压，则说明已断相。找出电源断相原因，并排除。

如果接触器上接线端不断相，应断电检查接触器触头的通断情况。拆开接触器灭弧罩，用力压合触头，然后用万用表电阻挡测量三个触头的闭合状态是否良好。还可以采用这样的方法去检测：拆掉接触器下接线端头的三根电动机负载线，然后通电并按下起动控制按钮，使接触器得电吸合。这时用万用表电压挡测量接触器下接线端头（测量方法与电源断相查找方法相同），同样可以判断触头闭合状态是否良好。

（2）定子一相开路。打开电动机接线盒，用万用表电阻挡分别两两测量连接三相电源进线的三个端头。如有两次或一次测量到的电阻很大或无穷大，则说明绕组有开路现象，应检查修理电动机绕组。

2. 电动机过载

（1）对于中、小型机械负载，用手转动电动机与机械的连接部分，如果发现很重或转不动，则说明机械负载过重，造成电动机过载，查找机械负载过重的原因。

（2）起动电动机后，用钳形电流表测量电动机的电流。如果实测电流超过电动机铭牌所规定的额定电流值，则说明电动机已过载，找出过载原因。

（3）电源电压过低或三相电源电压相位差过大。用万用表电压挡测量三相电源电压，如果实测电压低于电动机铭牌所规定的额定值的15%，将会造成电动机运行时发热，应消除电源电压过低的原因；电源相位差过大，电动机的电流也会增大，这主要是由于发电设备造成的。

3. 定子绕组匝间、相间短路及与地短路　造成绕组短路故障的主要原因是由于受潮、电流过大、电压过高及机械损伤等。

（1）用兆欧表检测相间短路。用兆欧表测量各相绕组之间的绝缘电阻，是对绝缘无破坏作用的绝缘试验，它可判别绕组绝缘是否受潮或相间短路，如图5-14所示。测量各相绕组之间的绝缘电阻，把三相绕组的三个引出端连接头全部拆开，用兆欧表分别测量每两相绕组之间的绝缘电阻。如果电动机只有三根引出线，必须拆开电动机，把置于内部的连接头拆开，再分相测量，如测得相间电阻低于0.5MΩ时应做烘干处理，如相间电阻为0MΩ，说明该电动机绕组相间短路。

（2）用短路侦察器查找匝间短路。电动机绕组存在匝间短路的检测方法是用短路侦察器查找，如图5-15所示。把短路侦察器接于220V交流电源上，然后将铁心开口对准被检查线圈所在的槽，这时短路侦察器和定子的一部分组成一个小型“变压器”，它本身的线圈为变压器的一次侧，而被检测的电动机绕组为变压器的二次侧，短路侦察器的铁心和定子铁心的一部分组成变压器的磁路。当接上220V交流电源后，被检测的定子绕组线圈便会产生感应电动势，若有短路线匝存在，短路线匝中便会有电流通过，反映到短路侦察器的一次电流也比平常要大，并且同时会使电动机定子绕组周围的铁心产生磁场，这时放置一厚度约为0.5mm的钢片或废锯条在被测绕组另一边槽口上，使短路侦察器沿所测绕组槽口移动，短路线圈产生的磁通就会通过铁片形成回路，置于另一端的钢片或锯条就会振动，这样即可判断出电动机匝间短路点的部位。利用短路侦察器检查电动机匝间短路时，必须将定子绕组的多路线圈并联处断开，否则无法判断短路故障点的位置。

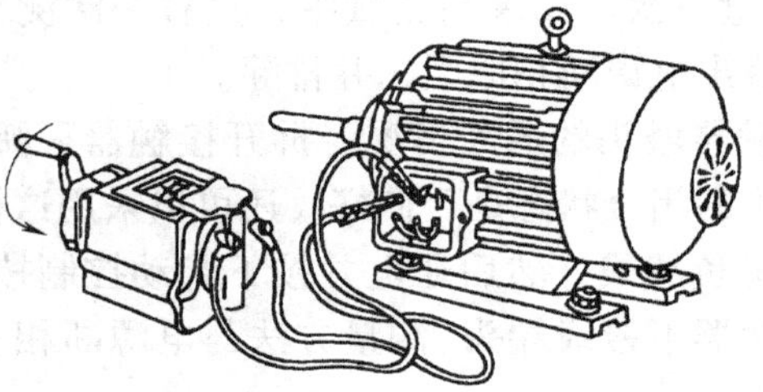

图5-14　用兆欧表检测相间短路故障

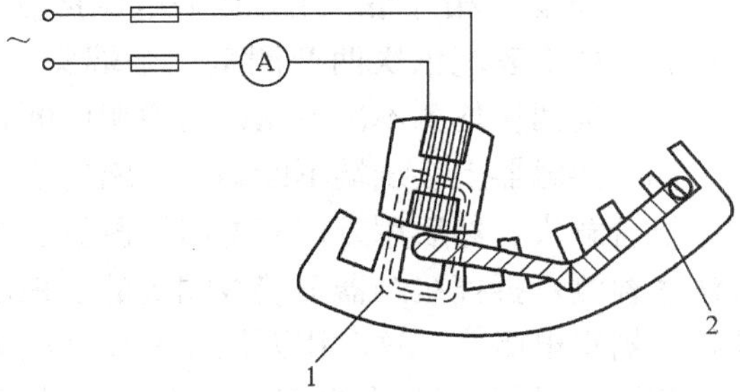

图5-15　用短路侦察器检测匝间短路故障
1—磁力线　2—被测线圈

（3）用电流表、电压表检测绕组短路。判断绕组的短路情况可用万用表（适于小功率电动机）或电桥（适于较大功率电动机）测各相绕组直流电阻的方法来进行，然后比较三相绕组直流电阻的大小，若某相的直流电阻明显小于其他两相，则该相绕组有短路故障存在。条件允许还可以用电流表、电压表法进行测量，具体做法是：

第一步，先用钳形电流表测出各相电流，然后对调电流最大和最小的两相电源，再次测量，若电流不随电源的调换而改变，则较大电流的一相为短路相。

第二步，剥开短路相各极相组连接点处的绝缘（注意不要碰壳），接着从短路相的首尾端通入低压交流电，最后用万用表的电压挡依次测出各极相组的电压，若某极相组的电压值与其他各极相组电压数值相差甚大，则该极相组存在短路现象。检测方法如图 5-16 所示。

（4）检测接地故障。

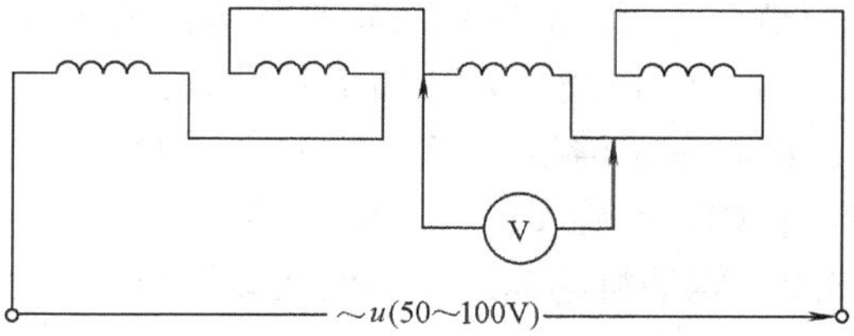

图 5-16　绕组短路检测方法

1）用兆欧表检测接地故障的方法如图 5-17 所示。把兆欧表标有“L”符号的一端接在电动机绕组的引出端上，把标有接地符号“E”的一端接在电动机的机壳上。可以分相测量，也可以三相并在一起测量。以 120r/min 匀速摇动兆欧表 1min 后，读出其指针指示的数值，对于 500V 以下的电动机，绝缘电阻值不应低于 0.5MΩ。如果兆欧表的指针为零位，说明该相绕组有接地短路故障，为了进一步查出哪个线圈接地，需再将该线圈绕组中的各线圈间连接过桥线分开，逐步查找。

2）用灯泡检测。有时电工仪表不全，可采用如图 5-18 所示的方法进行检测，把交流电 220V 直接串联灯泡后接在电动机外壳及电动机绕组一端（注意零线接电动机外壳，并注意人员不要触及带电部分），若触及某一相时灯泡发亮，说明该相绕组有接地故障点。

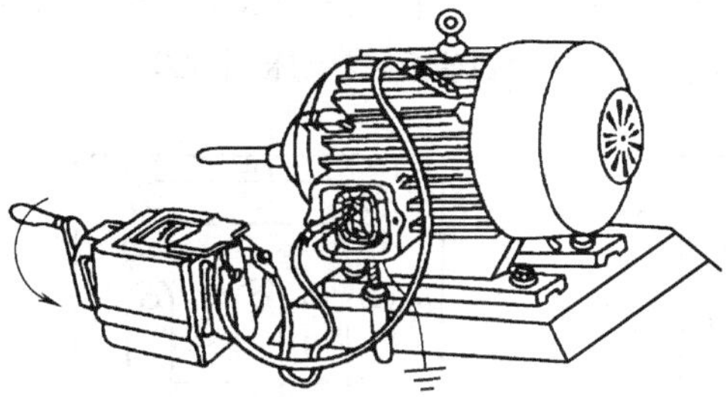
图 5-17　用兆欧表检测接地故障的方法

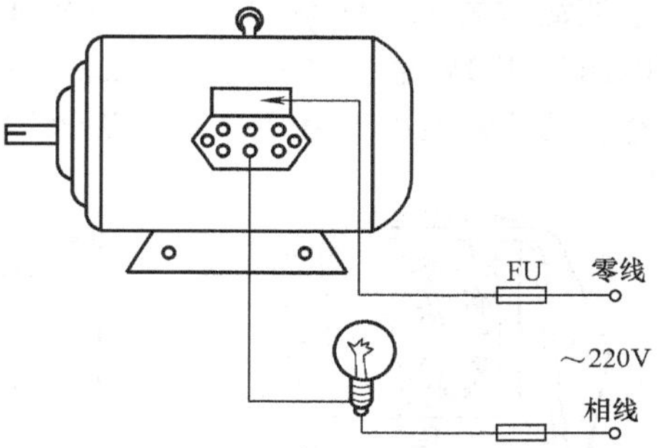

图 5-18　用灯泡检测接地故障的方法

（5）故障处理。对于以上几种绕组故障，如果故障部位损伤不大，且故障部位确定无疑，可按如下方法处理。

1）如果短路点发生在槽内，可先将绕组加热软化，退出槽楔，翻出绕组，换上新的槽绝缘，并将导线损坏部位用薄绝缘带包扎好，重新嵌入槽内，再进行绝缘处理。

2）如果短路点发生在线圈端部，可用竹楔将两短路线圈分开，垫上新的绝缘即可。

3）如果个别线圈损坏严重，可抽出损坏的线圈，然后用穿绕法将线圈还原。

4）如果所有的绕组中，损伤部位太多，应全部拆掉重绕。

4. 轴承缺油磨损　电动机经过长时间的运行，如不定期对轴承进行清洗换油，将会造成轴承因润滑油干涸而缺油，使得电动机运行时轴承发热并磨损。长期在这种状态下运转，严重时会使转子下沉，并造成定子和转子相擦，此故障的判断应按如下步骤进行：

（1）电动机起动后，用手触摸电动机两端部，如果温升比电动机其他部位来得快，则可判断热源来自轴承部分。

（2）用 120mm 以上的螺钉旋具的金属杆尖端部分分别触碰电动机两端端盖部位，木柄尾端贴紧耳朵，起动电动机，仔细听有无连续的“沙沙”异常声。如有，可以认为轴承缺油或已损坏。

（3）将电动机解体，取下轴承，用煤油或汽油清洗干净，查看轴承的内外套与轴颈的配合是否适当。同时检查轴承的磨损情况及定、转子铁心有无擦伤痕迹。

（4）经检查，如果轴承并没有损坏，则将轴承清洗干净，换上润滑脂即可；如轴承确实已坏，应更换。

5.3.2 电动机起动后转速低及转矩小的检修

1. 将△联结误接为Y联结　三相电动机一般用Y联结和△联结，分别如图 5-19a、b 所示。其中 D1、D2、D3 为三相电动机绕组的首端，D4、D5、D6 为三相电动机绕组的尾端。Y系列电动机采用的是国家新标准，U1、V1、W1 为电动机绕组的首端，U2、V2、W2 为电动机绕组的尾端。

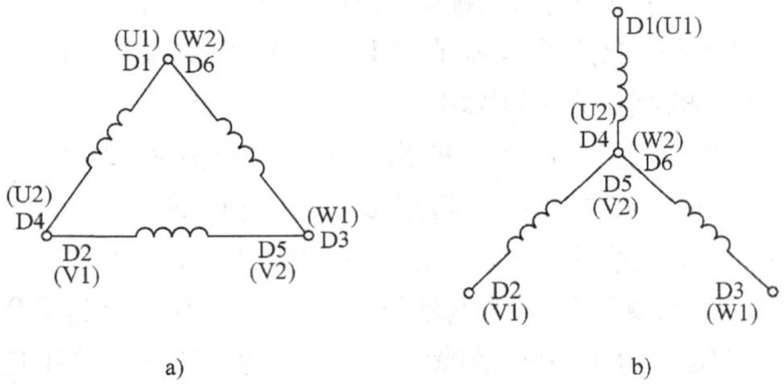

a)　　b)

图 5-19　三相异步电动机内部接线方法
a）△联结　b）Y联结

过期淘汰的 J、JO 系列电动机的铭牌上常标有“220V/380V、△/Y”的字样，它表示电源电压为 220V 时，定子绕组为△联结；电源电压为 380V 时，定子绕组为Y联结。目前 Y 系列电动机 3kW 及以下为Y联结，4kW 及以上均为△联结，电动机额定线电压为 380V。图 5-20a 所示为电动机接线盒外形，图 5-20b、c 所示是电动机引出端的连接方法。一般常用三相交流电动机接线架上都引出 6 个接线柱，当电动机铭牌上为Y联结时，接线端子 W2、U2、V2 相连接，其余三个接线端子 U1、V1、W1 接电源；为△联结时，接线端子 W2 与 U1 相连，U2 与 V1 相连，V2 与 W1 相连，然后接电源。

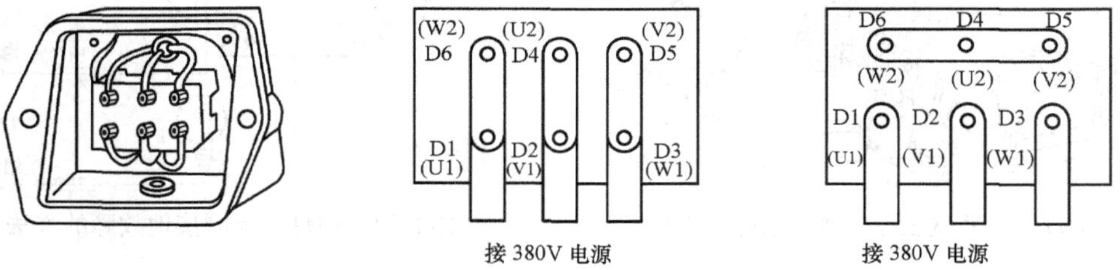

a)　　b)　　c)

图 5-20　三相电动机接线盒及引出端接线方法
a）接线盒　b）△联结　c）Y联结

2. 绕组头尾接反　将电动机解体，取出转子，把三相绕组的连接点断开，用 6V 直流电源分别依次接到每相绕组的两端，然后用指南针沿定子内圆移动，如图 5-21 所示。如果绕组没有接反，指南针每经过一极相组时，将会南北交替变

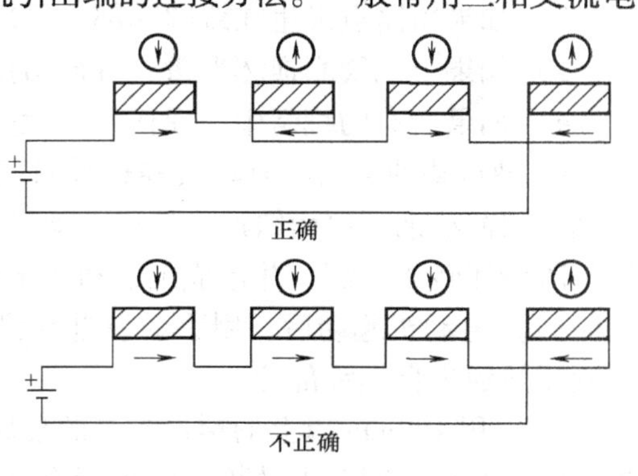

图 5-21　用指南针检查绕组接线错误

化；如果绕组接反，指南针经过邻近极相组时，指向不发生变化。将此绕组头尾对调连接即可排除此故障。

3. 笼型转子导条断裂的查找方法　打开电动机，抽出电动机转子仔细查看，会发现断裂处铁心因发热而变成青蓝色，也可在转子两端端环上通入小电流，并在周围表面撒上些铁粉，未断铝条的周围铁心能够吸引铁粉。如图 5-22 所示。如果某一根铝条周围铁粉较少，则说明有可能是该铝条断条。铸铝转子有断条时，先车去转子两端的端环，用夹具将铁心夹紧，然后将转子放到 10% 氢氧化钠溶液中，加热到 80 ~ 90℃左右，将铝熔化，取出转子清除残余铝层，重新铸铝。

5.3.3　绕线转子异步电动机集电环及电刷装置的维修

集电环的种类很多，较常用的是紧圈式集电环，如图 5-23 所示。集电环的材料有青铜、磷铜、黄铜、低碳钢等。常用的电刷材料有石墨、金属石墨、电化石墨等。

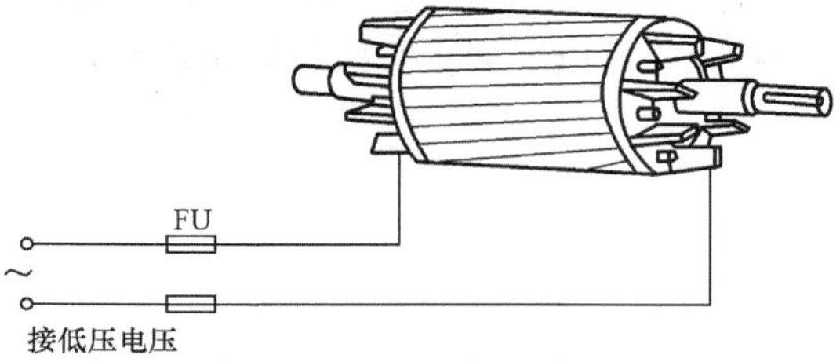

图 5-22　笼型转子导条断裂的查找方法

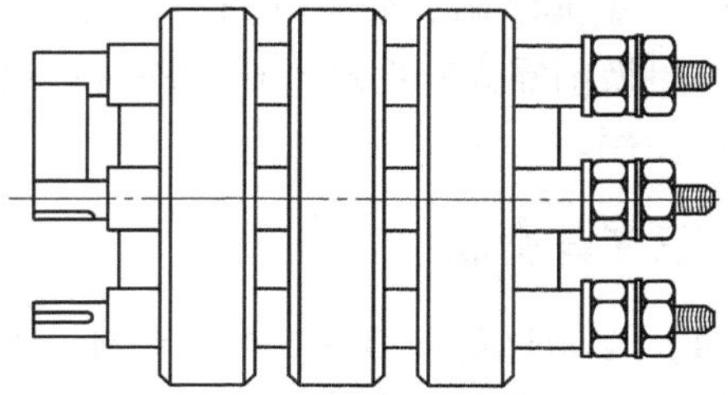
图 5-23　紧圈式集电环

1. 集电环的维修

绕线转子异步电动机集电环常见故障包括表面损伤和裂纹等。

（1）集电环表面轻微损伤。集电环表面如果有斑点、刷痕、轻度磨伤等，应先用平锉或油石轻轻压于集电环的表面，然后缓缓转动转轴进行研磨，直至伤痕被清除。最后用 0 号砂布对集电环表面进行抛光。

（2）集电环表面严重损伤。若集电环表面严重损伤，凹凸沟槽低于平面 1mm 以上、损伤面积占整个集电环面积的 20%~30%，则应上车床进行车削。

车削前，应先确定须车去表面的厚度（消除损伤表面的最小厚度）。车削时，要求进给量尽可能小一点，一次背吃刀量为 0.1mm 左右，表面线速度为 1 ~ 5m/s，转动要求平稳，加工后的偏心距应在 0.03 ~ 0.05mm 以内。车完后，将 0 号砂布涂上一层凡士林油，对集电环表面进行高速旋转抛光。

（3）集电环有裂纹。集电环有裂纹时，必须更换。

2. 电刷装置的维修　电刷应以相当大的压力压在集电环上，它可以安装在以电刷杆为轴并可移动的杠杆上或固定的刷握框中。刷握可以与换向器或集电环表面垂直，也可倾斜一个角度；电刷应能在刷握框中上下自由移动，但不可太松而使电刷在刷握框中摇晃。电刷常见故障有下面两种形式。

（1）弹簧失去弹性。当配件绝缘不良时，弹簧因流过电流发热而产生退火，或长期使用弹簧出现机械性疲劳，以致失去弹性，这种情况下除修理绝缘外，应当更换弹簧。

（2）刷握内表面磨损。电刷与刷握框配合不当以及集电环转动时的振动很容易使刷握框内表面磨损，此时应校正刷握框空隙，锉光刷握框内表面毛刺。刷握离开转动体表面的距离应保持在2～4mm范围内，刷握的前后两端和转动体平面必须保持相等的距离，不要倾斜。

电刷是电动机转动部分和固定部分导电的过渡部件。电动机转动时，电刷与集电环直接摩擦。长期的使用，必然会使电刷磨损，出现此种情况，应按如下方法解决。

（1）调整弹簧压力。电刷压力弹簧使用的是压簧。由于电刷磨损变短，弹簧伸长，势必造成弹簧的势能变小，导致压力变小，这样就使得集电环和电刷接触不良，产生各种故障。调整弹簧的压力，可以补偿电刷的磨损。

（2）研磨电刷接触面。当电刷与转动体的接触面积小于70%时，采用研磨电刷接触面的方法。研磨电刷应用0号砂布，砂布的宽度为集电环的宽度，长度是集电环的周长，将其绕集电环一周且用胶布固定住，转动转轴进行研磨，直至电刷与集电环的接触面积达到90%以上。

（3）更换电刷。如果电刷磨损太严重，使用上述两种方法无法进行修复，则应更换新电刷。更换前需先查明新电刷的牌号和尺寸。尺寸稍大，可以打磨。假如牌号相差太大，不可勉强使用。

思考与分析

（1）电动机起动后外壳带电的可能原因有哪些？

（2）标定三相电源为60Hz频率的笼型异步电动机，如将其改接到50Hz的三相电源频率下使用，将会发生何种现象？

（3）接通电源，电动机发出嗡嗡声而不转动，造成这种现象的可能原因有哪些？

（4）定子绕组为三角形联结的三相异步电动机三相供电线路中，若有一相错接到电源中性线上时，请问该电动机能否起动？星形联结的三相笼型异步电动机，如将三相绕组的中性点接在电源的中性线上，此时，三相供电线的两相仍接在电动机的两端，而另一端与电动机绕组断开，请问该电动机能否起动？

5.4 三相异步电动机定子绕组拆换工艺及测试

电动机定子绕组重绕的步骤包括记录原始数据；整修定子铁心；制作绝缘材料及槽楔；拆除与绕制线圈；嵌线与接线；浸漆与烘干；电动机装配与试验。

5.4.1 拆除定子绕组

1. 拆除方法　定子绕组的拆除有热拆法和冷拆法两种。

（1）通电加热法。将绕组端部各连接线拆开，用调压器及降压变压器在绕组中通入单相低压大电流，待绕组绝缘软化后，切除电源，打出槽楔，迅速拆除绕组。

（2）烘箱加热法。将电动机定子铁心和绕组一起放在烘箱中加热数小时，使绝缘软化，再拆除绕组。

（3）冷拆法。先打出槽楔，再将绕组的一个端部切断，然后用工具将绕组从铁心槽中逐步取出。

2. 拆除旧绕组注意事项

（1）要保留一只完整的线圈，以备制作绕线模时参考。

（2）应做好铭牌数据、槽数、线圈节距、连接方式、绕组只数、每槽导线匝数、导线并绕根数、导线直径及绕组形状和周长等记录。

（3）拆除绕组后，应修正槽形，清除槽内残留绝缘物。

5.4.2　绕制绕组

正确确定绕线模的尺寸，最好从拆下的完整旧绕组中取出一扎，参考其形状及周长，制作绕线模，并先绕制二联绕组试嵌。如无法确定，可根据电动机型号查找有关资料。绕线模由芯板和上下夹板组成，如图 5-24 所示。

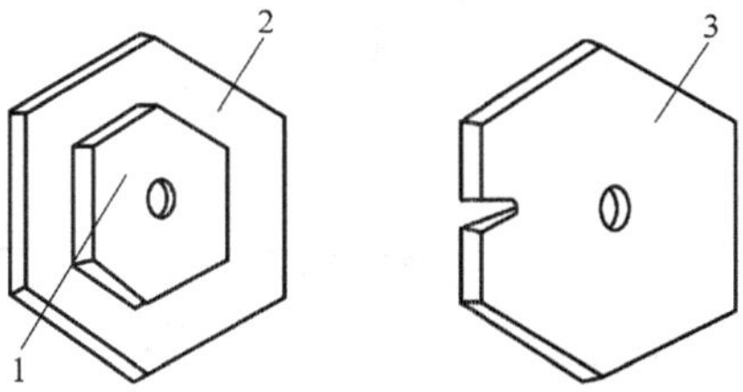

图 5-24　绕线模结构图
1—芯板　2—下夹板　3—上夹板

绕制前，应检查导线规格无误后将线盘放上线架。绕线模安装在绕线机轴上，用螺母将其紧固，并检查绕线机转动是否灵活。紧固后的绕线模夹板与芯板之间不应有缝隙，以防绕线时导线嵌在缝隙中。把布带放入绕线模扎线槽内，供绕组绕好后绑扎用。将绕线机指针调零，导线头留在绕线模右边，从右向左绕制，如图 5-25 所示。绕制时，调整好夹板拉力，手掌握住导线，拉力要适当，尽量使导线在线模内排列整齐，避免交叉混乱。绕完一个线圈，仔细核对匝数无误后，将布带上翻扎紧再绕下一个线圈。绕完一个极相绕组后，要留有一定长度的极相组间连接线。

5.4.3　嵌线与接线

1. 嵌线　嵌线前，要从电动机绕组展开图中，找出嵌线工艺和规律，并绘制接线图。

（1）嵌线用工具如图 5-26 所示。

（2）嵌线方法。嵌第一节距的绕组元件时，以机座出线孔为准，确定第一槽位后，右手捏住线圈的下层边，并将其放到槽口的绝缘中间，同时左手捏住线圈的另一端将线依次插入槽内。逐槽嵌入下层边，将上层边用布带扎好，以方便继续下线。导线进槽不可交叉，槽内导线部分必须整齐平行，否则会影响全部导线的嵌入。导线全部嵌入槽内后，将引槽纸齐槽口剪平，折合封好，并用压线板压实，插入槽楔。嵌线方法如图 5-27 所示。

2. 端部接线　嵌线完毕后，端部接线应按照绘制的接线图连接，如图 5-28 所示。小型电动机引出线应从线孔对面引过，然后同绕组端部牢固地绑扎在一起。中型电动机由于连接线较粗，可将连线与引出线扎在一起，固定在绕组端部的上面，三相绕组各留一头一尾接到电动机接线盒内的 6 个接线端上。

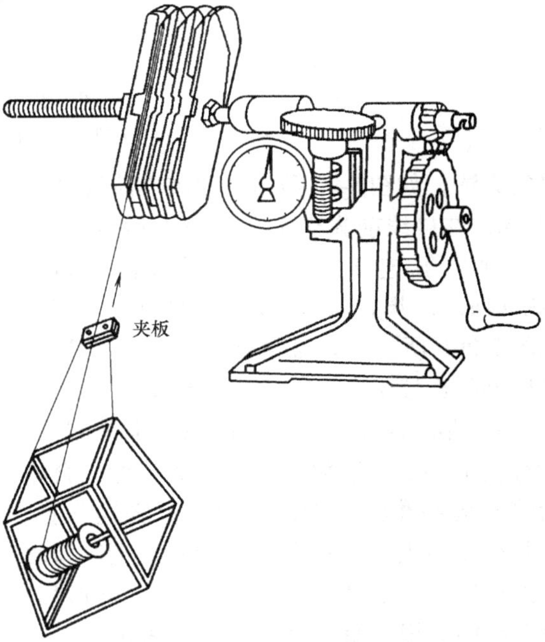

图 5-25　线圈绕制示意图

为保证接线质量，中型电动机均采用焊

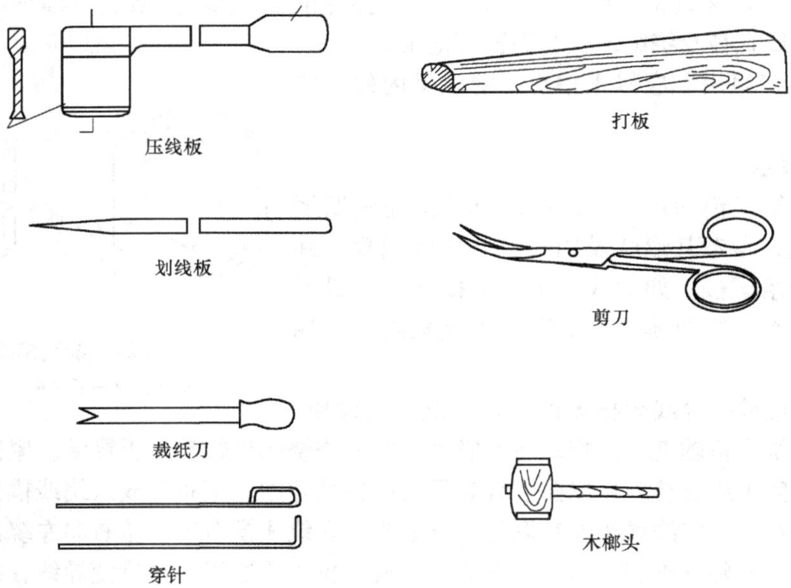

图 5-26　嵌线用工具

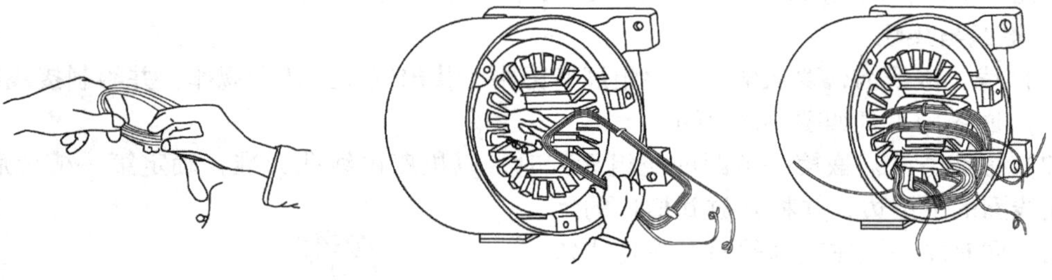

a)　b)　c)

图 5-27　嵌线方法

a）线圈整形　b）下线方法　c）划线方法

接的方法，如图 5-29 所示。取玻璃漆管 50 ~ 90mm，在接线前先套上，刮净漆后再焊接。焊接前导线连接可采用绞线接法，如图 5-29a 所示。焊好后将玻璃漆管移至焊接处，如图 5-29b 所示。较细导线与较粗导线连接可用绑扎连接法，如图 5-29c 所示。

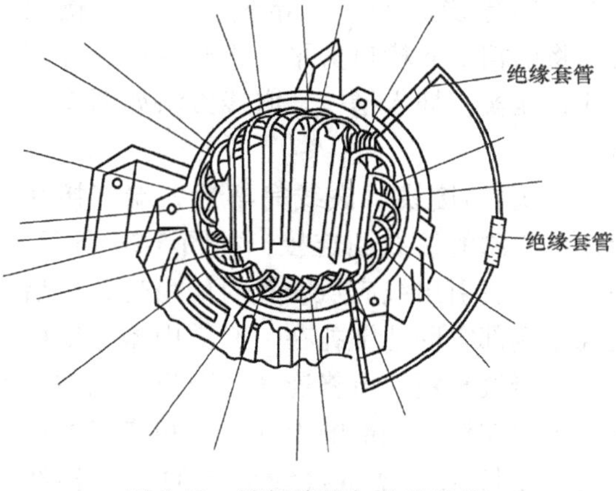

图 5-28　端部接线与绝缘结构

3. 端部整形及绑扎　嵌完全部线圈后，检查绕组外形、端部排列及相间绝缘，合格后将木板垫在绕组端部，用木棰轻轻敲打，使其形成喇叭口，如图 5-30 所示。喇叭口直径大小要适当，不可太靠近机壳。整形后，修剪相间绝缘，使其稍稍高出线圈 3 ~ 4mm。中、小型电动机每个线圈的端部都要用玻璃丝布同引出线一起绑扎。

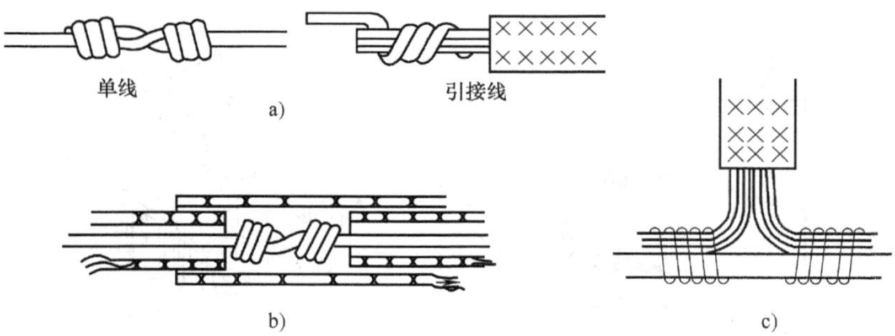

图 5-29　导线连接与绝缘套管
a）导线连接　b）玻璃漆管位置　c）粗、细导线的连接

5.4.4　浸漆与烘干

电动机绕组浸漆的目的，是为了提高绕组的绝缘强度、耐热性、耐潮性及导电能力，增加绕组的机械强度和防腐能力。所以，绕组的浸漆烘干是电动机修理中十分重要的工序，须经过预烘、浸漆、烘干三个步骤。

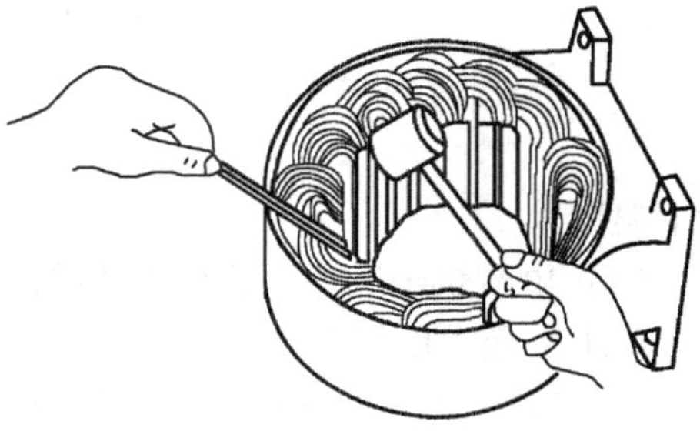

图 5-30　端部整形

1. 预烘　预烘可以驱除线圈中的潮气。预烘温度一般在 110℃左右，约烘 4 ~ 8h，且每隔 1h 测量一次绝缘电阻。待绝缘电阻稳定不变后，预烘结束。

2. 浸漆　预烘后，待绕组温度降至 65℃左右才能浸漆。浸漆时间为 15min 左右，直到不冒气泡为止，然后将电动机垂直搁置滴干余漆。浸漆时，漆的黏度要适中。普通电动机浸漆两次，供湿热带使用的电动机浸漆 3 ~ 4 次。

3. 烘干　烘干一般分两个阶段。低温阶段，温度控制在 70 ~ 80℃，约烘 2 ~ 4h，此阶段溶剂挥发缓慢，应避免表面形成漆膜，致使内部气体无法排出形成气泡。高温阶段，温度控制在 110 ~ 120℃，烘 8 ~ 16h，此阶段使绕组表面形成坚固漆膜。在烘干过程中，每隔 1h 应测量一次绝缘电阻。常用的烘干方法如下。

（1）灯泡烘干法。用红外线灯泡或白炽灯灯泡直接照射电动机绕组，改变灯泡功率大小，就可改变烘烤温度。将电动机放在一个铁皮烘干箱里，根据电动机的大小选用 300 ~ 500W 红外线灯泡两个。红外线发出的光均匀地照在电动机绕组上，加热后潮气蒸发，使绕组全面干燥，达到提高绝缘性能的目的。烘干箱要装一个温度计，监视温度不超过 90℃，温度的高低可通过增减灯泡数量来调节，如图 5-31a 所示。

对于小型电动机绕组的烘干，应把灯泡直接悬空吊在定子中，不可贴住线圈，以免烘坏线圈的绝缘层，如图 5-31b 所示。同时，电动机外壳下端四周要垫木块，使线圈不致受压，还要在上、下端加盖木板等，以减少热量散失。由于灯泡放在铁心里干燥，离线圈较近，一般烘干温度不得超过 100℃，烘干时间为 24h 左右。如果绝缘电阻还低可适当延长时间，继续烘干。

（2）电炉烘干法。将电动机平放，距离电动机绕组两端 40 ~ 50cm 处各放置一只电炉，用电炉的热辐射进行干烘，在干烘过程中要注意防火。改变距离或改变电炉的功率可以改变

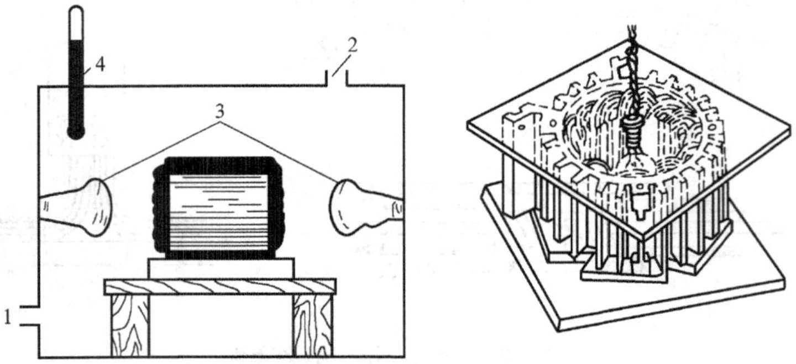

a)　　　　b)

图 5-31　绕组维修时的灯泡干燥法

a）在烘干箱中　b）小型电动机绕组的烘干

1、2—通风口　3—远红外线灯泡　4—温度计

烘干温度。

（3）电流烘干法。电流烘干法接线如图 5-32 所示。小型电动机采用电流烘干法时，在定子绕组中通入单相 220V 交流电，电流控制在电动机额定电流的 60% 左右。

! **注意**：测量绝缘电阻时必须切断电源。

（4）循环热风烘干法。循环热风干燥室如图 5-33 所示。室壁用耐火砖砌成内外两层，中间填隔热材料，以减少热损失。热源一般采用电热器加热，但热源不能裸露在干燥室内，应由干燥室外的鼓风机将热风均匀地将热风吹入干燥室内，干燥室顶部还应有排风孔。

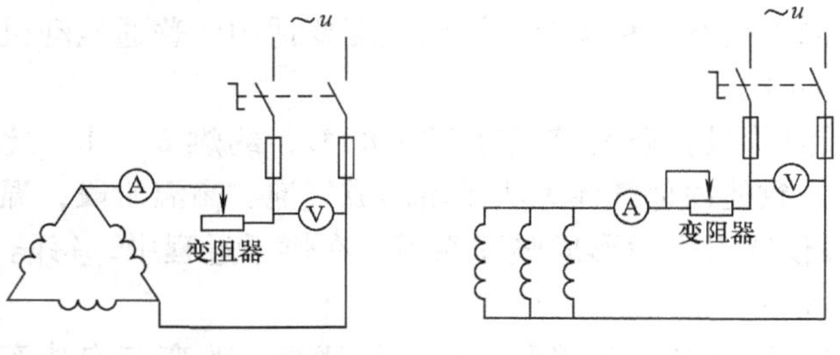

a)　　　　b)

图 5-32　电流烘干法接线

a）串联接法　b）并联接法

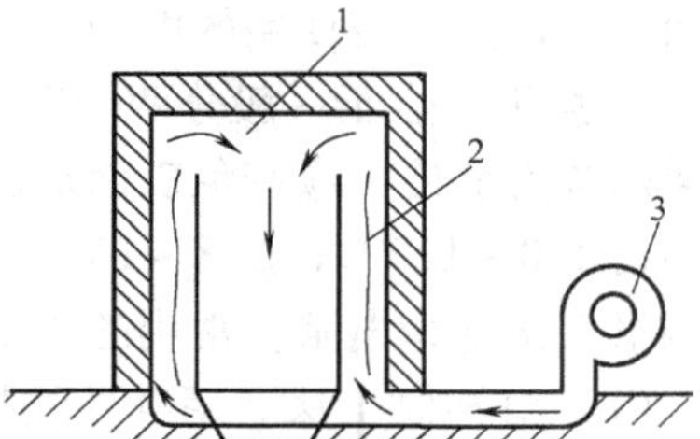

图 5-33　循环热风干燥室

1—干燥室　2—加热器　3—鼓风机

5.4.5　三相异步电动机的检查与电气试验

1. 修后装配的检查　电动机在试验开始前要进行一般性检查：检查电动机各部分紧固螺栓是否拧紧，引出线的标记是否正确，转子转动是否灵活，轴伸部分是否有明显的偏摆；滑动轴承油箱的油是否符合绕线转子电动机要求，电刷装置是否符合要求。在确认电动机一般情况良好后才能进行试验。

2. 绝缘电阻的检查　修复后的电动机，绝缘电阻的测量一般在室温下进行，额定电压在 500V 以下的电动机，用 500V 兆欧表测定其相间绝缘和绕组对地绝缘。小修后的绝缘电阻应不低于 0.5MΩ，大修更换绕组后的绝缘电阻一般不应低于 5MΩ。

3. 空载试验　试验时应在三相定子绕组加三相平衡的额定电压，且电动机为空载，如图 5-34 所示。测量电动机任意一相空载电流，测量值与三相电流平均值的偏差不得大于 10%，测试时间为 1h。空载试验时应检查电动机定子铁心是否过热或温升不均匀、轴承温度是否正常，并倾听电动机起动和运行有无异常响声。

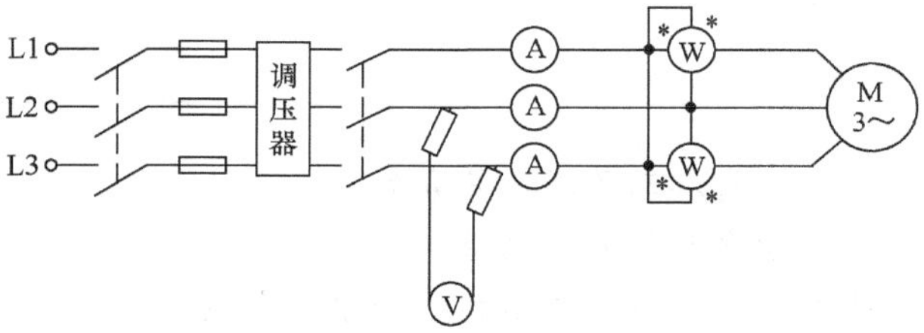

图 5-34　空载试验电路图

4. 耐压试验　耐压试验必须在绝缘电阻测试合格后才能进行。主要测试绕组相间及绕组对机壳的绝缘性能。耐压试验一般进行两次，如图 5-35 所示，即将 U、V 两相绕组接高压，W 相和机壳接零线，进行一次试验；将 U、W 两相接高压，V 相和机壳接零线再进行一次试验。若两次均未发现击穿则为合格。对额定功率小于 1kW 且额定电压为 380V 的电动机，其试验电压有效值为 1260V；对额定功率为 1kW 及以上的电动机，其试验电压有效值为 1760V。

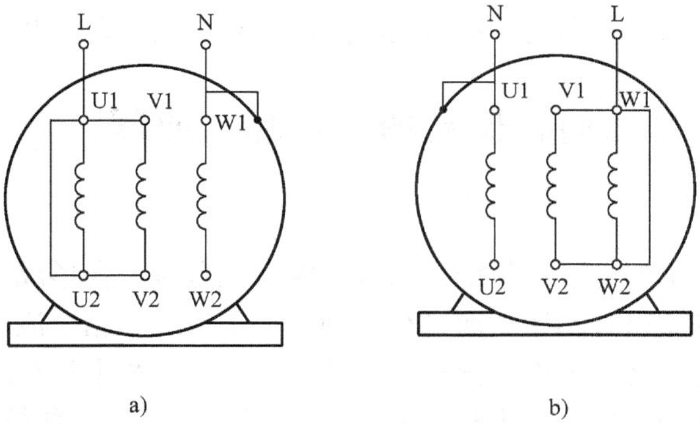

图 5-35　绕组耐压试验接线图
a）W 相接机壳　b）U 相接机壳

思考与分析

（1）旧绕组拆除常用哪些方法？各应怎样进行？
（2）电动机绕组换新后为什么要浸漆？
（3）绕组浸漆后，常用哪些烘干方法进行干燥？烘干电动机绕组时应注意哪些问题？
（4）异步电动机空载电流小，是否说明其性能良好？
（5）电动机在试验开始前要先进行一般性的检查内容有哪些？耐压试验有哪些要求？

第 6 章　单相异步电动机

学习目标

1. 掌握单相异步电动机的自起动原理及其分类。
2. 熟悉不同类型单相异步电动机的结构特点。
3. 了解一般形式定子绕组、正弦绕组与特种绕组的布线特点。
4. 熟悉各种单相异步电动机的机械特性及反转、调速的控制方法。
5. 能够将三相异步电动机改接成单相运行。
6. 了解单相异步电动机常见故障及排除方法。
7. 能够对离心开关、电容器和绕组短路故障进行检修。
8. 熟悉单相绕组手绕法和束绕法的重绕工艺。

单相异步电动机使用单相交流电源，其结构简单、成本低廉，最重要的一点是使用方便，广泛应用于办公室、家庭和医院等场合。与三相异步电动机相比，单相异步电动机效率低、体积也大，一般只做成小型的，我国现有产品的功率从几瓦到几千瓦不等。

6.1　单相异步电动机的脉振磁场与自起动原理

6.1.1　脉振磁场

当给三相异步电动机的定子三相绕组通入三相交流电时，会形成一个旋转磁场，在旋转磁场的作用下，转子将获得起动转矩而自行起动。如果通入单相交流电，就不能产生旋转磁场，电动机也不能自行起动。下面来分析定子铁心中只有一相定子绕组、通入单相交流电时产生的磁场情况，这时的磁场如图 6-1 所示。定子铁心上布置有单相绕组，转子为笼型结构。

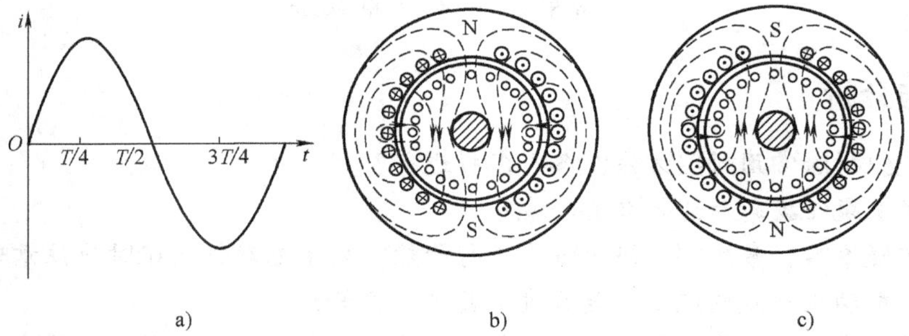

图 6-1　定子单相绕组通入交流电流时产生的脉振磁场

a）交流电流波形　b）电流正半周时的磁场　c）负半周时的磁场

当向定子单相绕组中通入单相交流电后，由图 6-1 可见，当电流在正半周及负半周不断交变时，其产生的磁场大小及方向也在不断变化(按正弦规律)，但磁场的轴线则为绕组纵轴方向，不会发生变化，这样的磁场称为脉振磁场。

当转子静止不动时转子导体的合成感应电动势和电流为零，合成转矩为零，因此转子没有起动转矩。故只有单相定子绕组的电动机如果不采取一定的措施，就不能自行起动。

通过数学分析，这个脉振磁场可以分解为两个幅值相等、旋转方向相反的正、负序两个旋转磁场，如图 6-2 所示。因为笼型转子绕组是自行闭合的，电流均可流通，正、负序磁场各自产生电磁转矩，它们的机械特性如图 6-3 所示。

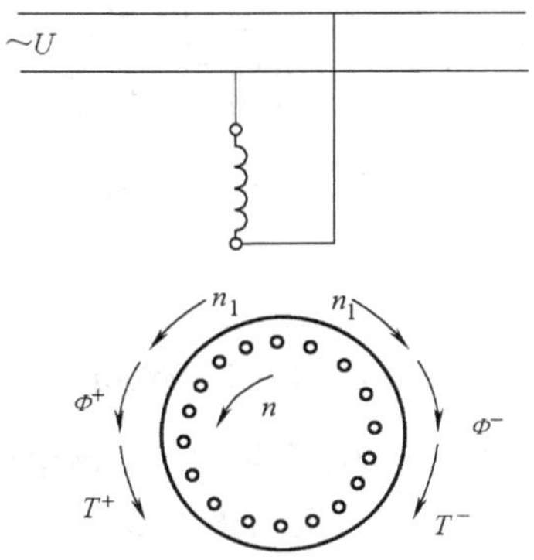

图 6-2　脉振磁场的分解与对应的电磁转矩

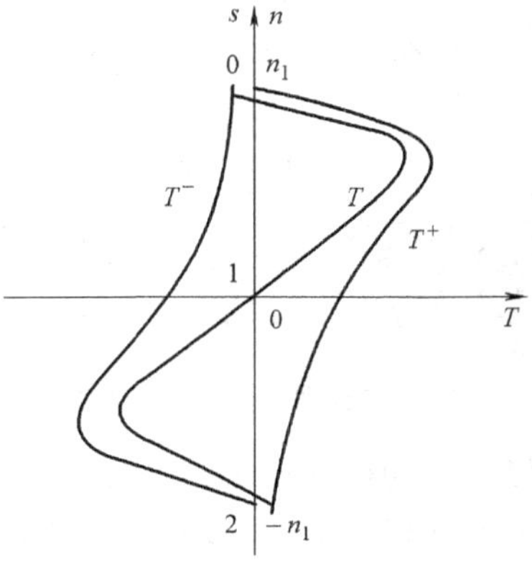

图 6-3　只有一相绕组时的机械特性

图中 T^+ 表示正序电磁转矩，T^- 表示负序电磁转矩，T 代表合成转矩。在转速为零时，合成转矩为零，即没有起动转矩。因此，只有一相绕组接电源时电动机不能自行起动。若用某一起动措施，使转子得到正向的起动转矩，转子导体要切割正反两个方向的旋转磁场而产生感应电流，电磁转矩有 $T^+>T^-$，电动机正转；如果用一个外力使转子反方向转一下，则有 $T^+<T^-$，转子就沿反方向继续转动下去。即在只有单相绕组时，电动机没有固定的转向。

6.1.2　自起动原理及分类

要使单相异步电动机能自行起动，且沿某规定方向运行，必须采取其他措施。单相异步电动机定子绕组常做成两相：主绕组和辅助绕组。主绕组是它的工作绕组，在电动机运行中起主导作用；辅助绕组是起动绕组，它是为电动机的起动而设置的。两种绕组的中轴线错开一定的电角度，目的是为了改善起动性能和运行性能。根据两套绕组在电动机工作时所起作用的形式不同，单相异步电动机分为两大类：一类是分相式电动机；另一类是罩极式电动机。

1. 分相式电动机　分相式电动机定子主、辅绕组的线径、匝数、节距等不一定完全相同，在空间布置上要使主、辅绕组互隔 90°电角度，并使二者的电流相位互差 90°电角度，以保证两个绕组产生的合成磁场是圆形旋转磁场，使电动机获得起动转矩，如图 6-4 所示。分相式电动机定子绕组产生的旋转磁场从电流超前相的绕组轴线转向电流滞后相的绕组轴线。

2. 罩极式电动机　罩极式电动机通过在定子铁心上安装短路环或短路线圈来形成两相

绕组，如图6-5所示。定子绕组通入正弦交流电后，将产生交变磁通，其中一部分磁通不穿过短路环，另一部分磁通穿过短路环。由于短路环的作用，当穿过短路环的磁通发生变化时，短路环必然产生感应电动势和感应电流，且感应电流总是阻碍磁通变化，这就使穿过短路环罩住部分的磁通滞后未罩部分的磁通，磁场中心线发生偏移。于是，电动机内部产生一个移动或扫描磁场，在该磁场的作用下，电动机将产生一个电磁转矩，使电动机起动旋转。

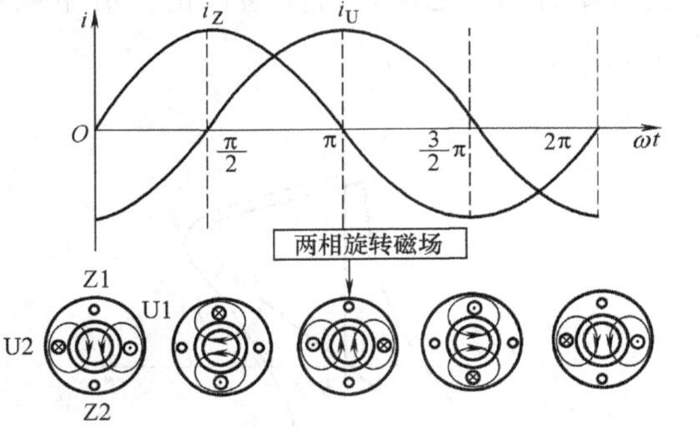

图6-4　分相式电动机两相旋转磁场的产生

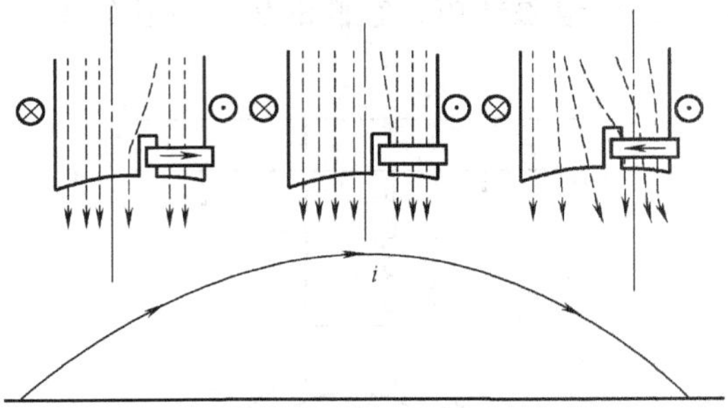

图6-5　罩极电动机移动磁场的产生

罩极式电动机起动时，主绕组产生的交变磁通在短路环内产生感应电流，该电流与主绕组内电流不同相，虽然两绕组的空间位置差未达到90°电角度，两绕组内电流的相位差也达不到90°电角度，不可能产生与分相式电动机那样大的起动力矩，但它毕竟能产生旋转力矩，实现起动。罩极式电动机定子绕组磁场是从未罩部分转向被罩部分，即为移动磁场，且转向不能改变。

思考与分析

（1）单相异步电动机自起动的必备条件有哪些？是怎样起动的？

（2）在罩极式电动机中，是什么导致了磁场旋转？

6.2　单相异步电动机的结构

单相异步电动机的种类不同，结构也各有特点、形式繁多。但就其共性而言，电动机的结构都由固定部分（定子）、转动部分（转子）和支撑部分（端盖、轴承机座等）三大部分组成。单相异步电动机的结构如图6-6所示。

单相异步电动机的机座随电动机冷却方式、防护型式、安装方式和用途而异。按其材料分类，有铸铁、铸铝和钢板等几种。其中铸铁机座带有散热筋，机座与端盖，用螺栓紧固联接；铸铝机座一般不带有散热筋；钢板机座是由厚1.5～2.5mm的薄钢板卷制、焊接而成，再焊上钢板冲压件的底脚。

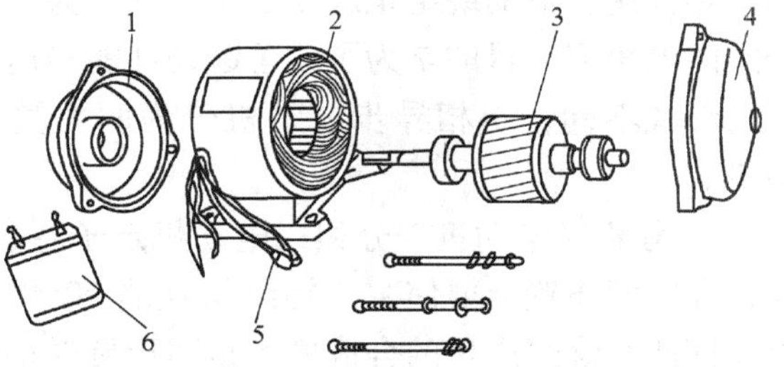

图6-6　单相异步电动机的结构

1—前端盖　2—定子　3—转子

4—后端盖　5—机座　6—引出线

有的专用电动机机座相当特殊，如电冰箱的电动机，它通常与压缩机一起装在一个密封的罐子里。而洗衣机的电动机，包括甩干机的电动机，均无机座，端盖直接固定在定子铁心上。

单相异步电动机的定子铁心和转子铁心结构和作用与三相异步电动机相同，是用来构成电动机磁路的；定子绕组多采用高强度聚脂漆包线绕制，转子绕组一般采用笼型绕组，常用纯铝压铸而成；对应于不同的机座材料，端盖也有铸铁件、铸铝件和钢板冲压件；轴承有滚珠轴承和含油轴承。

6.2.1　分相式电动机的结构特点

1. 定子结构　分相式电动机定子铁心为隐极式，与三相异步电动机的定子铁心类似，如图6-7所示。在铁心周围均匀设置的槽中，嵌有单相异步电动机的主绕组和辅助绕组，两套绕组在空间位置上互差90°电角度。辅助绕组嵌放在定子槽上部，以便维修。定子绕组展开图如图6-8所示。

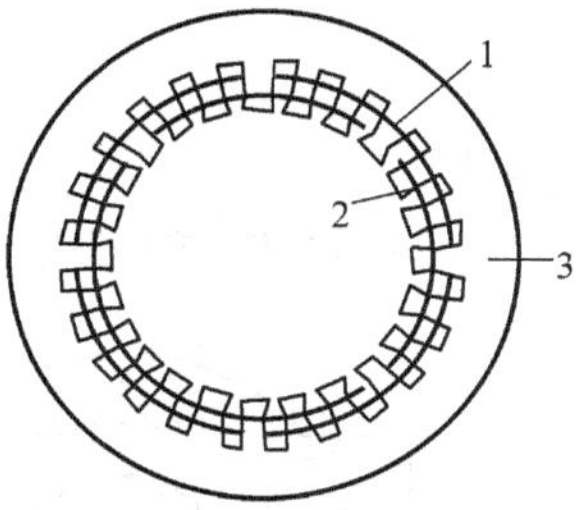

图6-7　分相式电动机定子结构

1—主绕组　2—辅助绕组　3—隐极铁心

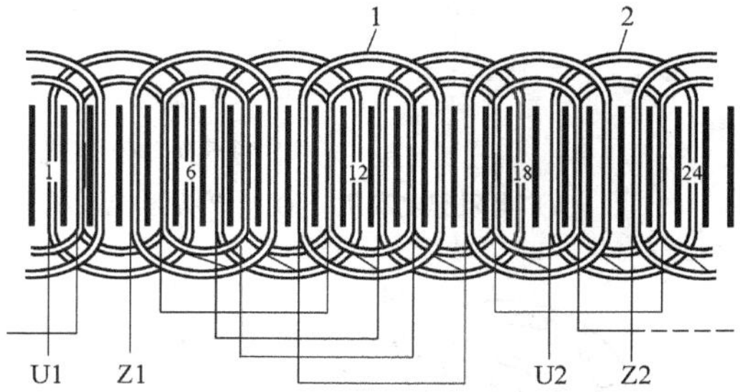

图6-8　分相式电动机定子绕组展开图

1—辅助绕组　2—主绕组

2. 主、辅绕组连接方式　分相是指利用调整两个绕组阻抗的办法，从单相交流电源中得到具有一定相位差的两个电流。常用的分相方法有电容分相和电阻分相两种。分相式电动机根据起动和运行方式的特点不同又分成四种类型，即电阻起动、电容起动、电容运转和电容起动及运转电动机(也称双值电容电动机)，其主、辅绕组的接线如图6-9所示，图中U1—U2为主绕组(或工作绕组)，Z1—Z2为辅助绕组(或起动绕组)。

3. 起动装置　辅助绕组一般按短时工作制设计，图6-9中S为起动装置，其作用是起动时接入辅助绕组，产生起动转矩；当转速达到70%~80%的额定转速时，将辅助绕组从电源上自动切除，主绕组单独运行。起动装置可以是离心开关、起动继电器或PTC起动器。

(1) 离心开关。在单相异步电动机中，除了电容运转电动机外，在起动过程中常借助离心开关来切除起动绕组或起动电容器。离心开关一般安装在轴伸端盖的内侧，如图6-10所示。离心开关利用起动时转动部分的离心力使弹簧压力减弱、触点分开，切除辅助绕组。

(2) 起动继电器。有些电动机，如电冰箱电动机，与压缩机组装在一起，并放在密封的罐子里，不便于安装离心开关，就用起动继电器代替，如图6-11所示。继电器的吸引线圈串联在主绕组回路中，起动时，主绕组电流很大，衔铁动作，使串联在辅助绕组回路中的动合触点闭合。于是辅助绕组接通，电动机处于两相绕组运行状态。随着转子转速上升，主绕组电流不断下降，吸引线圈产生的吸力下降。当到达一定的转速，吸引线圈产生的吸力小于触点反作用弹簧的拉力，触点被打开，辅助绕组就脱离电源。

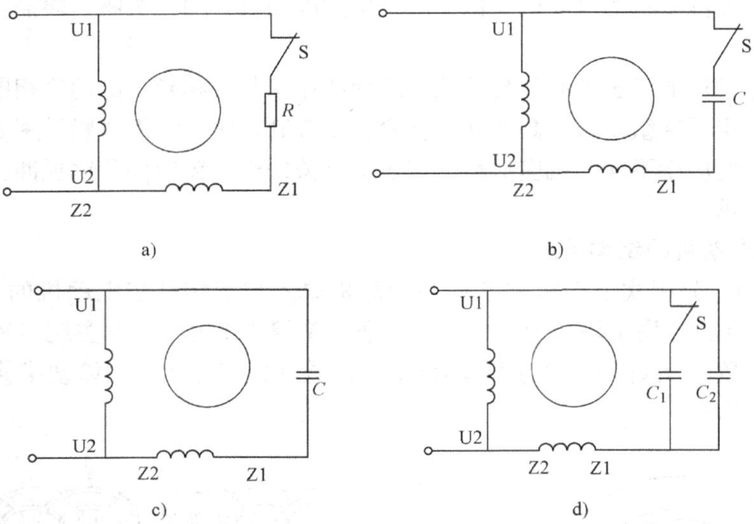

图 6-9 分相式电动机主、辅绕组的接线

a）电阻起电动机 b）电容起动电动机 c）电容运转电动机 d）电容起动及运转电动机

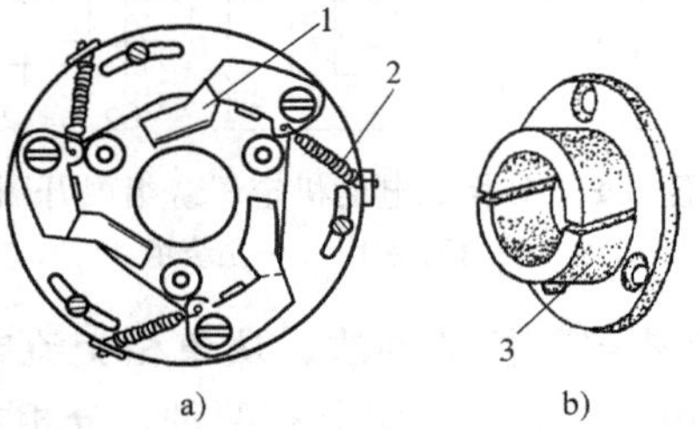

图 6-10 离心开关结构图

1—指形铜触片 2—拉力弹簧

3—半圆形铜环

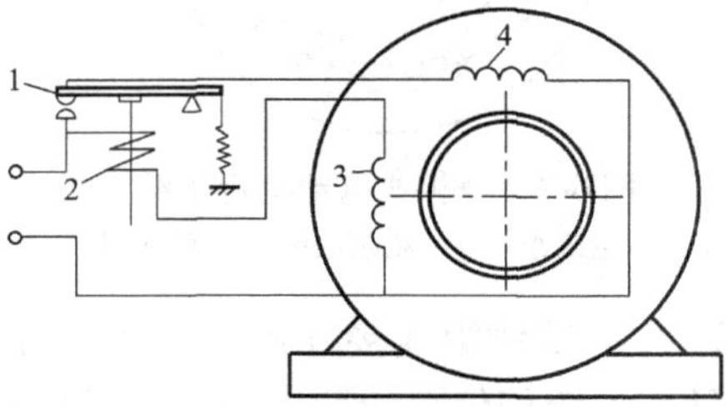

图 6-11 起动继电器结构图

1—动合触点 2—吸引线圈

3—主绕组 4—辅助绕组

（3）PTC 起动器。最新式的起动元件是“PTC”，它是一种能“通”或“断”的热敏电阻。PTC 热敏电阻是一种新型的半导体元件，可用作延时型起动开关。使用时，将 PTC 元件与电容起动或电阻起动电动机的辅助绕组串联。在起动初期，因 PTC 元件尚未发热，阻值很低，辅助绕组处于通路状态，电动机开始起动。随着时间的推移，电动机的转速不断增加，PTC 元件的温度因本身的发热而上升，电阻剧增，辅助绕组电路相当于断开，但还有一个很小的维持电流，有 2～3W 的损耗，使 PTC 元件的温度继续维持。当电动机停止运行后，PTC 元件温度不断下降，约 2～3min 其电阻值降到很低，这时就可以重新起动，这一时间正好是电冰箱和空调机所规定的两次开机间的停机时间。

PTC 起动器的优点：无触点、运行可靠、无噪声、无电火花，防火、防爆性能好，且耐振动、耐冲击、体积小、重量轻、价格低。

6.2.2 罩极式电动机的结构

单相罩极式电动机根据定子铁心形式的不同又分为凸极式和隐极式两种。

1. 凸极式　凸极式电动机定子结构如图 6-12 所示：图 6-12a 为实物照片，图 6-12b 为截面图。定子采用凸极铁心，主绕组是集中绕组，而辅助绕组是一个单匝短路铜环(也叫罩极绕组或罩极线圈)，嵌放在磁极极面的一侧，罩住部分极面。

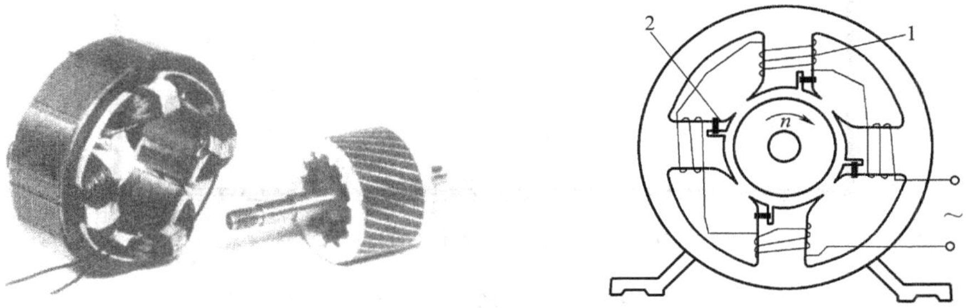

a)　　b)

图 6-12　凸极式电动机定子结构

a）实物图　b）截面图

1—主绕组　2—罩极绕组

另外，凸极式电动机的主绕组有集中励磁和单独励磁两种，其结构如图 6-13 所示。

2. 隐极式　隐极式电动机采用隐极铁心，如图 6-14a 所示。主绕组采用分布绕组，分布于定子槽中；辅助绕组是较粗的绝缘电磁线(一般用 ϕ0.8～1.5mm)，按每槽 2～8 匝绕成一个自行短接的线圈，所占槽数为总槽数的 1/3，也可使所有罩极线圈串联后再短接形成罩极绕组。为了保证电动机性能良好，应使主、辅绕组的轴线在空间上相隔 30°～60°电角度，常取 45°。隐极式电动机定子绕组结构如图 6-14 所示，图中主、辅绕组的轴线在空间上相隔为 40°电角度。

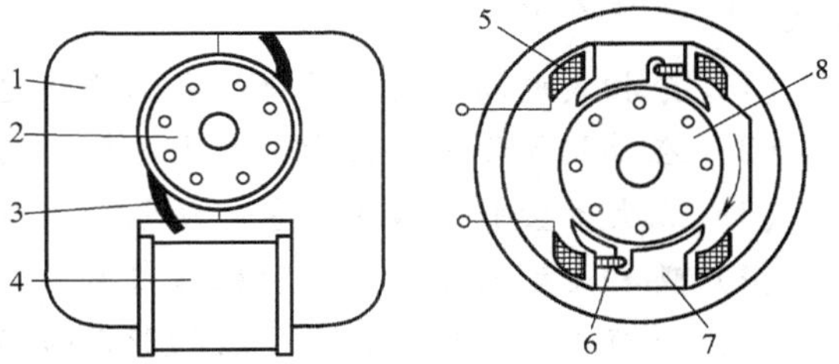

a)　　b)

图 6-13　2 极凸极式单相罩极电动机结构图

a）集中励磁　b）单独励磁

1、7—凸极式定子铁心　2、8—转子

3、6—罩极绕组　4、5—主绕组

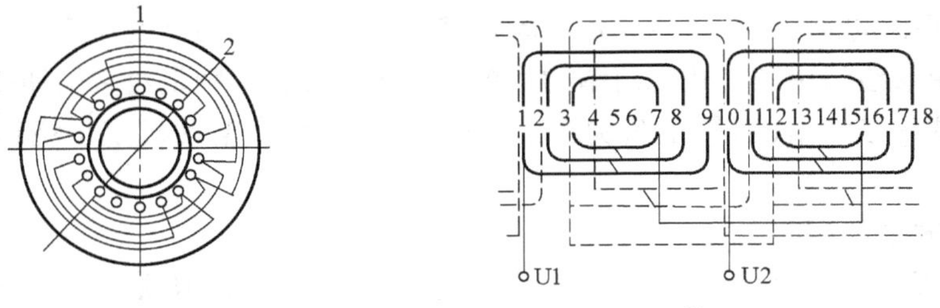

a)　　b)

图 6-14　隐极式电动机定子绕组结构

a）端面图　b）展开图

1—主绕组轴线　2—罩极绕组轴线

6.2.3　单相异步电动机的铭牌

图 6-15 所示为一台单相异步电动机的铭牌。单相异步电动机型号序列代号及含义见表 6-1，其他参数含义请参照三相异步电动机铭牌解释。

图 6-15 一台单相异步电动机的铭牌

表 6-1 单相异步电动机型号序列代号及含义

基本序列代号	YU	YC	YY	YL(E)	F
老代号	(JZ、BO、BO2)	(JY、CO、CO2)	(JX、DO、DO2)		
电动机类型	电阻起动	电容起动	电容运转	电容起动及运转	罩极式

思考与分析

(1) 分相式电动机的起动绕组和工作绕组彼此是如何连接的?

(2) 在单相异步电动机中，产生旋转磁场有哪几种常用方法? 各有什么特点?

(3) 在大多数非密封式电容起动电动机中，用什么设备实现从电路中断开起动绕组?

(4) 哪种类型的分相式电动机通常不用离心开关?

(5) 罩极式电动机根据定子结构形式的不同可分为哪两种形式? 各有什么特点?

6.3 单相异步电动机定子绕组布线方法

除凸极式单相罩极异步电动机定子绕组采用集中绕组外，其他均采用分布式绕组。单相异步电动机绕组的布线是电动机重绕中的关键，在确保电动机转速不变的前提下，其绕组的布线方式是灵活多样的。由于单相异步电动机容量小，从工艺的角度考虑，一般都采用单层绕组。同时，单层绕组中同心式绕组结构简单、工艺性好，特别是对它稍加改进就可制成性能良好的同心式正弦绕组(简称正弦绕组)。下面对单相异步电动机定子绕组的布线方法分别讨论。

6.3.1 一般形式的绕组

以 24 槽 4 极单相电容运转电动机为例说明。对于这电动机来说，其定子槽中主、辅绕组可采用相同绕组。为保证磁极的均匀性和对称性，布线时两绕组各占 12 槽，每极占 6 槽，每极每相占 3 槽。在同性磁极下这 3 槽中电流方向必定相同，在异性磁极下电流的方向必定相反。24 槽 4 极电动机槽距角为

$$\alpha = \frac{360° p}{Z_1} = \frac{2 \times 360°}{24} = 30°$$

为使主、辅绕组在空间上互隔 90°电角度，故布线时主、辅绕组首、首之间或尾、尾之间应相隔

$$\frac{90°}{30°}=3\text{ 槽}$$

1. 单层链式绕组　线圈的节距为 $y=5$(双圈)或 $y=4$(单圈)，如图 6-16 所示。

2. 单层同心式绕组　同心绕组大圈 $y=6$，同心绕组小圈 $y=4$，单圈 $y=4$，如图 6-17 所示。

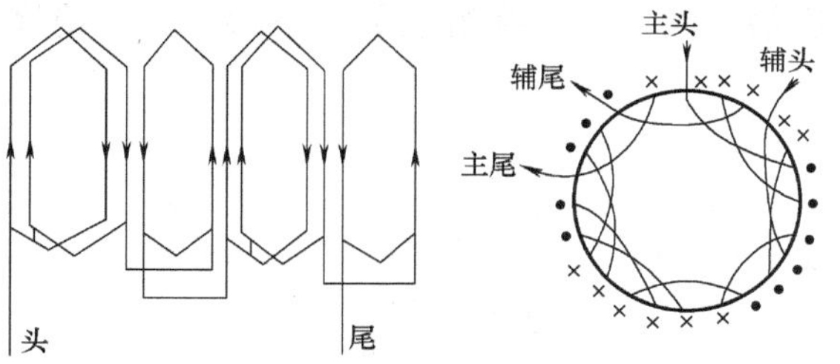

a)　b)

图 6-16　单层链式绕组结构图

a) 展开图　b) 截面图

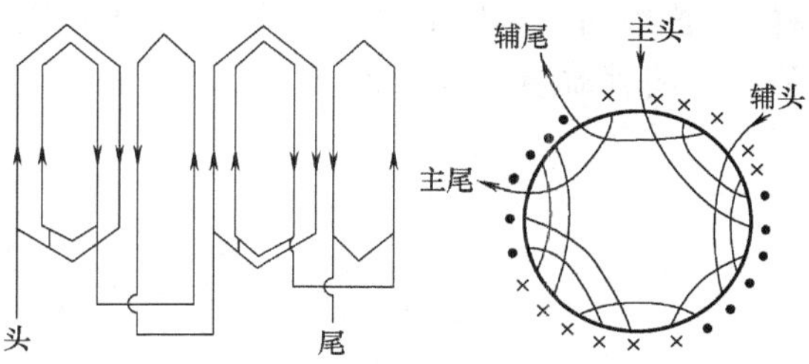

a)　b)

图 6-17　单层同心式绕组结构图

a) 展开图　b) 截面图

3. 单、双混合层(大圈单层、小圈双层)绕组　主、辅绕组各有 8 个线圈，其中大圈匝数约为小圈匝数的 2 倍，即小圈的有效边只占定子槽的半槽。大圈节距 $y=5$，小圈节距 $y=3$。由整体外观图可知，每相邻 6 槽电流方向一致形成一个磁极，布有两个有效边的定子槽内两个有效边的电流方向可以一致，也可不一致，若不一致时，它一定是出现在两磁极的交界面，即不影响磁极的整体性，如图 6-18 所示。

4. 单、双混合层(大圈双层、小圈单层)绕组　绕组平面图与上述的大圈单层、小圈双层的形式一样。只不过主、辅绕组中大圈的匝数约是小圈匝数的一半，布线时同一绕组的两个相邻大圈的有效边在同一槽中，节距为大圈 $y=6$，小圈 $y=4$，如图 6-19 所示。

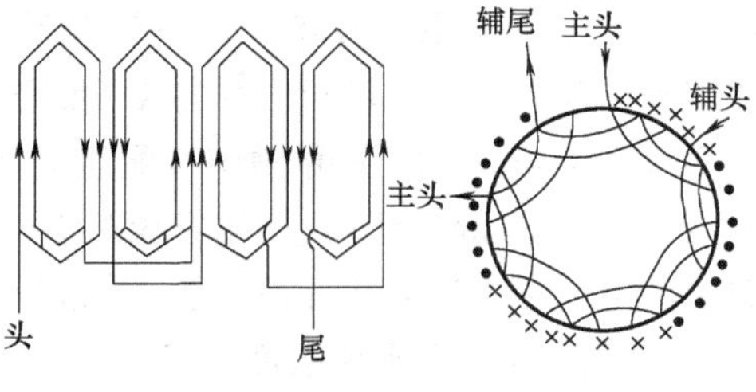

a)　b)

图 6-18　单、双混合层绕组结构图

a) 展开图　b) 截面图

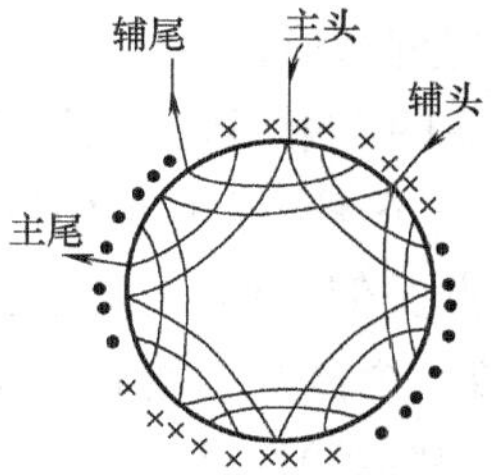

图 6-19　单、双混合层绕组截面图

6.3.2　正弦绕组

普通的单相异步电动机旋转磁场波形不太好，在运行中不太平稳，振动、噪声都比较大，一般都是用在环境要求不太高的条件下，而在家用电器如冰箱、空调、洗衣机、电风扇等上就不适用，而正弦绕组的单相电动机就可以满足要求，大量应用在家用电器中。

正弦绕组通常都采用同心式绕组结构，组成每一极相组的各个线圈匝数不相等，并将属于一相绕组的各槽内导线数按正弦规律分布。当同一相电流流过该相所有匝数不等的同心式绕组时，各槽中电流之和由于与槽内导线数成正比，故使槽电流分布也符合正弦波形，进而使绕组建立的磁场空间分布波形很接近正弦，所以称这种结构的绕组为正弦绕组。

1. 正弦绕组的结构　24 槽 4 极单相电容运转电动机正弦绕组各槽导线分布情况如图 6-20所示。图 6-20a 中横轴代表电动机槽号分布，纵轴代表各槽中每相绕组匝数的相对量。从图 6-20b 中可以看到，每个槽号下都有两条线圈边，这是一个双层绕组。也就是说每个线槽被分成了上、下层，分配给主、辅两相绕组(主、辅两相绕组的参数可以一样，也可以不一样)。嵌线时，一般是先将主绕组各线圈嵌放进槽下层，即主绕组全部在下层，垫上绝缘后，再将辅绕组嵌放入各槽上层。

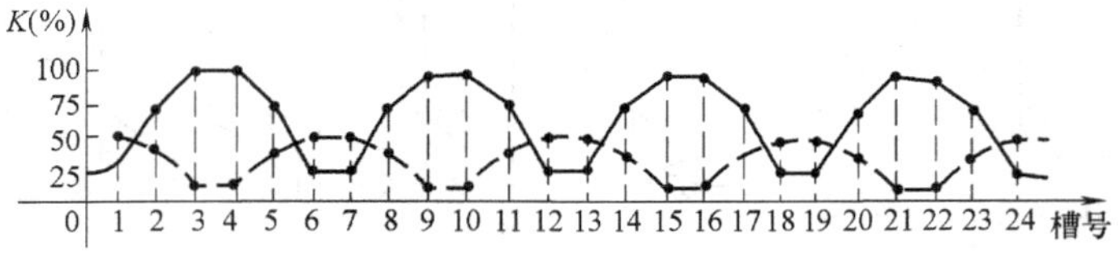

a)

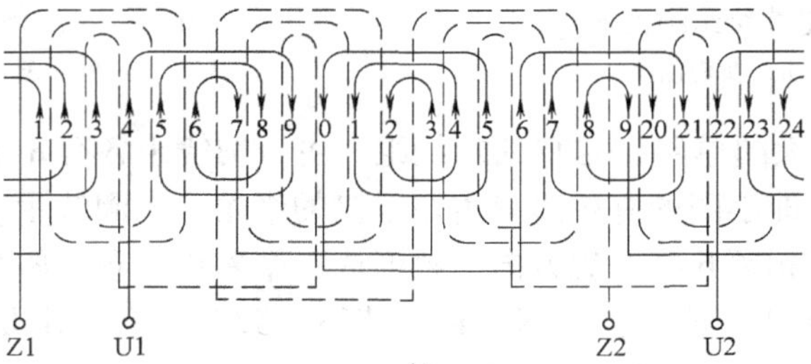

b)

图 6-20　24 槽 4 极单相电容运转电动机正弦绕组各槽导线分布情况
a）槽内导线数量分布图　b）正弦绕组展开图

产生磁极的几个线圈(一组线圈)为同心式，但各线圈的匝数不同：大线圈匝数多，小线圈匝数少。嵌线以后，各槽中每相绕组的导线数随槽号数按正弦规律分布，“正弦绕组”由此得名，这也是此种绕组与其他形式绕组的根本区别。现在观察一个线圈组，例如 U 相绕组的第一组：4 号和 9 号槽中嵌大线圈，其匝数最多(以它为 100%)；5 号、8 号槽中线圈匝数均为大线圈的 75%；6 号、7 号槽中嵌小线圈，匝数最少，约是大线圈的 25%。其他各线圈组(包括 Z 相组)的情况类似。由于正弦绕组为比较特殊的双层绕组，所以在绘制时要注意，例如 U 相绕组，要按照一个极距内所有下层边电流方向必须一致进行连接。U 相绕组嵌放完毕，Z 相绕组(全部为上层绕组)嵌放以 U 相为准，向左或向右推半个极距，按照一个极距内所有上层边电流方向必须一致进行连接。实际中，单相电动机“正弦绕组”中的小线圈匝数可能是零，也就是说，整个绕组从外观上看好像是单、双层混绕，例如本例中的 6 号、7 号槽内 U 相绕组匝数若为零，即没有 U 相绕组，只有 Z 相单层绕组；而 3 号、4 号槽中 Z 相绕组匝数为零，即没有 Z 相绕组，只有 U 单层相绕组；8 号槽中为双层绕组，即 U、Z 两相都有。需要注意的是，在此种情况下这里仍然按照双层绕组进行分析讨论。因为可以认为零不是没有，只是匝数很少，少到匝数为零，零只不过是一个数而已，与 10 匝、20 匝等一样。

2. 正弦绕组的特点　采用正弦绕组的电动机，可以显著地削弱高次谐波，使气隙磁场的分布尽可能接近正弦波，从而降低了杂散损耗和电磁噪声，提高了效率，改善了起动性能，保证了电动机具有良好的运行特性。其缺点是：由于各线圈的匝数不同，故而使线圈绕制的工艺复杂化，有些槽的槽满率较低，从而降低了铁心的有效利用率。

3. 绕组匝数的分配　在正弦绕组中，由于各个同心线圈的匝数是不相等的，每个槽内放置线圈的匝数占每极总匝数的百分率可按有关公式计算，也可查表求得，在此不再详述。

4. 正弦绕组的嵌线和接线　因为主、辅绕组均为正弦同心式绕组，所以一般采用分层整嵌法。嵌放时，先嵌放主绕组，后嵌放辅助绕组，主、辅绕组端部是两个平面层次分布，又称为双平面布线。接线时要分相进行，先接主绕组，后接辅助绕组。接线规律仍是同相相邻线圈反向串联，即“尾—尾”或“首—首”相连接。

6.3.3　特种单相异步电动机定子绕组

在常见的吊扇中，其配套单相电动机虽然多数是电容运转式的，但是要求电动机转速较低，此外，电动机的结构均是外转子内定子型，如图 6-21c 所示，所以电动机定子绕组较特殊。另外，在常用的电风扇和一些空调设备的排风扇中，因为需要调节转速，其配套的单相异步电动机定子中需要配置调速绕组。因此，定子绕组的结构也比较特殊。

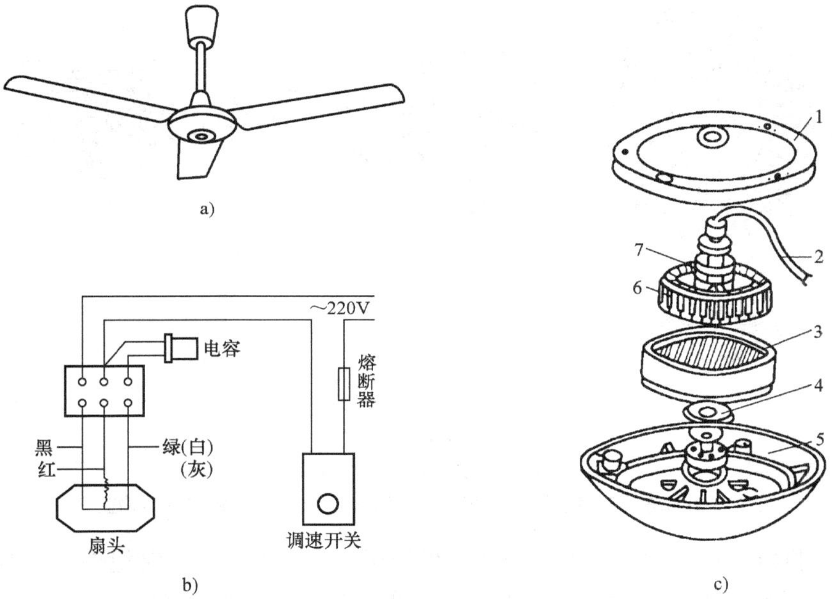

图 6-21　吊扇

a）外形图　b）接线图　c）结构分解图

1—上端盖　2—引出线　3—外转子　4、7—挡油罩　5—下端盖　6—定子

1. 单相吊扇电动机定子绕组　单相吊扇是一种大扇叶、慢转速的风扇，如图 6-21a 所示。常用的电动机采用 18 极、16 极、14 极，个别的用 12 极，因为极数多，所以每极相组只有一个线圈，为单层链式，布线为同相相邻线圈“首—尾”顺向串联。电动机为电容运转式，其主、辅绕组在空间上仍互差 90°。因为吊扇俯视时的旋转方向为顺时针方向，所以电动机绕组的接线均依此转向绘制。电动机引线为 3 根，主绕组首端为 U，辅助绕组首端为 V，两绕组尾端接在一起的公共端为 G，其展开图如图 6-22 所示。

2. 电风扇电动机的调速绕组　电风扇包括台扇、壁扇、顶扇等，图 6-23 所示为台扇。目前台扇广泛采用 4 极单相电容运转电动机，且单向逆时针方向旋转，有单速、双速和三速三种定子绕组，其中单速定子绕组电风扇可外接各种调速器进行调速运行。台扇电动机现在

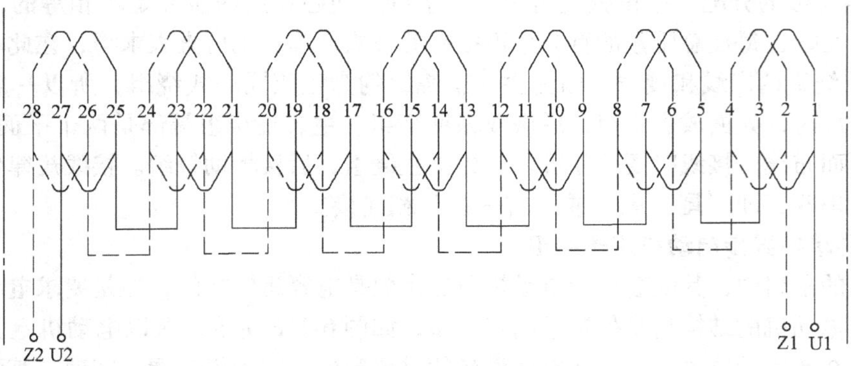

图 6-22 14 极 28 槽吊扇电动机定子绕组展开图

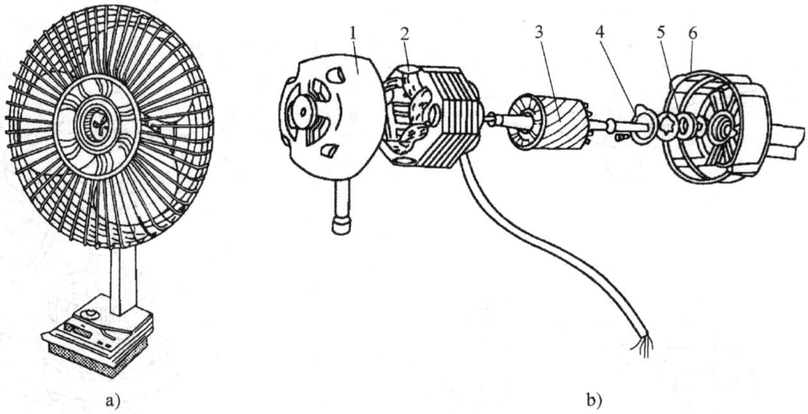

图 6-23 台扇

a）外形图 b）结构分解图

1—前端盖 2—定子 3—转子 4—轴承盖 5—油毡圈 6—后端盖

普遍采用电动机定子内部抽头的调速方法，即定子除了嵌放主、辅绕组外，还增设了调速绕组(或称中间绕组)，通过改变 3 个绕组的接线及抽头达到调速的目的。

图 6-24 所示为 L—2 型 16 槽电风扇电动机定子绕组展开图与接线图。L—2 型电风扇电

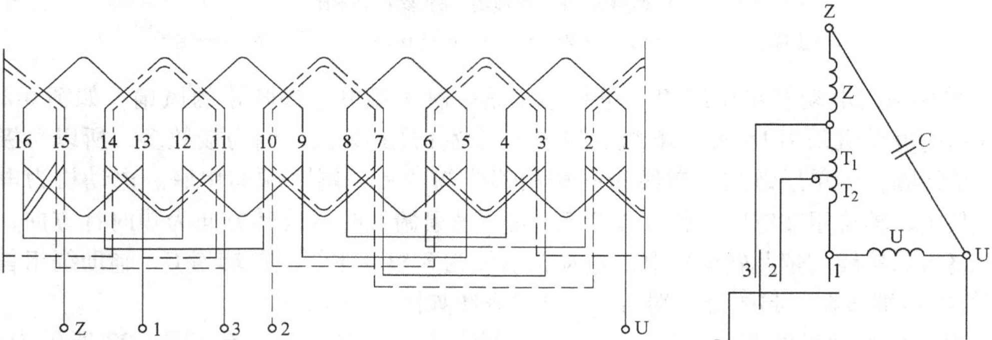

图 6-24 L—2 型 16 槽电风扇电动机定子绕组

a）展开图 b）接线图

动机定子绕组为三速绕组，主、辅绕组和调速绕组各有 4 个线圈，调速绕组和辅绕组同相连接，同槽上、下层嵌放。调速绕组的 4 个线圈分 2 组，且对称安排，2 组中间有抽头；辅助绕组和调速绕组一致，为同极性串联。

思考与分析

（1）单相异步电动机与三相异步电动机有何异同？

（2）怎样区分单相异步电动机的引出线？

（3）单相异步电动机的定子绕组常见有哪些类型？

（4）24 槽 4 极单相电容运转电动机定子绕组有哪几种布线方式？

（5）单相异步电动机定子正弦绕组在构成上有什么特点？

6.4　单相异步电动机的机械特性与控制

6.4.1　单相异步电动机的机械特性

单相异步电动机的定子主、辅绕组空间相隔大约 90°电角度，同时通入相位不同的两相交流电时，将产生一个椭圆形旋转磁动势。将此磁场分解为幅值大小不等、方向相反的两个等速旋转磁场，在这两个磁场的作用下，电动机的合成机械特性曲线为一条不过坐标原点的曲线，如图 6-25 所示。这时电动机有正向起动转矩，可以自行起动并正向运行。

若单相异步电动机定子上只有一套绕组，则无起动转矩，电动机不能自行起动，但是可以运行。但反转磁场引起的制动性转矩存在，使得电动机合成转矩减小，最大转矩降低，同时，反转磁场引起损耗，增大转差，电动机效率降低，功率因数也降低。

1. 电阻起动电动机　主绕组导线较粗、匝数多，辅助绕组导线细、匝数少，两者比较起来，主绕组电抗大、电阻小，辅助绕组则电抗小、电阻大。电阻起动电动机及其机械特性曲线如图 6-26 所示。电动机起动后，当转速达到额定转速的 70%～80% 时，起动开关 S 自动切断辅助绕组的电源，不再参与运行，电动机继续运转，直到额定状态。

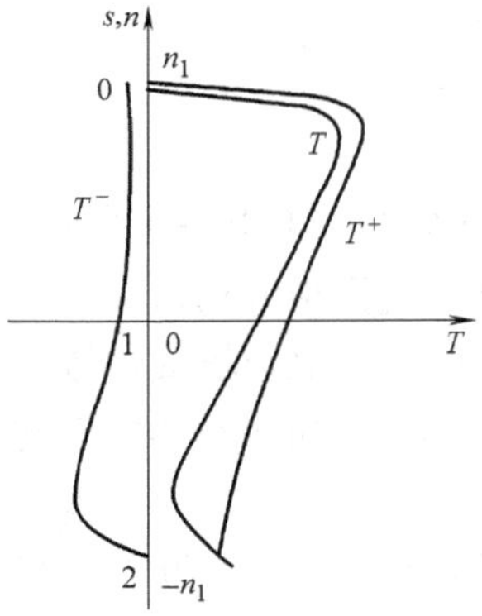

图 6-25　两相绕组通电时的机械特性曲线

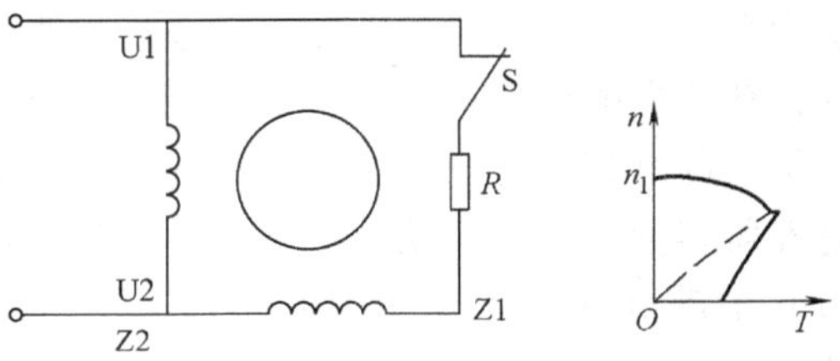

图 6-26　电阻起动电动机及其机械特性曲线

需要指出的是：当电动机转速下降到额定转速的75%以下时，起动开关长期处于关闭状态，会造成电动机过热而烧毁。所以电阻起动电动机过载量不能超过额定值的25%，且过载时间不能过长，不要超过5min。

（1）电动机特性：起动电流 $I_{st}/I_N=6\sim7$，起动转矩 $T_{st}/T_N=1.2\sim2$；功率因数 $\cos\varphi=0.4\sim0.75$。

（2）主要优缺点：价格较低，应用广泛；起动电流较大，但起动转矩不大。

（3）应用范围：用作要求起动转矩较小的一般动力，如小型鼓风机、研磨机、搅拌机、小型钻床等。

2. 电容起动电动机　起动绕组中串入起动电容 C，起动结束后自动切除。如果电容器的容量选择适当，则可以在起动时使通过起动绕组的电流在相位上超前主绕组90°电角度，这样在起动时就可以得到较大的起动转矩，如图6-27所示。

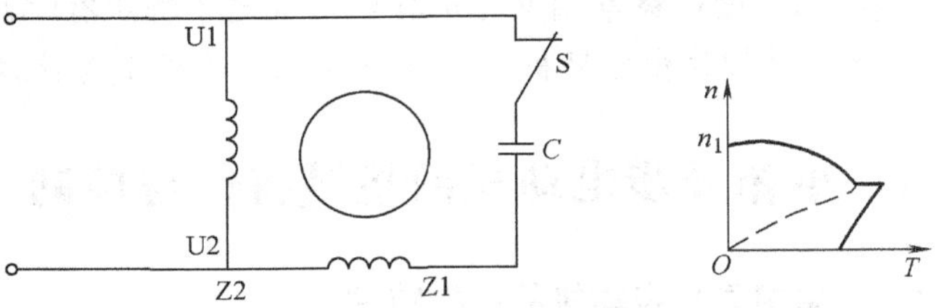

图6-27　电容起动电动机及其机械特性曲线

电容起动电动机的工作绕组通常占定子总槽数的2/3～3/4，而起动绕组则嵌放在1/4～1/3的定子槽中。由于电容器只在短暂时间内起作用，可以采用廉价的电容器，为加大起动转矩，容量可以选得大一点。

（1）电动机特性：起动电流 $I_{st}/I_N=4\sim5$，起动转矩 $T_{st}/T_N=2.5\sim3.5$；功率因数 $\cos\varphi=0.4\sim0.75$。

（2）主要优缺点：价格稍贵；起动电流及起动转矩均较大。

（3）应用范围：用作要求起动转矩大的场合，如小型水泵、冷冻机、压缩机等。

3. 电容运转电动机　起动绕组中串入起动电容 C，起动绕组参与运行。单相电容运转电动机实质上是一台两相异步电动机，如果起动绕组的匝数和电容器的容量设计得当，它的定子绕组能够在电动机的气隙中建立起较为理想的圆形旋转磁场，或者将负序磁场大大削弱，从而使电动机的运行特性得到改善，电容运转电动机及其机械特性如图6-28所示。

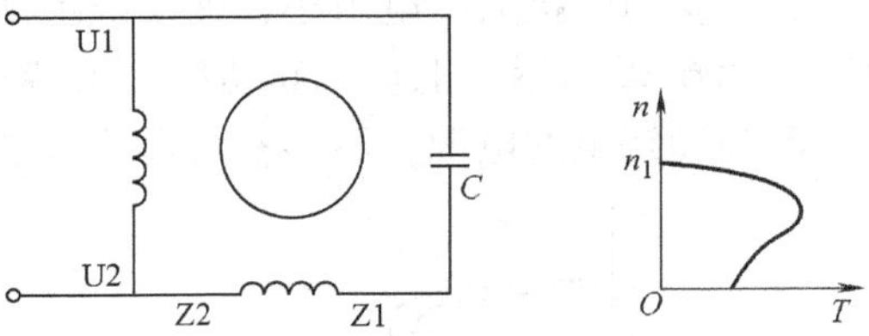

图6-28　电容运转电动机及其机械特性曲线

电容运转电动机的工作绕组与起动绕组各占定子槽数的一半，其功率因数、效率、过载能力都比普通分相式异步电动机要好。因为电容器要长期接在电源上工作，所以不能采用电解电容器，应采用纸介电容器或油浸纸介电容器。为了保证电容运转电动机有较好的运行性能，其电容器的容量比同功率的电容起动电动机的电容器容量小，故起动性能不如电容起动电动机。

（1）电动机特性：起动电流 $I_{st}/I_N=3\sim5$，起动转矩 $T_{st}/T_N=0.3\sim1$；功率因数 $\cos\varphi=0.7\sim1$。

（2）主要优缺点：无起动装置，价格较低；起动转矩小，功率因数较高。

（3）应用范围：用于要求起动转矩小、需要正反转或起动和停止频繁的场合，如洗衣机、电风扇、电吹风机、通风机等。

4. 电容起动及运转电动机　起动绕组中串入并联的两组电容器 C_1、C_2，C_1 容量大，C_2 容量小。起动结束后，电容 C_1 被切除，另一组电容 C_2 与起动绕组参与运行。电动机有较大的起动转矩和较好的运行性能，如图 6-29 所示。

（1）电动机特性：起动电流 $I_{st}/I_N=4\sim5$，起动转矩 $T_{st}/T_N=2.5\sim3.5$；功率因数 $\cos\varphi=0.8\sim1$。

（2）主要优缺点：价格较贵；起动电流、起动转矩较大，功率因数较高。

（3）应用范围：用于要求起动转矩大、功率因数高的场合，如电冰箱、水泵、小型机床等。

5. 罩极式电动机　罩极式电动机定子由一组绕组组成，定子铁心的一部分套有罩极绕组，其结构示意及机械特性曲线如图 6-30 所示。

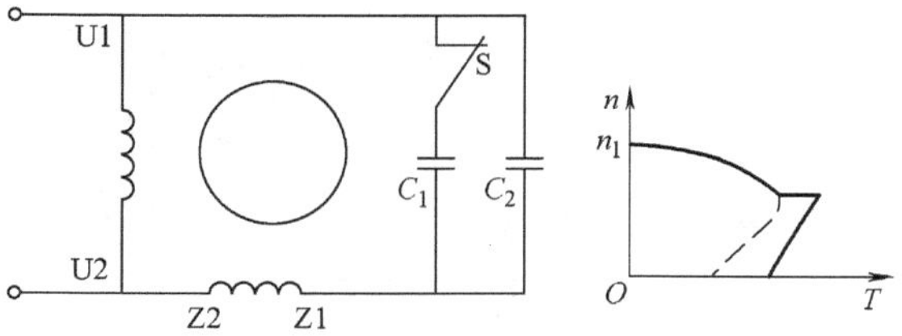

图 6-29　电容起动及运转电动机及其机械特性曲线

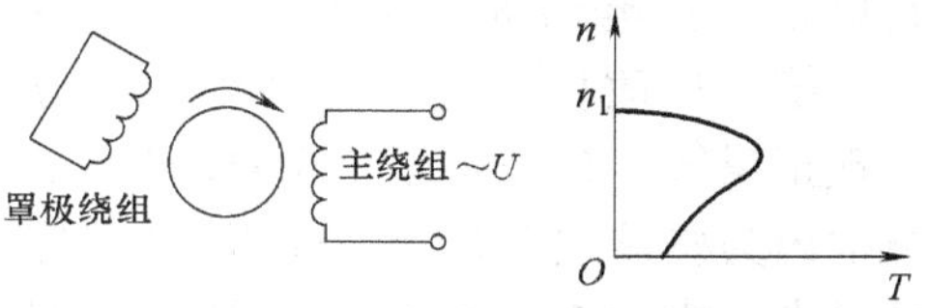

图 6-30　罩极式电动机结构示意及机械特性曲线

（1）电动机特性：起动电流 $I_{st}/I_N=2\sim4$，起动转矩 $T_{st}/T_N=0.3\sim0.8$；功率因数 $\cos\varphi=0.4\sim0.8$。

（2）主要优缺点：结构简单，价格低，工作可靠；起动转矩小；效率低。

（3）应用范围：功率小，用于要求起动转矩小的场合，多用于电风扇、电唱机、仪器仪表等。

6.4.2　单相异步电动机的反转方法

1. 罩极式电动机的反转　罩极绕组是固定在定子铁心上的，装成之后只能单方向运转，即使倒换绕组的两个接线端也不能改变电动机的旋转方向，如需反转可用下列方法。

（1）改变定子绕组安装方向。拆除定子绕组并将定子磁极转过 180°安装。这种方法只能在装机或修理过程中实施，是一次性的，无法在运行中实现反转。由此可见，只要改变主绕组和罩极绕组的相对位置，即可改变电动机的运转方向。

（2）增加一套主绕组或罩极绕组。若想在运行中随意改变旋转方向，应在定子槽中增加一套主绕组或罩极绕组，用开关来改变主绕组和罩极绕组的相对位置。

单相罩极式异步电动机可逆起动控制电路如图 6-31 所示，图中罩极式电动机采用两套分布式罩极绕组：一套用于正向起动，另一套则用于反向起动，正、反转的转换通过开关 S 来进行。

2. 分相式电动机的反转　分相式电动机的转向与旋转磁场的转向相同，改变分相式电动机的旋转方向，只需将起动绕组或工作绕组中任意一对接头反接即可，但是二者不可同时反接，如图 6-32 所示。利用转换开关 Q 控制正、反转运行，其中当 Q 拨至实线位置时，电动机正转运行，而当 Q 拨至虚线位置时，辅助绕组反接，电动机反转运行。

如果电容运转电动机的工作绕组和起动绕组的匝数和线径完全相同，可把电容器从一组绕组中改接到另一组绕组中来实现正反转控制。

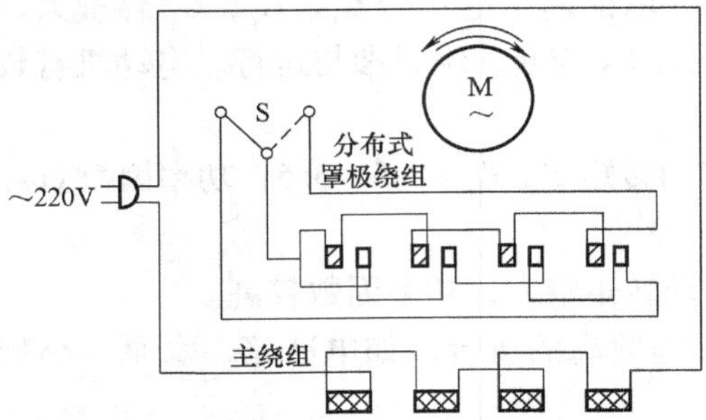

图 6-31 单相罩极式异步电动机可逆起动控制电路

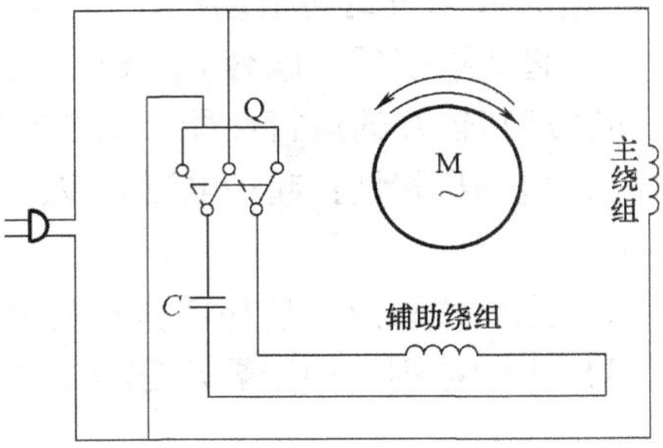

图 6-32 电容运转电动机可逆控制线路

洗衣机的洗涤桶在工作时经常需改变旋转方向，由于其电动机一般均为电容运转单相异步电动机，故均采用将电容器从一组绕组中改接到另一组绕组中的方法来实现正反转，其电路如图 6-33a 所示。实线方框内为机械式定时器，S1 及 S2 是定时器的触点，由定时器中的凸轮控制它们接通或断开，其中触点 S1 的接通时间就是电动机的通电时间，即洗涤与漂洗的定时时间。在该时间内，触点 S2 与上面的触点接通时，电容 C 串入工作绕组支路，电动机正转；当 S2 与中间触点接通时，电动机停转；当 S2 与下面触点接通时，C 串入起动绕组支路，电动机反转。正转、停止、反转的时间大约为 30s、5s、30s 左右。

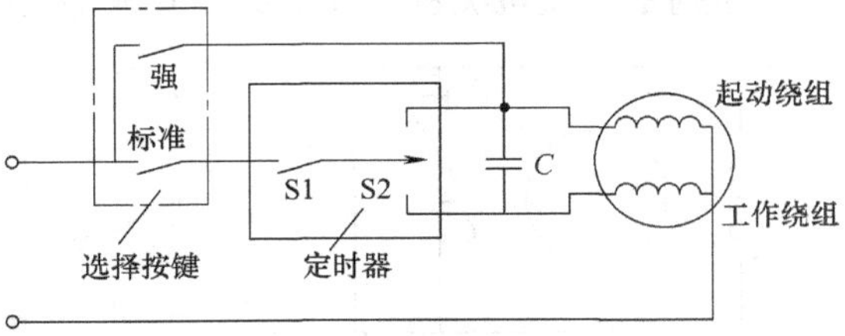

a)

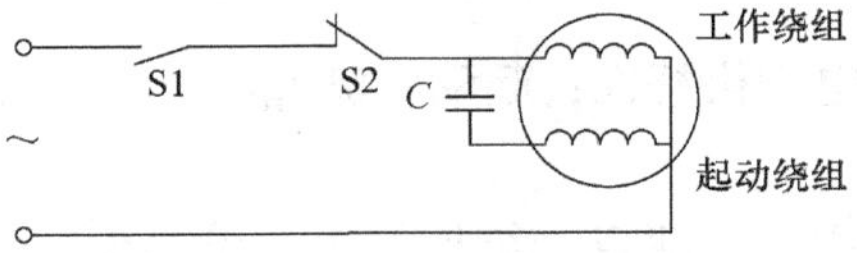

b)

图 6-33 家用洗衣机电路
a) 洗衣机电动机电路 b) 脱水机电动机电路

洗衣机的选择按键是用来选择洗涤方式的，一般有标准洗和强洗两种方式。上面叙述的属于标准洗方式。需强洗时，按下强洗键（此时标准键自动断开），电动机始终朝一个方向旋转，以完成强洗功能。

图 6-33b 所示为脱水电动机控制电路，S1 为脱水定时器的触点，脱水定时时间一般为 0～5min。S2 为脱水桶门盖的联锁触点。

6.4.3 单相异步电动机的能耗制动

单相异步电动机能耗制动主电路如图 6-34 所示。停机时，使 KM_1 失电释放，KM_1 动断触点复位打开，而后使 KM_2 得电吸合并自锁，其主触点闭合。220V 交流电经二极管 VD_1、VD_2 整流后，向电动机主、辅绕组提供直流制动电流，电动机进入制动状态，经过一段延时，电动机制动过程结束。二极管 VD_1、VD_2 的耐压值应大于 600V。

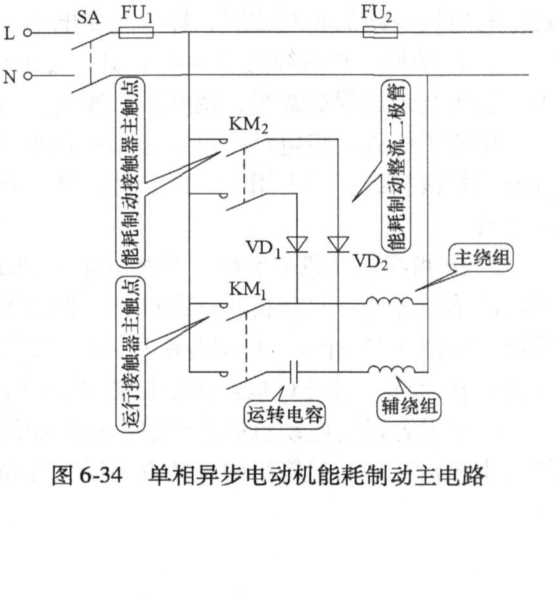

图 6-34 单相异步电动机能耗制动主电路

6.4.4　单相异步电动机的调速方法

单相异步电动机的调速原理及方法与三相异步电动机一样。对容量较小的风机类负载，如吊扇、台扇、转页扇等，一般均采用电容运转电动机。为了控制风量及风速，大多带有调速装置，而且一般采用改变定子绕组电压的方法来调速，改变定子绕组电压的方法有两种，即串电抗器调压和晶闸管调压。图 6-35 所示为常用的吊扇串电抗器调速电路，调速开关 S 在 5 挡时电扇转速最低，在 1 挡时电扇转速最高，这种调速属于有级调速。目前，采用晶闸管调压的无级调速越来越多，其电路如图 6-36 所示。整个电路只用了双向晶闸管、双向二极管、带电源开关的电位器、电阻和电容等 5 个元器件，电路结构简单，调速效果好。在家用空调器中，如窗式空调的电风扇电动机为了获得高、低挡转速也有采用变极调速的(电容运转式)。

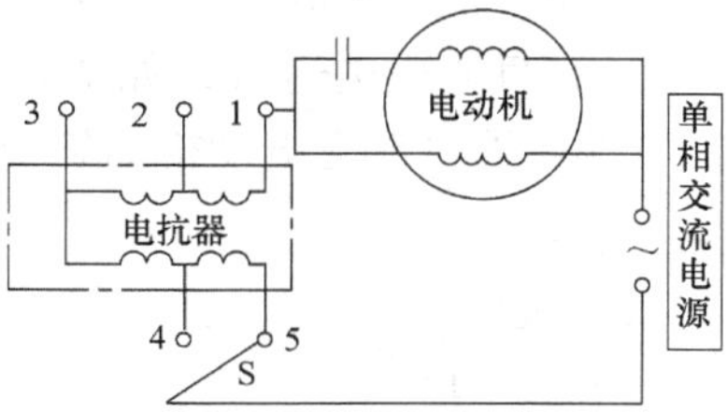

图 6-35　吊扇串电抗器调速电路

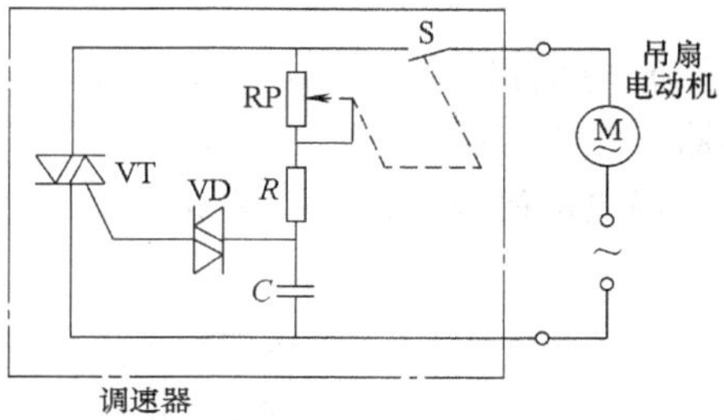

图 6-36　吊扇晶闸管调速电路

思考与分析

(1) 为了在分相式电动机中产生最大起动转矩，起动绕组和工作绕组电流的相位差是多少？哪种类型的单相异步电动机起动转矩最大？

(2) 一般地说，在电阻起动电动机中起动绕组和工作绕组之间电流的相位差是多少？

(3) 单相异步电动机的接线标志是怎样规定的？对这种电动机怎样进行正反转控制？

(4) 怎样确定单相异步电动机的旋转方向？

(5) 如何能改变罩极式电动机的旋转方向？

实训　三相异步电动机改接成单相异步电动机使用

三相异步电动机作单相运行的方法有多种，最常见的是电容移相法。三相异步电动机单相运行时输出功率约等于三相额定功率的 70%，运行性能较差，适合于功率较小、轻载运行的微型三相异步电动机，如排风扇、鼓风机和循环水泵等。在不改变电动机接线的情况下，可用下述方法实现单相运行，步骤如下。

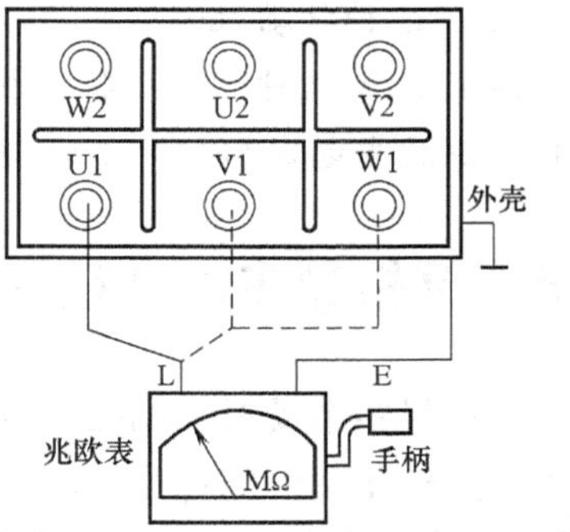

图 6-37　检测绕组对外壳绝缘情况

1. 检查电动机绝缘　首先检查电动机绕组对外壳绝缘是否良好。如图 6-37 所示，拆下电动机的接线盒，取下电动机接线柱上的连接片，将兆欧表接地端“E”的鳄鱼夹与电动机的外壳连接，将“L”端的鳄鱼夹分别与三相绕组首端(U1、V1、W1)或尾端(U2、V2、W2)连接。连接完毕后以 120r/min 左右的速度摇动兆欧表的手柄，测得正常每相绕组对地电阻值应为无穷大。

2. 绕组改接

(1) 电动机三角形联结时的改接方法。首先按照表6-2选用合适的电容器，然后将选中的电容器并接在任意两个连接片上，将220V交流电一端接到未连电容器的连接片上，另一端接到连接电容器的任意一个连接片上，如图6-38a所示。当电动机反转时，把连接电容器一端的电源接头换接到电容器的另外一端即可。

表6-2 小功率三相异步电动机单相运行时电容量选用表

电动机功率/W		25	40	60	90	120	180	250	370	550	750
电容/μF	Y	1.5	2.4	3.6	5.4	7.2	11	15	22	35	45
	△	2.5	4	6	9	12.4	18	25	28	55	75

(2) 电动机星形联结时的改接方法。首先按照表6-2选用合适的电容器，然后将选中的电容器并接在V1、U1两端，将220V交流电源接到W1、V1两端通电运行，如图6-38b所示。发现电动机反转时，可将接V1端的电源线改接到U1端，即可改变电动机的旋转方向。

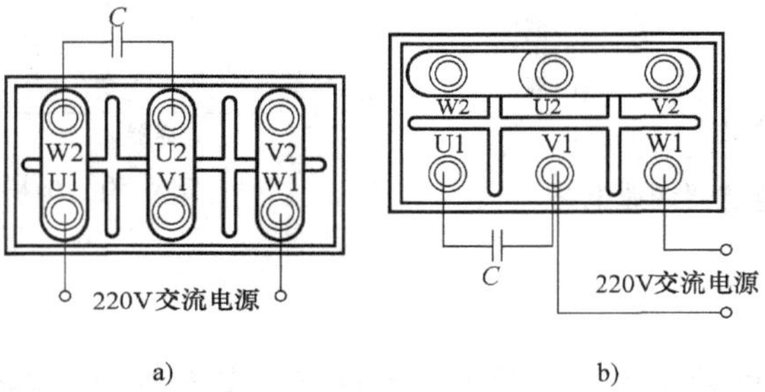

图6-38 小功率三相异步电动机单相运行绕组改接方法
a) △联结 b) Y联结

思考与分析

(1) 三相异步电动机绕组改接后，分析单相运行时旋转磁场是如何产生的？与三相异步电动机的旋转磁场有何区别？

(2) 电容器电容量的大小会对电动机的运行产生怎样的影响？

(3) 这种电动机的输出功率为什么要比改接前电动机的额定功率要低？

(4) 试试这种方法：将三相异步电动机中任意两相绕组反向串起来作为工作绕组，另一相串以适当电容后作为起动绕组，电动机就可以单相运行了。

6.5 单相异步电动机的故障及排除方法

单相异步电动机在结构上有它的特殊性：有起动装置；有起动绕组及电容器；电动机功率小，定转子间气隙也小。因此，故障率较高，需要经常维护、检修。

6.5.1 分相式电动机常见故障及处理方法

1. 电源正常，电动机不能起动

（1）原因：①引线或绕组开路；②离心开关接触不良；③电容器击穿；④轴承卡住或质量不好，润滑脂干涸，轴承中有杂物或装配不良；⑤定转子相擦；⑥过载。

（2）处理方法：①找到短路处，改换或修理好，修理处应抹上绝缘漆并衬垫绝缘物；②修理离心开关；③更换新的电容器；④更换新的轴承或将其拆下用汽油洗净，抹上新的润滑脂，再装配好；⑤取出转子，校正转轴或用锉刀去除定子转子铁心上的凸出部分；⑥减载。

2. 空载或在外力帮助下，能起动，但起动迟缓且转向不定

（1）原因：①起动绕组开路；②离心开关触点未合上；③电容器击穿。

（2）处理方法：①修理并做好绝缘处理；②修理或更换离心开关；③更换新的电容器。

3. 转速太低

（1）原因：①电源电压太低；②轴承损坏；③工作绕组接线错误；④过载或定转子相擦；⑤工作绕组接地或短路；⑥转子断条。

（2）处理方法：①增大电源电压；②更换新轴承；③纠正绕组接线；④减载；⑤若内部短路应绝缘隔开，若短路处过多应更换绕组；⑥进行断条修理并做静平衡校验。

4. 起动后电动机很快发热，甚至烧毁绕组

（1）原因：①主、辅绕组间短路；②起动后离心开关触头断不开，使起动绕组长时间运行而发热甚至烧毁；③主、辅绕组相互接错；④工作绕组接地、短路或电压过低。

（2）处理方法：①找到短路处，进行绝缘处理；②修理或更换离心开关；③测量其电阻或复查接头型号，加以改正；④若局部短路应绝缘隔开，若短路过多应更换绕组或增大电源电压到额定值。

5. 运行时噪声大

（1）原因：①主、辅绕组接地或短路；②主绕组接线错误；③电动机内落入杂物；④轴承损坏、转子断条；⑤离心开关损坏；⑥轴向间隙太大。

（2）处理方法：①若局部短路应绝缘隔开，若短路过多应更换绕组；②改正接线；③拆开电动机，清理并用风吹净；④更换轴承，修理转子并校正；⑤更换离心开关；⑥将间隙调整到适当值。

6. 通电后熔断器的熔丝熔断，电动机不转

（1）原因：①主、辅绕组接地或短路；②引线接地；③电容器短路。

（2）处理方法：①修若局部短路应绝缘隔开，若短路过多应更换绕组；②查到接地处，用绝缘布包扎好；③更换新的电容器。

6.5.2　罩极式电动机常见故障及处理方法

1. 通电后电动机不能起动

（1）原因：①电源引线或定子主绕组断路；②短路环断路或接触不良；③罩极绕组断路或接触不良；④主绕组短路或被烧毁；⑤轴承严重损坏；⑥定转子之间的气隙不均匀；⑦装配不当，使轴承受外力；⑧传动带过紧。

（2）处理方法：①查处断路处，并重新焊接好；②查出故障点，并重新焊接好；③查出故障点，并重新焊接好；④重绕定子绕组；⑤更换新轴承；⑥查明原因，予以修复。若转轴弯曲应校直；⑦重新装配，上紧螺钉，合严止口；⑧适当放松传动带。

2. 空载时转速太低

（1）原因：①小型电动机的含油轴承缺油；②短路环或罩极绕组接触不良。

（2）处理方法：①填充适当润滑油；②查出接触不良处，并重新焊接。

3. 负载时转速不正常或难起动

（1）原因：①定子绕组匝间短路或接地；②罩极绕组绝缘损坏；③罩极绕组的位置、线径或匝数有误。

（2）处理方法：①查处故障点，予以修复或重绕定子绕组；②更换罩极绕组；③按原始数据重绕罩极绕组。

4. 运行中产生剧烈振动和异常噪声

（1）原因：①电动机基础不平或固定不紧；②转轴弯曲造成电动机转子偏心；③转子或带轮不平衡；④转子断条；⑤轴承严重缺油或损坏。

（2）处理方法：①校正基础板，拧紧底脚螺钉，紧固电动机；②校正电动机转轴或更换转子；③校正平衡或更换新品；④查出断路处，予以修复或更换转子；⑤清洗轴承，填充新润滑油或更换轴承。

5. 绝缘电阻降低

（1）原因：①潮气侵入或雨水进入电动机内；②引出线的绝缘损坏；③电动机过热后，绝缘老化。

（2）处理方法：①进行烘干处理；②重新包扎引出线；③根据绝缘老化程度，分别予以修复或重新浸漆处理。

思考与分析

（1）单相电动机不能起动的原因是什么？怎样检查？

（2）在起动绕组已从电路断开后，为什么分相式电动机能继续运行？

（3）单相异步电动机起动后，若辅助绕组未及时切除会有何后果？怎样检查辅助绕组是否切除？辅助绕组不能切除的原因是什么？

6.6 单相异步电动机的检修

大多数单相异步电动机的结构与小功率三相异步电动机的结构基本相同，因此它们的拆装方法与步骤也基本相同。对装有离心开关的单相异步电动机，拆装时还应注意以下问题。

（1）拆装离心开关时，用力不可过猛，以免导致离心开关失灵或损坏。

（2）离心开关的开关板与后端盖必须紧固。

（3）定子绕组接离心开关的引线与开关板的焊接必须可靠，不得有虚焊现象。

（4）紧固后端盖时，应注意避免后端盖止口将离心开关的开关板与定子绕组连接的引线切断。

实训 1　离心开关的检修

1. 离心开关短路　离心开关出现短路故障以后，当电动机运行时，由于离心开关的触点不能断开辅助绕组与电源的连接，将导致辅助绕组发热烧毁。

（1）导致离心开关短路的原因可能有：机械结构磨损、变形；动静触点烧熔黏结；簧片式开关簧片过热失效、弹簧过硬；甩臂式开关的铜环极间绝缘击穿，以及电动机的转速达不到额定转速的 80% 等。

（2）对于离心开关短路故障，可在辅助绕组电路中串接电流表，如运行时仍有电流指示，则就说明离心开关的触点失灵未断开。对此，应查明原因，及时进行处理。

2. 离心开关断路　离心开关出现断路故障以后，当电动机起动时，由于离心开关的触点不能把辅助绕组与电源连通，电动机将无法起动。

（1）导致离心开关断路故障的原因可能有：簧片式开关簧片过热失效，触点烧坏脱落；机械机构卡死；接线螺钉松动或线端断开；触点绝缘板裂；弹簧失效以致无足够张力使触点闭合；动静触点之间接触不良等。

（2）对于离心开关断路故障，可用万用表测量辅助绕组引出线端的电阻。正常时辅助绕组的电阻通常约为几百欧左右。如果测得的电阻值过大，则就说明起动回路有断路故障。进一步可拆开电动机的端盖，用万用表直接测量辅助绕组的电阻，如测得的电阻正常，则就说明离心开关有断路故障。对此，应查明原因找出故障点，并进行修理。

实训 2　电容器的检修

各种电容器一般不宜在电动机检修现场拆开进行修理，电容器检修的主要内容是进行故障检测及对损坏的电容器进行更换。

单相异步电动机所采用的电容器有纸介电容器、油浸电容器和电解电容器几种，它们都是用金属（例如铝）箔夹上绝缘层卷成。纸介电容器的绝缘层是蜡纸；油浸电容器的绝缘纸用绝缘油浸过，使用时，金属箔及绝缘纸均浸在油内，以增加绝缘强度和散热；电解电容器的绝缘层采用电解液浸过的纱布，制造时，把铝箔和纱布一起卷起来装到一个铝管内。电解电容的出线标有“+”、“-”极性，它一般不宜长期还行，故不适用于电容运转电动机。

1. 电容器损坏以后常见故障的典型特征

（1）单相异步电动机加上 220V 的额定电压后，电动机不能起动，如检查接线和熔断器良好，电动机正常，则故障多为电容器损坏引起的。

（2）单相电动机在使用时，若发现转速降低，则多是由于电容器被击穿或容量值减小造成的。

（3）单相异步电动机在使用过程中，若发现带较大负载时有带不动的现象，则该故障多是因电容器损坏以后，电动机的转矩严重下降引起的。

（4）电容器损坏以后，还会引起电动机发出“嗡嗡”的噪声。

2. 电容器故障的原因　电容器的故障可能是过电压击穿、长期使用中受潮自然失效等。在电动机运行中，会遇到很多过电压，如电源过电压、电动机通、断电造成的过电压等。这些场合下，电容器的绝缘就可能击穿失效。电容器长期使用中，如果保养不善或工作环境条件差，也会使出线端霉烂而造成失效。对电解电容器来说，还会因使用期限过长而使电容量逐渐变小而自然失效。这些情况下，都需及时查出电容器的故障，加以处理或更换。

3. 电容器故障的检查方法　对怀疑有故障的电容器，可通过以下步骤进行检查。

（1）判断电容是否有击穿、接地、开路或严重泄漏故障。把万用表拨至 ×10k 或 ×1k 挡，用螺钉旋具或导线短接电容器两接线端进行放电后，把万用表两表笔接电容器两出线端。表针摆动可能为以下情况：

1）指针先大幅度摆向电阻零位，然后慢慢返回表面数百千欧位置，说明电容器完好。

2）指针不动，说明电容器有开路故障。

3）指针摆到电阻零位后不返回，说明电容器内部已击穿短路。

4）指针摆到刻度盘上某较小阻值处，不再返回，说明电容器泄漏电流较大。

5）指针能正常摆动和返回，但第一次摆幅小，说明电容器容量已减小。

6）把万用表拨至×100 挡，用表笔测电容器两接线端对地电阻，若指示为零，说明电容器已接地。

（2）测定电容器的容量。在单相异步电动机检测中，一般使用图 6-39 所示的电容器容量的测量电路来测定电容值。图中，电容器接入 220V 交流电路，用电流表、电压表测电容器两端电压和流过电容器的电流。

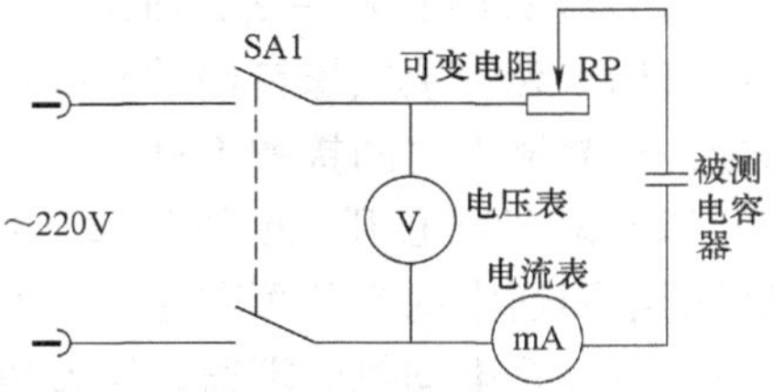

图 6-39　电容器容量的测量

测量时，为防止电容器短路时损坏毫安表，应将可变电阻器 RP 置于电阻最大位置，然后再接通电源，观察毫安表。当表针指示正常时，再逐渐减小 RP 的电阻值直至为零，并记下电压表和毫安表的指示值。根据测得的电压、电流值，可算得电容值为

$$C = \frac{I \times 10^6}{2\pi f U}$$

式中　C——电容器的电容量（μF）；

I——电流值（A）；

f——交流电源频率（Hz）；

U——交流电源电压（V）。

如果测出电容量比电容器标称容量低 20% 以上，则电容器已失效，应予以更换。

（3）电容器的简便测试。在检修现场没有适当仪表时，可对电容器进行简便测试。

1）可把电容器两端串入直流白炽灯电路。若电容器完好，则刚接入时灯应最亮，随着充电电流减小，灯逐渐变暗直至熄灭；电容器击穿，灯会一直亮；电容器断路则灯一直不亮。

2）将电容器的两引脚短时间（1～2s）直接接触单相交流电源，然后立即脱离电源。但应注意通电时间要尽量短，如果超过 4s，就有可能烧毁电容器。用螺钉旋具或导线（但应注意不要用手碰导线，以免发生危险）将电容器的两引线短接：如果有火花放电，则说明电容器良好；如果没有火花或火花很小，则说明电容器已损坏或电容量已明显减小，应重换新件。

3）对接壳（接地）的电容，可用交流白炽灯电路与它的外壳和一端钮串联，若灯亮，则说明电容接壳。

4）用眼观察电容器的外表面，如发现有鼓包、变形等现象时，说明其可能已损坏。在检修时，如果无法判断电容器的好坏，则可用一只耐压足够、电容量相同或相近的电容器替换原来的电容器，如果故障消失，则表明是电容器故障，然后换上电容量、耐压相同的电容器。

实训 3　单相绕组匝间短路的检修

导致单相电动机绕组匝间短路的原因较多，当其损坏程度不同时，检修的方法也不一样。

（1）电动机不能运行，打开端盖可闻到浓浓的焦糊味，主绕组或者辅绕组的部分线圈已经烧坏，严重者甚至主、辅绕组的全部线圈烧坏变黑。对此应更换或重新绕制电动机的主

绕组或者辅助绕组，或者是主、辅绕组的线圈。

（2）电动机不能运行，绕组中只有一个线圈烧坏变黑，其他线圈未受损。通常可用直观检查法来进行判断，即看线圈的漆包线颜色是否因受热而改变，一般由金黄色变成黑色即为绝缘损坏。小心取下已损坏的线圈，测量其线径（取一段漆包线，用打火机烧一下脱去绝缘，因为这样测量的外径才准确）。数准匝数，根据原线圈的大小，重新绕制一个新线圈嵌上即可。

（3）电动机在去掉负载后还能转动，只是转速变慢或转动无力，且转动时有打火花现象，并伴有轻微糊味（应立即停机，否则会造成绕组损坏更加严重）。查线圈表面只是一处轻微损坏，有焦痕，线圈其他地方完好，仔细观察此处已成了“裸线”。

用家用电吹风机（功率要大于 500W，开关挡旋至强热风挡），近距离对着受损的线圈吹热风，线圈开始慢慢软化，然后用竹片做的小刀仔细地把受伤的线挑起来，与其他漆包线分开（注意不要把线挑断）并涂上绝缘清漆，使“裸线”变成绝缘漆包线，对线圈的受伤部位也涂上绝缘清漆，以增强抗潮湿的能力，然后用烘箱或电炉烘干即可，最后整形、装配、试运行。

实训 4　单相定子绕组手绕法和束绕法重绕工艺

与三相异步电动机绕组相比，单相异步电动机绕组匝数较少，槽满率较低，故它常采用比三相异步电动机更简单的嵌线工艺。实用中，单相异步电动机绕组的重绕，除采用与三相异步电动机相同的模绕法外，还常采用手绕法和束绕法。

1. 手绕法　用手工把各绕组的导体一匝一匝地逐次放入槽中的嵌线法。这种方法适用于主绕组或辅助绕组的局部更换，特别是对分布的罩极线组，采用此方法简单易行，效果较好。图 6-40 所示为手绕法的工艺步骤。图中可见，先逐匝绕制同心式绕组的最里边一圈（小圈），绕到规定匝数后，再绕中线圈和大线圈。绕制时，应在同心绕组的中部空槽（图中小线圈包围的 2 个空槽）内装入适当大小的木条（木栓），如图 6-41 所示。手绕时，每一匝都应在木条下绕过。木条一方面使导线在手绕时不致滑出，同时起到固定端部和限制端部尺寸的作用。

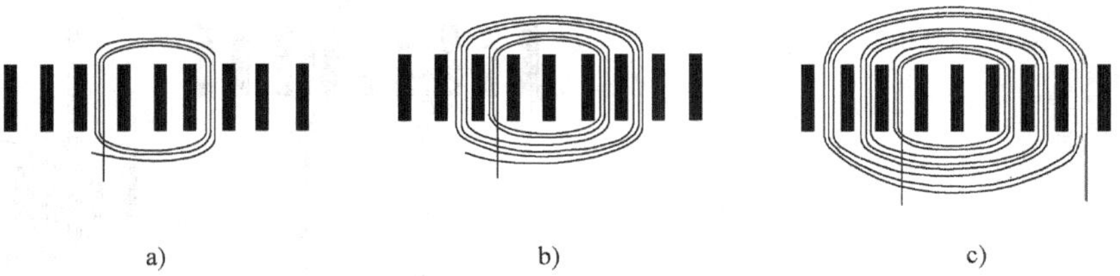

图 6-40　手绕法的工艺步骤
a）从小线圈开始　b）绕制中线圈　c）全部绕完

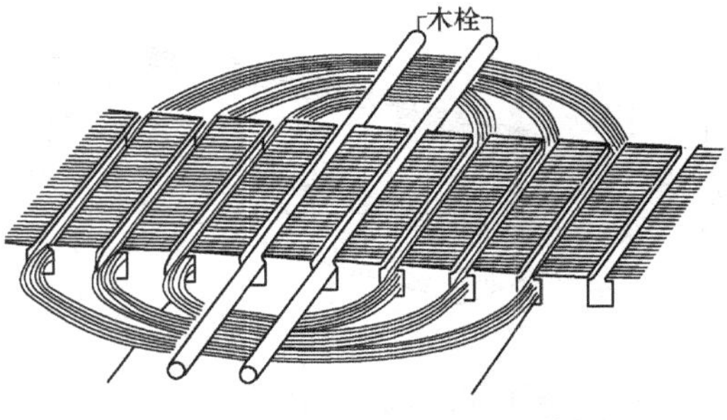

图 6-41　手绕时用木栓压牢线圈

2. 束绕法　这种绕法主要用于匝数较少的辅助绕组。它是把同心式线圈组几个线圈的全部导体预先绕成一束（一个线圈），然后通过端部扭转嵌到槽内，工艺步骤如下。

首先用一根较粗的导线如图 6-42a 所示绕在槽内。绕线时应注意在端部留下适当的空隙，以免正式嵌线时端部太挤。然后，把导线端头拧在一起，取出展开为图 6-42b 所示的长方形。

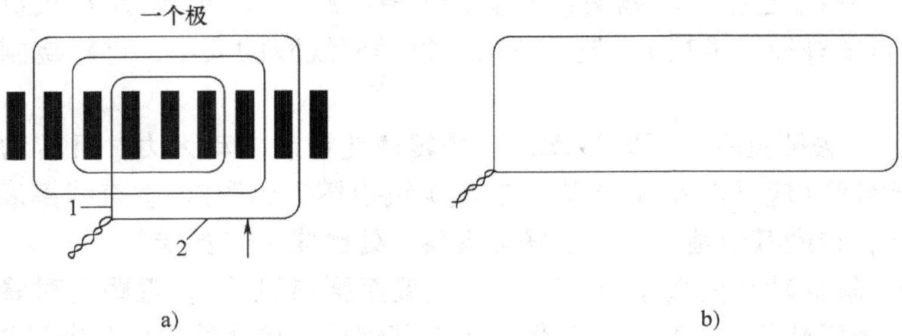

图 6-42　确定束绕线圈的大小

a）一根粗导线槽内试绕　b）展开成长方形

以此长方形尺寸为基础，在木板上钉 4 颗钉子，并以这 4 颗钉子为模绕出束绕用的线圈，如图 6-43 所示。

线圈绕好后，用绝缘带在适当的地方捆紧，然后拔出钉子，取出束绕线圈。线圈嵌入槽内的工艺步骤如图 6-44 所示。先把线圈嵌入小线圈的槽内，把余下部分扭转后嵌入中线圈槽内，再扭转后嵌入大线圈槽内，即完成了嵌线。

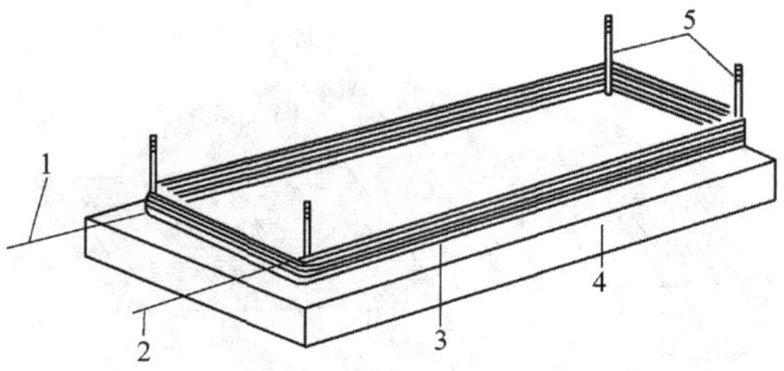

图 6-43　绕成束绕线圈

1—起端　2—末端　3—所需匝数

4—木块　5—钉

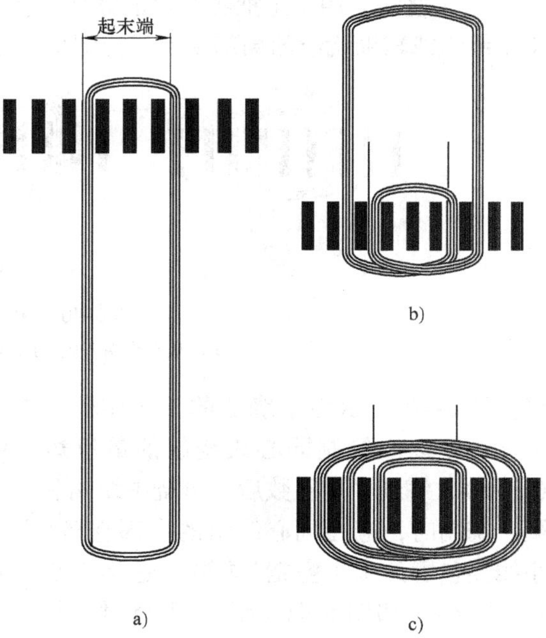

图 6-44　线圈嵌入槽内的工艺步骤

a）放入小线圈槽内　b）扭转后放入中线圈槽内

c）再扭转后放入大线圈槽内

束绕法嵌线方便、迅速，但各槽内导体数相等，不能绕成正弦绕组。不过，如果把某槽内多嵌一次（例如图 6-44b 步骤后经扭转再嵌入中线圈槽一次，然后才扭转嵌入大线圈槽内），也可成倍地增加该槽匝数，使磁动势波形得到一定改善。但采用这种方法时，应通过计算或查表，在某槽匝数与其余槽匝数成整倍数时采用，才会达到良好的效果。

思考与分析

（1）离心开关有哪些常见故障？故障原因是什么？怎样检查？

（2）单相异步电动机的电容器损坏常见有哪些故障？怎样快速进行检查判断？

（3）试述单相异步电动机定子绕组修复时所采用的手绕法和束绕法的工艺步骤。

第 7 章　电力拖动系统中一些问题的讨论

学习目标

1. 知道电力拖动系统的组成及电动机在其中的作用。
2. 掌握生产机械的三种典型负载特性。
3. 掌握电力拖动系统稳定运行的条件及影响因素。
4. 明确电动机充分利用的含义。
5. 了解负载类型与电动机调速方式之间的理想配合。
6. 了解传动装置的作用及机械调速与电动机调速的区别。
7. 清楚电动机发热对其输出的影响。
8. 了解电动机选择的一般原则及其功率的选择方法。

电力拖动系统就是电动机带动生产机械运动(大多数为旋转运动)的系统。主要由电动机、生产机械、传动机构和控制系统构成，如图 7-1 所示。

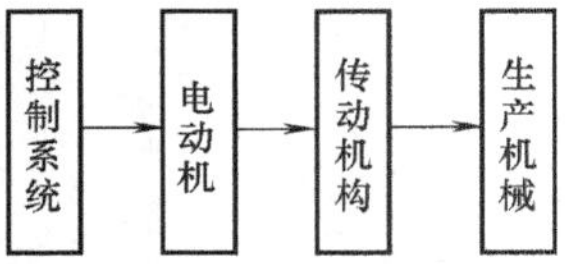

图 7-1　拖动系统的构成

(1) 电动机及其控制系统：电动机是拖动生产机械的原动力；控制系统主要包括控制电动机的起动、调速、制动等相关环节的设备和电路。

(2) 传动机构：是用来将电动机的机械能传递给生产机械的装置。在大多数情况下，传动机构是一种减速装置，有时也能在一定范围内进行调速。常见的传动机构如带和带轮、齿轮变速箱、蜗轮与蜗杆、联轴器等。

(3) 生产机械：是拖动系统的工作对象，也是电动机的负载，如鼓风机、水泵、起重机械、机床等。对拖动系统工作情况的评价，将首先取决于生产机械的控制要求是否得到了充分满足。

7.1　生产机械的负载特性

负载的机械特性也称为负载转矩特性，简称负载特性。由于电动机和生产机械是紧密相连的，它们的机械特性必须适当配合，才能获得良好的工作状态。因此除了研究电动机的特性外，还需要了解生产机械的负载特性。

任何机械在运行过程中，都有阻碍运动的力或转矩，称为阻力或阻转矩。负载转矩在大多数情况下，都呈阻转矩性质。生产机械特性的类别很多，主要有以下几种。

7.1.1　恒转矩负载

所谓恒转矩负载，是指生产机械的负载转矩 T_L 的大小与转速 n 无关，即无论转速 n 如何变化，负载转矩 T_L 的大小都保持不变。根据负载转矩的方向是否与转向有关，恒转矩负载又分为反抗性恒转矩负载和位能性恒转矩负载两种。

1. 反抗性恒转矩负载　反抗性恒转矩负载的特点是负载转矩的大小恒定不变，而方向总是与转速的方向相反，即总是为反抗运动的阻转矩。显然，反抗性恒转矩负载特性在第Ⅰ和第Ⅲ象限内，如图 7-2 所示。带传输机、轧钢机、机床的刀架平移和行走机构等由摩擦力产生转矩的机械都属于反抗性恒转矩负载。带传输机的工作原理如图 7-3 所示。

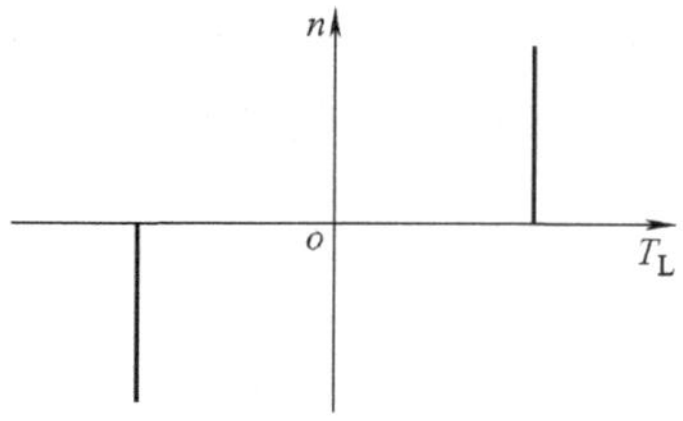

图 7-2　反抗性恒转矩负载特性

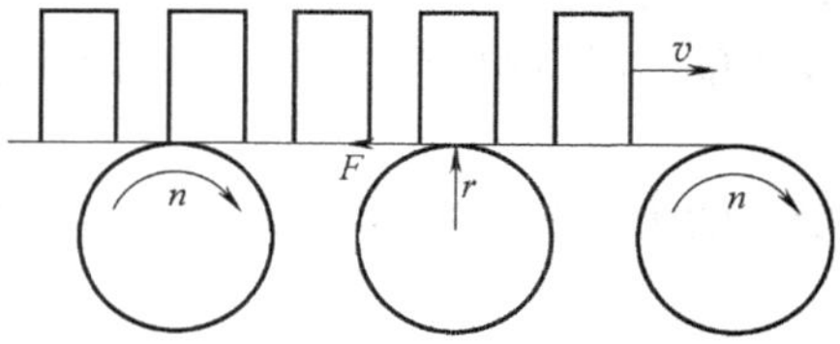

图 7-3　带传输机的工作原理

负载阻转矩 T_L 为

$$T_L = Fr \tag{7-1}$$

式中　T_L——负载转矩(N · m)；

F——带与滚筒间的摩擦阻力(N)；

r——滚筒的半径(m)。

由于 F 和 r 都与转速的快慢无关，在调节转速 n 的过程中负载的阻转矩保持不变，即具有恒转矩的特点，如图 7-4a 所示。根据公式 $P_L = T_L n/9550$ 可知，负载功率与转速成正比，如图 7-4b 所示。

① **注意**：这里所说的转矩大小是否变化，是相对于转速变化而言的，不能和负载轻重变化时转矩大小的变化相混淆。或者说，“恒转矩”负载的特点是：负载转矩的大小，仅仅取决于负载的轻重，而与转速无关。拿带传输机来说，当传输带上的物品较多时，不论转速有多高，负载转矩都较大；而当传输带上的物品较少时，也不论转速有多高，负载转矩都较小。

2. 位能性恒转矩负载　位能性恒转矩特性是由拖动系统中某些具有位能的部件(如起重类型负载中的重物)造成的，其特点是：不仅负载转矩的大小恒定不变，而且其方向也不变。例如起重机，无论是提升重物还是下放重物，由物体重力所产生的负载转矩的方向是不变的。因此，位能性恒转矩负载特性位于第Ⅰ与第Ⅳ象限内，如图 7-5 所示。

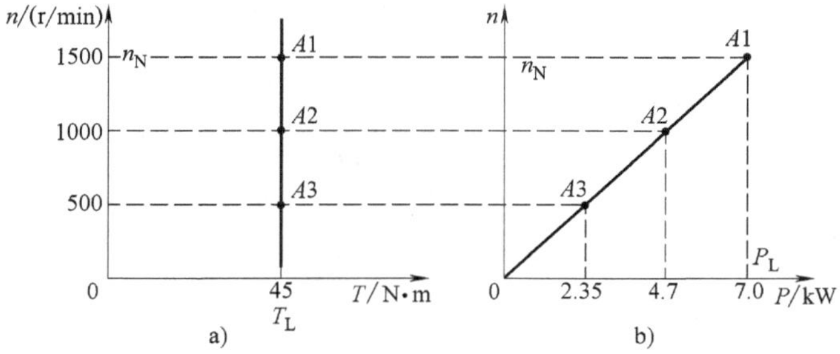

图 7-4　反抗性恒转矩负载的特性

a) 机械特性　b) 功率特性

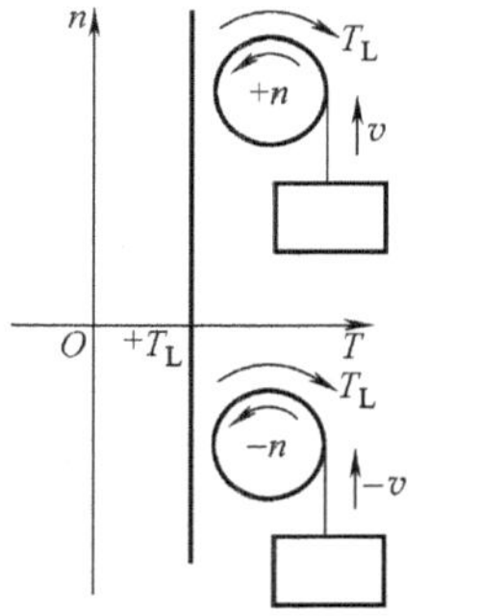

图 7-5　位能性恒转矩负载特性

7.1.2　恒功率负载

恒功率负载是指在转速变化的过程中，功率基本不变。某些生产工艺过程要求具有恒功率负载特性。例如车床的切削、粗加工时需要较大的吃刀量和较低的转速，精加工时需要较小的吃刀量和较高的转速；又如轧钢机轧制钢板时，小工件需要高速度、小转矩，大工件需要低速度、大转矩，这些工艺要求都需要利用恒功率负载特性。各种薄膜的卷取机械是恒功率负载的典型例子之一，如图 7-6 所示。

其工作特点是：薄膜在卷取过程中，要求被卷物的张力 $\boldsymbol{F}$ 必须保持恒定，其基本手段是使线速度 v 保持恒定。所以，在不同的转速下，负载的功率基本恒定，即

$$P_L = Fv = \text{const} \tag{7-2}$$

负载功率的大小与转速的高低无关，如图 7-7b 所示。

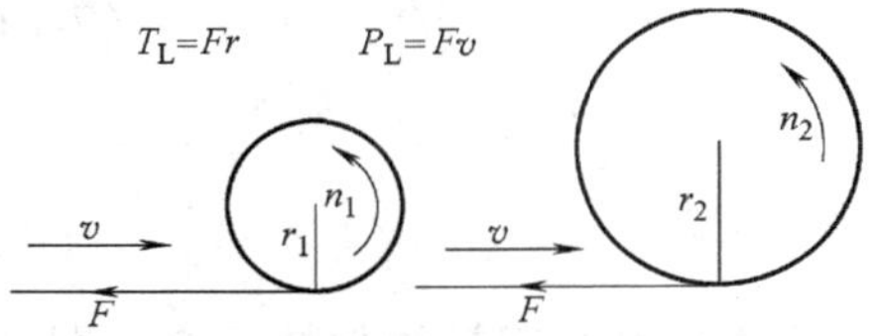

图 7-6 薄膜卷取机械示意图

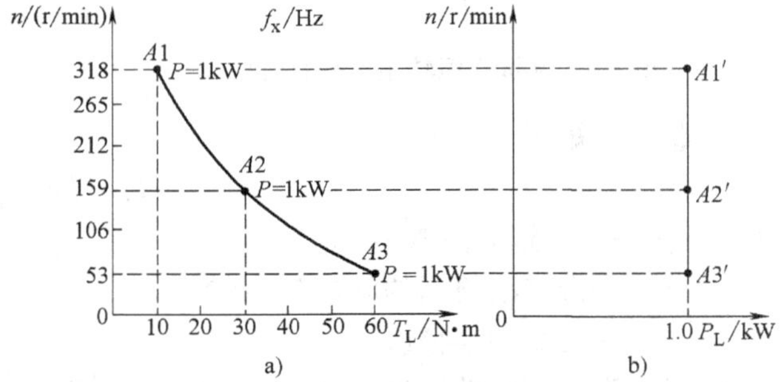

图 7-7 恒功率负载的特性

a) 机械特性 b) 功率特性

如果卷取物的张力为 $\boldsymbol{F}$，卷取物的卷取半径为 r，则负载转矩的大小 $T_L = Fr$。很明显，随着卷取物不断地卷绕到卷取辊上，卷取半径 r 将越来越大，负载转矩也随之增大。另一方面，由于要求线速度 v 保持恒定，故随着卷取半径 r 的不断增大，转速 n 必将不断减小，根据 $P_L = T_L n/9550$ 可知，负载阻转矩的大小与转速成反比，如图 7-7a 所示。

7.1.3 二次方律负载

这类负载大多以使流体(气体或液体)获得一定的流量为目的，典型实例是离心式风机和水泵，如图 7-8a 所示。其负载的阻转矩 T_L 与转速 n 的二次方成正比(见图 7-8b)，即

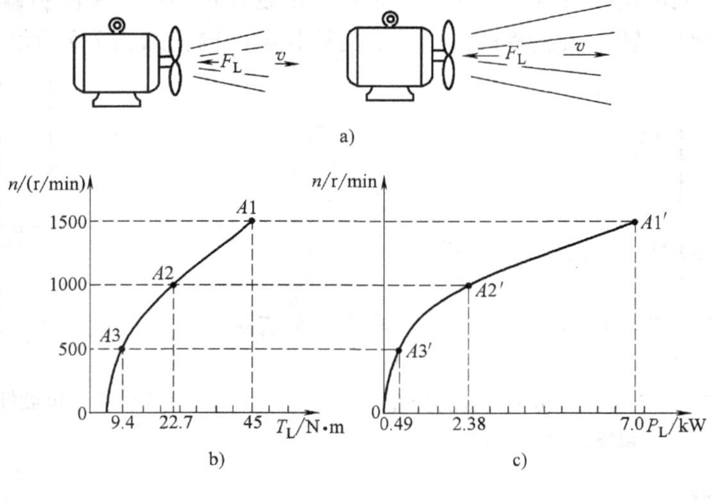

图 7-8 二次方律负载及其特性

a) 风扇叶片 b) 机械特性 c) 功率特性

$$T_L = K_T n^2 \tag{7-3}$$

式中　K_T——二次方律负载的转矩常数。

负载的功率 P_L 与转速 n 的三次方成正比(见图 7-8c)，即

$$P_L = \frac{K_T n^2 n}{9550} = K_P n^3 \tag{7-4}$$

式中　K_P——二次方律负载的功率常数。

以上介绍的恒转矩负载特性、恒功率负载特性及二次方律负载特性都是从实际各种负载中概括出来的典型负载特性。实际生产机械的负载特性可能是以某种特性为主，或是以上几种典型特性的结合。例如，实际通风机除了主要是二次方律负载特性外，由于其轴承上还有一定的摩擦转矩 T_0 和功率损耗 P_0，因而实际通风机的负载特性应为

$$T_L = T_0 + K_T n^2 \tag{7-5}$$

功率表达式为

$$P = P_0 + K_P n^3 \tag{7-6}$$

思考与分析

(1) 什么是电力拖动系统？它包括哪几部分？各起什么作用？

(2) 什么叫负载转矩特性？典型的负载转矩特性有哪几种，各有什么特点？试画出其转矩特性曲线。

7.2　电力拖动系统运行的稳定性

7.2.1　电力拖动系统的运动方程

电力拖动系统的运动方程式描述了系统的运动状态，表示原动机转轴上各种转矩之间平衡关系。在图 7-9 所示的电动机单轴拖动系统中，电动机的电磁转矩 T(通常与转速 n 同方向)是驱动性质的转矩，生产机械的转矩(即负载转矩) T_L 通常是制动性质的。如果忽略电动机的空载转矩 T_0，根据牛顿第二定律可知，拖动系统旋转时的运动方程式为

$$T - T_L = \frac{GD^2}{375}\frac{dn}{dt} \tag{7-7}$$

式中　T——电磁转矩(N·m)；

T_L——生产机械的阻转矩(N·m)；

GD^2——物体的飞轮力矩(N·m^2)，它是电动机飞轮力矩和生产机械飞轮力矩之和，为一个整体物理量，反映了转动体惯性的大小。电动机和生产机械各旋转部分的飞轮力矩可在相应的产品目录中查到。

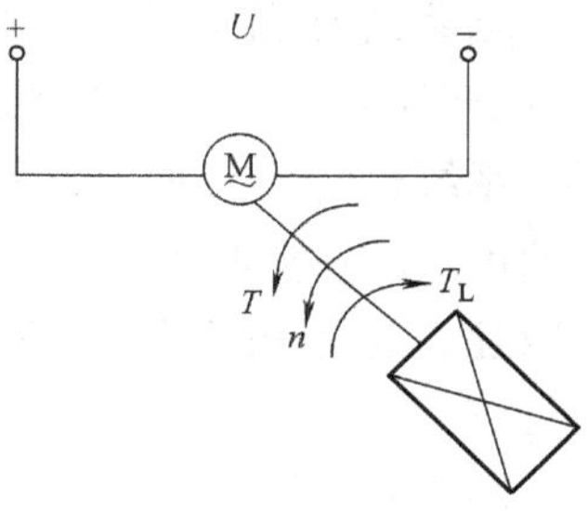

图 7-9　电动机单轴拖动系统

由式(7-7)可知，系统的旋转运动可分三种状态：

1) 当 $T > T_L$，$\frac{dn}{dt} > 0$ 时，系统处于加速运行状态，即处于瞬态过程；

2) 当 $T < T_L$，$\frac{dn}{dt} < 0$ 时，系统处于减速运行状态，也处于

瞬态过程；

3）当 $T=T_L$，$\frac{dn}{dt}=0$ 时，$n=0$ 或 $n=C$（C 为常数），系统处于静止或恒转速运行状态，即处于稳态。

可见，当 $\frac{dn}{dt}\neq0$ 时，系统处于加速或减速运行状态，为瞬态，所以常把 $\frac{GD^2}{375}\frac{dn}{dt}$ 或 $(T-T_L)$ 称为动态转矩，而 T_L 称为静态负载转矩，运动方程式(7-7)就是动态的转矩平衡方程式。

由上面的分析，可以得出以下结论：

电力拖动系统拖动生产机械稳定运行时，电动机输出转矩的大小由负载转矩的大小决定，并且与之相等。

7.2.2 电力拖动系统稳定运行的条件

若有一电力拖动系统，原来在某一转速下运行，由于受到外界某种扰动，如负载的突然变化或电网电压的波动等，导致系统的转速发生变化而偏离了原来的平衡状态后，如果系统能在新的条件下达到新的平衡状态，或者当外界扰动消失后能自动恢复到原来的转速下继续运行，则称该系统是稳定的；如果当外界扰动消失后系统的转速无限制地上升或一直下降至零，则称该系统是不稳定的。

一个电力拖动系统能否稳定运行，是由电动机机械特性和负载转矩特性的配合情况决定的。图 7-10 给出了恒转矩负载特性和电动机两种不同机械特性的配合情况。

由运动方程式可知，系统处于恒转速运行的条件是电磁转矩 T 与负载转矩 T_L 相等，因此在图 7-10 中，电动机机械特性和负载转矩特性的交点 A 或 B 是系统运行的工作点，在 A 或 B 点处均满足 $T=T_L$，且均具有恒定的转速 n_A 或 n_B。但当出现扰动时，A 点和 B 点的运行情况是有区别的。

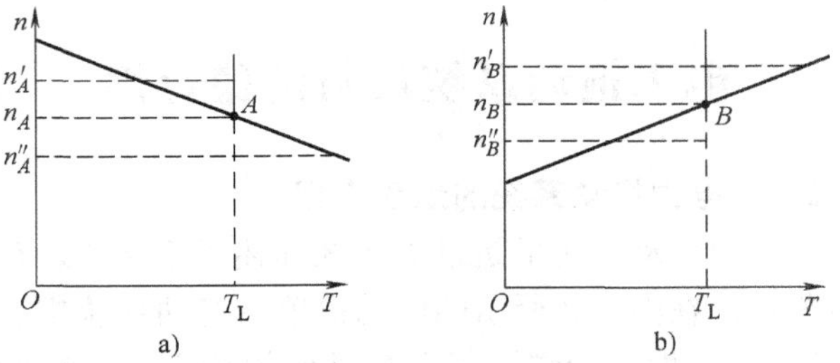

图 7-10 电力拖动系统稳定运行的条件
a）稳定动行 b）不稳定运行

当系统在图 7-10a 中的 A 点运行时，若扰动使转速获得一个微小的增量，则转速由 n_A 上升到 n'_A，此时电磁转矩小于负载转矩，因此在扰动消失后，系统将减速，直至回到 A 点运行。若扰动使转速由 n_A 下降到 n''_A，此时电磁转矩大于负载转矩，因此在扰动消失后，系统将加速，直至回到 A 点运行。可见，A 点是系统的稳定运行点。

当系统在图 7-10b 中的 B 点运行时，若扰动使转速由 n_B 上升到 n'_B，这时电磁转矩大于负载转矩，即使扰动消失了，系统也将一直加速，不可能回到 B 点运行。若扰动使转速由 n_B 下降到 n''_B，则电磁转矩小于负载转矩，系统将一直减速，也不可能回到 B 点运行。因此，B 点是不稳定运行点。

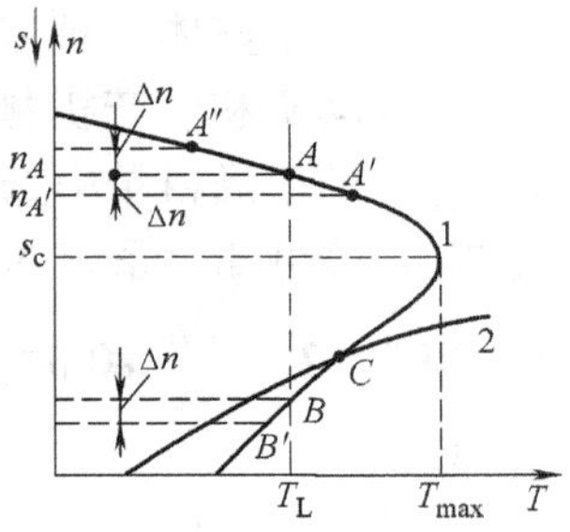

图 7-11 拖动系统运行的稳定性

图 7-11 所示 1 为恒转矩负载特性曲线，2 为风机类负载特性曲线，负载特性与电动机机械特性相交于 A、B 和 C 三

点，都满足转矩平衡关系，$T=T_L$。

若系统原在 A 点恒速运行，现受外界干扰使系统减速 Δn，则工作点应变到 A'点，此后外界干扰消失。由于机械惯性，系统转速仍为 $n_{A'}$ 未变，对应 A'点电动机产生的电磁转矩 $T_{A'}>T_L$，使系统加速，工作点从 A'向 A 靠近，直到 A 点，$T_A=T_L$，系统自动恢复到原工作状态。同理，若外干扰使系统加速 Δn，类似分析可证明，当外界干扰消失后，系统又会自动恢复到 A 点平衡状态，因此说 A 点是稳定工作点。

同理分析 B 点情况。若外界干扰使系统减速 Δn，工作点将变为 B'点，外界干扰消失后，因 $T_{B'}<T_L$，系统将继续减速，直至停转；若外界干扰使系统加速 Δn，可证明工作点将最终移到 A 点，当外界干扰消失后，不能自动恢复到 B 点工作，说明 B 点不是稳定运行点。

分析 C 点情况发现，由于风机负载为二次方律特性，若外界干扰使系统减速 Δn 时，$T>T_L$；加速 Δn 时，$T<T_L$。当外界干扰消失后，系统又会自动恢复到 C 点平衡状态，因此说 C 点是稳定工作点。需要说明的是，风机类负载虽然在 C 点能稳定运行，但转速太低、损耗大、效率低，工作并不理想。

通过以上分析可知，电力拖动系统的工作点在电动机机械特性与负载特性的交点上，但并非所有的交点都是稳定工作点。也就是说，$T=T_L$ 仅仅是系统稳定运行的一个必要条件，而不是充要条件。要实现稳定运行，还需要电动机机械特性与负载转矩特性在交点 $T=T_L$ 处配合得好。电力拖动系统稳定运行的充分必要条件是：

（1）必要条件：电动机的机械特性与负载的转矩特性必须有交点，即 $T=T_L$。

（2）充分条件：在交点 $T=T_L$ 转速以上存在 $T<T_L$，而在交点的转速以下存在 $T>T_L$。

由于大多数负载转矩都随转速的升高而增大或者保持恒定，因而只要电动机具有下降的机械特性，就能满足稳定运行的条件。

应当指出，上述电力拖动系统的稳定运行条件无论对直流电动机还是交流电动机都是适用的，具有普遍的意义。

7.2.3　稳定工作点的转移

1. 稳定工作点转移的意义　当 $T-T_L=$常数时，系统处于匀加速或匀减速运动状态，其加速度或减速度与飞轮力矩 GD^2 成反比：GD^2 越大，系统惯性越大，转速变化就越小，系统稳定性好，灵敏度低；惯性越小，转速变化越大，系统稳定性差，灵敏度高。

图 7-12 中，曲线 1 为异步电动机的机械特性，曲线 2 为负载的机械特性。起动初 $n=0$，$T_{st}>T_{L0}$，系统可以起动。由图可见，在整个起动过程中，电磁转矩 T 大于负载转矩 T_L，所以系统加速；当到达二条曲线交点 A 时，T 与 T_L 相平衡，系统稳速运行(不考虑机电过渡过程)。

可见，电动机带负载起动时，首先应有加速转矩$(T-T_L)>0$，并且加速转矩越大，起动过程所需时间越短。通过对稳定工作点的分析可以知道，对于有冲击性负载的拖动系统，当冲击性负载到来时，如果能使电动机的转速降低很多，拖动系统(特别是带飞轮装置的)可以放出更多的动能来帮助电动机共同克服负载的冲击性，电动机的机械特性软一些就能满足这样的要求。而对于恒定的负载来说，这样的机械特性应当硬一些，以减小速度的变化。

2. 负载变化时工作点的转移　如图 7-13 所示，假设负载为恒转矩负载，机械特性是曲线 2，负载转矩等于 T_L，拖动系统在 Q 点稳定运行，转速为 n_Q。

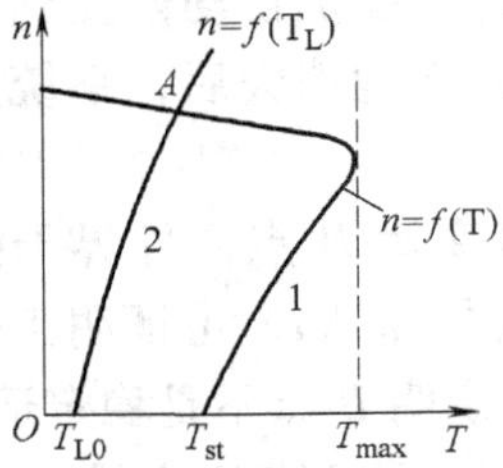

图 7-12　异步电动机的起动与稳定

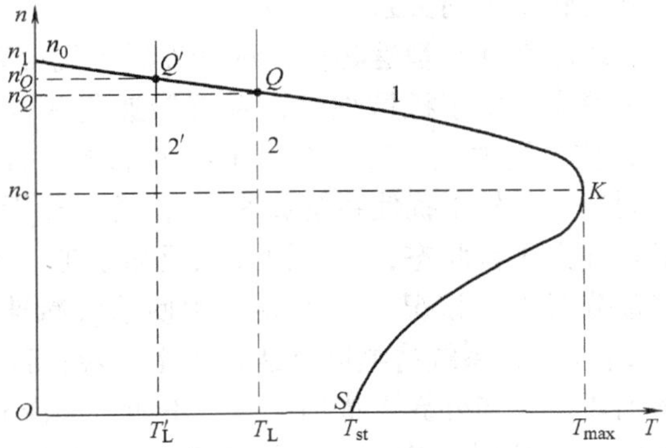

图 7-13　负载变化时的工作点

现负载转矩减小为 T'_L，负载的机械特性移至曲线 2′，在 T'_L刚减小的瞬间，电动机转矩 T 不变，故有 $T>T'_L$，拖动系统转速上升。由电动机的机械特性可知，随着转速的上升，电动机的转矩 T 将减小，拖动系统的工作点将顺着曲线 1 向 Q'移动。当到达 Q'点时，电动机的电磁转矩 T'又和负载转矩 T'_L相等，拖动系统将在转速 n'_Q下稳定运行，拖动系统的工作点移到了 Q'点，这时转速已经上升了。

由于电动机的机械特性并未发生变化，从电动机的角度看，工作点的转移是在同一条机械特性曲线上进行的。由于负载转矩的变化是在生产过程中自然发生的，其工作点的转移也并非人工干预的结果，由此而引起转速的变化为自然速度变化。

3. 电动机参数变化时工作点的转移　当人为地改变电动机的参数时，电动机的机械特性曲线必将改变。现以异步电动机加大转子回路电阻为例说明工作点的转移过程。

如图 7-14 所示，曲线 1 为异步电动机的固有机械特性，曲线 3 为负载的机械特性，负载转矩为 T_L，工作点为 Q_1，拖动系统的转速为 n_{Q_1}。

现在转子电路中加入电阻，电动机的机械特性立即由曲线 1 改变为曲线 2，在刚改变的瞬间，由于拖动系统具有惯性，其转速仍保持 n_{Q_1}。因此，拖动系统的工作点将立即从曲线 1 上的 Q_1 点跳变到曲线 2 上的 Q'点，电动机的转矩减小为 T'，并导致 $T'<T_L$，故转速迅速下降，拖动系统的工作点顺着曲线 2 下移至 Q_2 点时，电动机的转矩又和负载转矩相等，拖动系统重新稳定运行，但转速已下降为 n_{Q_2}。

这里，电动机参数的改变是人工干预的结果，是人们根据生产的需要进行调节的结果，这种情况下转速的变化，称为转速调节，即调速。

转速调节和自然速度变化的相同点是：转速都因原有的转矩平衡关系被破坏而发生了变化。不同点是二者的起因不同：前者是人为地改变电动机参数的结果，而后者是负载变化的结果。由于在电力拖动系统里，通常是以分析电动机的机械特性为主，所以，从机械特性的角度看，调节转速时工作点在不同的机械特性之间进行转移；而负载变化时，工作点是在同一条机械特性上转移的。

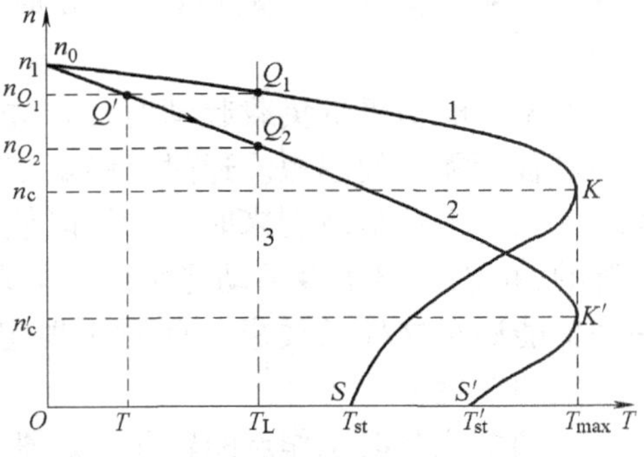

图 7-14　改变转子电阻时的工作点

思考与分析

(1) 试用运动方程式说明系统处于静止、恒速旋转、加速、减速等各种工作状态的条件是什么。

(2) 怎样判断运动系统是处于瞬态还是处于稳态?

(3) 电力拖动系统稳定运行的充分必要条件是什么?

(4) 造成工作点转移的因素有几种? 各是什么?

7.3　电动机调速时的功率和转矩问题

7.3.1　电动机允许输出与充分利用的概念

电动机运行时，实际输出转矩是由负载决定的。电动机的允许输出是指电动机在某一转速下长期可靠工作时所能输出的最大转矩和功率。允许输出的大小取决于电动机的发热程度，而电动机发热主要决定于电动机绕组电流的大小。因此，在一定的转速下，对应额定电流时的输出转矩和功率便是电动机的允许输出。

所谓电动机的充分利用，是指在一定的转速下，电动机的实际输出转矩和功率达到了它的允许输出值，即电动机电流为额定值。

显然，在大于额定电流下工作的电动机，其实际输出转矩和功率将超过其允许值，这时电动机将会因过热而烧坏；而在小于额定电流下工作的电动机，实际输出转矩和功率将小于其允许值，这时电动机便得不到充分利用而造成浪费。正确地使用电动机，应当使电动机既满足负载的要求，又得到充分利用，即保证电动机总是处于额定电流下工作。不调速的电动机通常都工作在额定状态，因此恒转速运行的电动机一般都能得到充分利用。但当电动机调速时，在不同的转速下电流能否总是保持为额定值，即能否在不同的转速下电动机都得到充分利用，这就需要进一步研究了。事实上，这个问题与调速方式和负载类型的配合有关。

7.3.2　恒转矩与恒功率调速方式

以电动机在不同转速下都能得到充分利用为条件，可以把电动机的调速分为恒转矩调速和恒功率调速两种方式。

1. 恒转矩调速　电动机按允许输出转矩不变进行调速，称恒转矩调速方式。

他励直流电动机在降低电枢电压调速时，磁通 $\Phi=\Phi_N$ 不变，因此允许输出转矩为 $T_{al}=C_T\Phi_N I_N=T_N=$ 常数，称恒转矩输出，此时允许输出的功率为

$$P_{al}=T_N\Omega=\frac{T_N n}{9550} \tag{7-8}$$

可见，对于恒转矩调速其电动机的允许输出功率与转速成正比。

2. 恒功率调速　电动机按允许输出功率不变进行调速，称恒功率调速方式。

他励直流电动机在弱磁调速时，$U=U_N$、$I_a=I_N$，则磁通 Φ 与转速 n 的关系为

$$\Phi=\frac{U_N-I_N R_a}{C_e n}$$

将该式代入 $T=C_T\Phi I_a$，则有

$$T=C_T\Phi I_a=\frac{C_T(U_N-I_N R_a)I_a}{C_e n} \tag{7-9}$$

将式(7-9)代入 $P=nT/9550$，得 $P=$常数。可见，在弱磁调速时，若调速前后电枢电流保持为恒定额定值，则允许输出转矩 T_{al}与转速 n 成反比，而允许输出功率为恒值。

7.3.3 调速方式与负载类型的配合

恒转矩调速和恒功率调速，是在保持电枢电流为额定值，对电动机的输出转矩和输出功率而言的。但是，当电动机调速时，在稳定运行情况下，电动机电枢电流的大小是由负载类型决定的，只有使某种调速方式与负载之间合理配合，才能使电动机得到充分的利用。所以实现恒转矩调速或恒功率调速的条件是电动机带恒转矩负载或恒功率负载，不能理解为降低电枢电压调速必定恒转矩输出，减弱磁通调速必是恒功率输出。

作为一种理想情况，调速运行的电动机，其实际输出的转矩和功率应按图 7-15 所示的规律变化，在整个调速范围内的不同转速上，电动机都能得到充分利用。由此，电动机的调速方式与负载的理想配合关系应按图 7-16 所示的规律变化。图中 T_{al}和 P_{al}分别为使电动机得到充分利用的允许转矩和功率，T_L 为负载转矩。

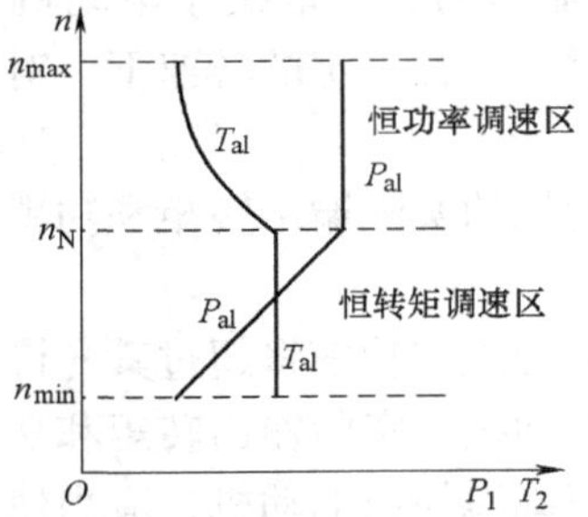

图 7-15 调速时的允许输出转矩和功率曲线

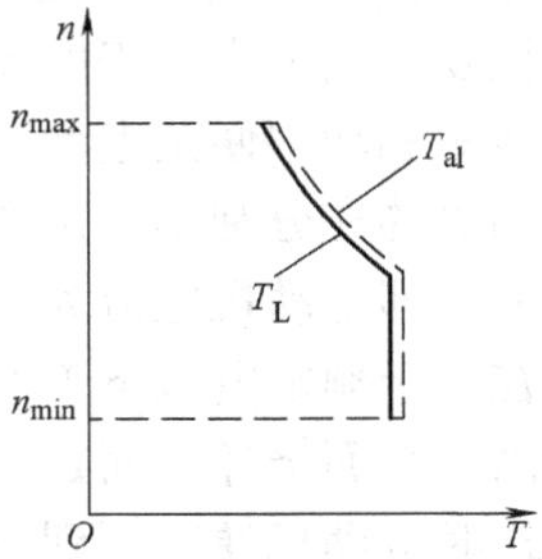

图 7-16 调速方式与负载的理想配合关系

1. 恒转矩负载配恒转矩调速方式 此时负载转矩 T_L 和电动机的允许输出转矩 T_{al}均为常数，负载功率和电动机的允许输出功率 P_{al}均与转速 n 成正比。因此，只要选择电动机的允许输出转矩 $T_{al}=T_N=T_L$，负载转矩特性与电动机的允许输出转矩特性就完全重合。这样，电动机既满足了负载的要求，又得到了充分的利用。因此恒转矩负载配恒转矩调速方式是一种理想的配合，如图 7-17a 所示。需要指出的是，此时电动机的额定转速为系统的最高转速。

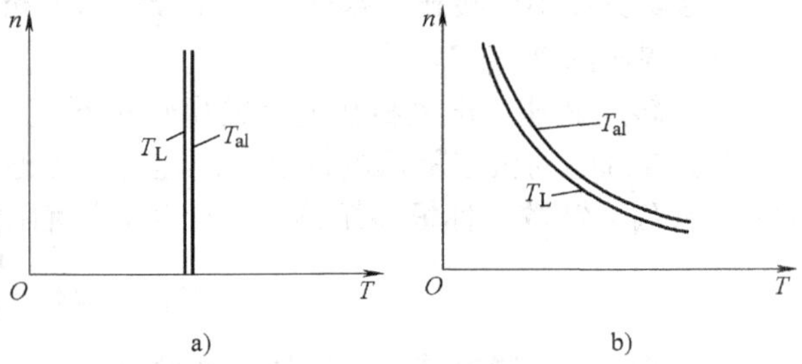

图 7-17 调速方式与负载类型的理想配合

a）恒转矩负载配恒转矩调速 b）恒功率负载配恒功率调速

2. 恒功率负载配恒功率调速方式 此时负载功率 P_L 和电动机的允许输出功率 P_{al}均为常数，负载转矩 T_L 和电动机的允许输出转矩 T_{al}均与转速 n 成反比。因此，只要选择电动机的允许输出功率(额定功率)与负载功率相等，则负载转矩特性也与电动机的允许输出转矩特性完全重合，这也是一种理想的配合，如图 7-17b 所示。恒功率调速时，转速是从额定转速往上调的，故电动机的额定转速为系统的最低转速。

3. 恒转矩负载配恒功率调速方式 此时的负载转矩特性与电动机的允许输出转矩特性不可能重合，为了满足负载转矩的需要，二者的特性配合只能如图 7-18a 所示，即使电动机允许输出转矩的最小值(此时转速最高)等于恒定的负载转矩。可见，恒转矩负载配恒功率调速方式时，只有在最高转速这一点上电动机才被充分利用，而低于最高转速时，电动机的实际输出小于允许输出，没有充分利用。

4. 恒功率负载配恒转矩调速方式　此时的负载转矩特性与电动机的允许输出转矩特性也是不可能重合的，二者的特性配合只能使电动机恒定的允许输出转矩等于变化的负载转矩的最大值(此时转速最低)，如图 7-18b 所示。可见，恒功率负载配恒转矩调速方式时，只有在最低转速时电动机才能被充分利用。

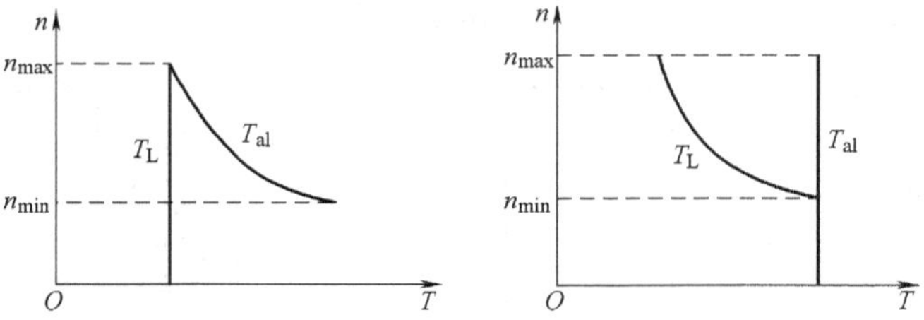

a)　　b)

图 7-18　调速方式与负载类型的不适当配合

a）恒转矩负载配恒功率调速　b）恒功率负载配恒转矩调速

5. 风机类负载与两种调速方式的配合　因为风机类负载转矩随转速 n 的升高而增大，为了使电动机在最高转速时(所需要的转矩最大)仍能满足负载的需要，应使 $T_{al}(n=n_{max})=T_L(n=n_{max})$，如图 7-19 所示。

只有在最高转速这一点上电动机才被充分利用，而在其他转速下均是 $T_L<T_{al}$，$P_L<P_{al}$，电动机得不到充分利用。风机类负载配恒转矩调速方式所造成的电动机容量浪费要比配恒功率调速方式小一些。

综上所述，为使电动机得到充分利用，恒转矩调速方式适合拖动转矩为额定值的恒转矩负载；恒功率调速方式适合拖动功率为额定值的恒功率负载。有些生产机械的负载特性在较低转速范围内具有恒转矩特性，而在较高转速范围内具有恒功率特性，这时，对直流电动机，可以选择在转速为额定转速 n_N 以下，采用降低电枢电压(或电枢回路串电阻)调速方式；在转速 n_N 以上，采用弱磁调速方式，从而获得较好的调速方式与负载的配合关系。

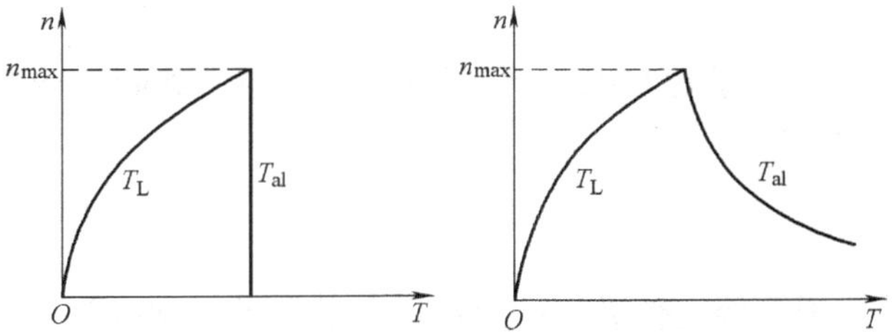

a)　　b)

图 7-19　风机类负载与两种调速方式的配合

a）与恒转矩调速配合　b）与恒功率调速配合

思考与分析

什么叫恒功率调速？什么叫恒转矩调速？他励直流电动机的三种调速方法各属于什么调速方式？

7.4 传动机构的作用

7.4.1 传动机构与传动比

1. 传动装置 在大多数电力拖动系统中，电动机和生产机械之间是通过传动机构（多数情况下是减速机构）相联的，常见的传动机构有联轴器、传动带、齿轮等，如图 7-20 所示。图中电动机 M 输出轴上的转矩和转速为 T_M、n_M；L 是负载，其输入轴上的转矩和转速为 T_L、n_L。因为负载转矩通常为阻转矩，故 T_L 的方向与 n_L 相反。

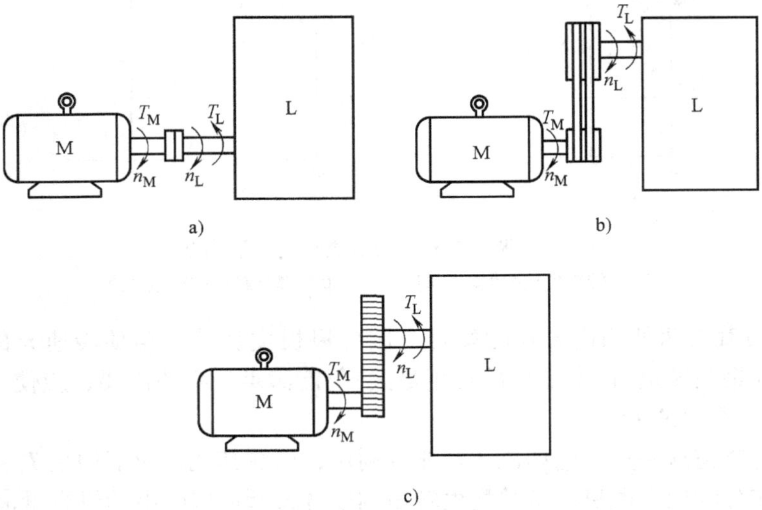

图 7-20 常见的传动机构

a）联轴器传动 b）带传动 c）齿轮传动

2. 传动比 电动机侧的转速 n_M 与负载侧的转速 n_L 之比，称为传动机构的传动比，用 λ 表示，即

$$\lambda=\frac{n_M}{n_L} \tag{7-10}$$

就是说，经过传动机构以后，负载侧的转速变为

$$n_L=\frac{n_M}{\lambda} \tag{7-11}$$

忽略传动机构中的功率损失，则传动机构输入（电动机）侧和输出（负载）侧的机械功率应该相等，即

$$P_M=\frac{T_M n_M}{9550}\approx\frac{T_L n_L}{9550}=P_L \tag{7-12}$$

式中 P_M——电动机的功率（kW）；

P_L——负载的功率（kW）。

所以，传动机构两侧的转矩是与转速成反比的，即

$$\frac{T_M}{T_L}=\frac{n_L}{n_M}=\frac{1}{\lambda} \tag{7-13}$$

或者说，经过传动机构减速以后，负载侧的转矩为

$$T_L = T_M\lambda \tag{7-14}$$

可见如果负载侧所得到的转速减小到电动机侧的$\frac{1}{\lambda}$，那么，负载侧所得到的转矩则增大到电动机侧的 λ 倍。

7.4.2　转速与转矩的折算

1. 问题的提出　为了分析拖动系统的工作状态，必须在同一个坐标系里对电动机和负载的机械特性进行比较。而传动机构却把被传递的转速和转矩的数据改变了，导致无法在同一个坐标系里进行比较。

例如，假设传动机构的传动比 $\lambda=4$，当电动机侧的转速 $n_M=1500$r/min、转矩 $T_M=4$N·m 时，在 $n=f(T)$坐标系里的位置是(4N·m,1500r/min)，如图 7-21 中的 Q_1 点所示。而这时，在负载侧却是转速 $n_L=375$r/min、转矩 $T_L=16$N·m，在同一个 $n=f(T)$坐标系里的位置是(16N·m,375r/min)，如图 7-21 中的 Q_2 点所示。就是说，在同一个坐标系里，描绘同一个工作状态的工作点却不在一起，因而难以说明这时候的电动机能否带得动负载。

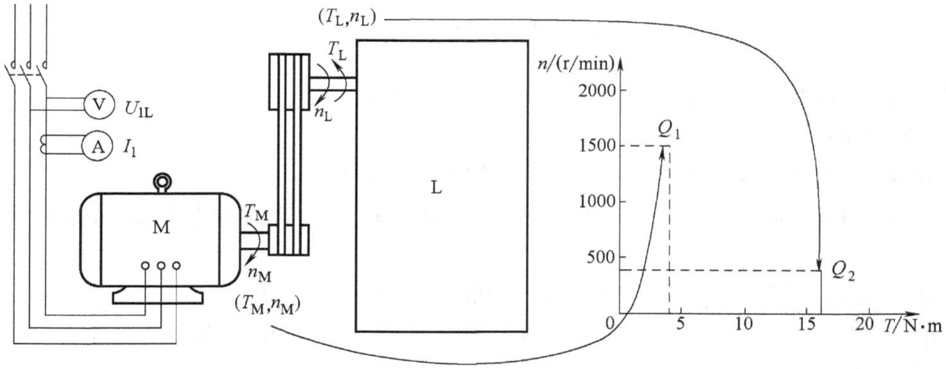

图 7-21　电动机和负载的工作点

为了解决这个问题，需要把转速和转矩等效地“折算”到同一个轴上，通常是把负载侧的转速和转矩折算到电动机轴上。

2. 折算的基本原则与公式　折算的基本原则是折算前后传动机构所传递的功率不变。有关的折算公式如下。

（1）转速的折算：由式(7-11)，得

$$n'_L = \lambda n_L \tag{7-15}$$

（2）转矩的折算：根据传递功率不变的折算原则，由式(7-14)，得

$$T'_L = \frac{T_L}{\lambda} \tag{7-16}$$

式中　n'_L——折算到电动机轴上的负载转速(数值上等于电动机的转速)(r/min)；

T'_L——折算到电动机轴上的负载转矩(N·m)。

式(7-16)表明，经过传动机构减速以后，电动机轴上的负载减轻了。

（3）飞轮力矩的折算：

$$(GD^2)' = \frac{GD^2}{\lambda^2} \tag{7-17}$$

可见，经过传动机构的减速以后，电动机轴上的飞轮力矩将大为减小。

在定性分析时，为了方便起见，对于负载转速和转矩，常笼统地用 n_L 和 T_L 表示。实际上，在大多数情况下，应该是折算到电动机轴上的值。在进行定量计算时，必须充分注意这一点。

7.4.3 传动比对电动机调速系统的影响

1. 传动比与电动机容量的关系　为了便于说明，这里举一个实际例子。某负载阻转矩 $T_L=89\text{N}\cdot\text{m}$，转速 $n_L=375\text{r/min}$，消耗功率 $P_L=3.5\text{kW}$。所选调速电动机的额定转速为 $n_N=1500\text{r/min}$。现比较在传动比 λ 不同的情况下，所需电动机的容量。

（1）$\lambda=1$ 时：

1）电动机的运行转速为

$$n_M=n_L=375\text{r/min}$$

2）电动机的转矩为

$$T_M=T_L=89\text{N}\cdot\text{m}$$

3）电动机的容量为

$$P_M=\frac{89\times1500}{9550}\text{W}=13.98\text{kW}$$

选用 $P_N=15\text{kW}$ 的电动机，为负载功率的 4.28 倍。

（2）$\lambda=2$ 时：

1）电动机的转速为 $n_M=n_L'=375\text{r/min}\times2=750\text{r/min}$；

2）电动机的转矩为 $T_M=T_L'=89\text{N}\cdot\text{m}/2=44.5\text{N}\cdot\text{m}$，即电动机轴上所需转矩减小了一半；

3）电动机的容量为 $P_M=44.5\text{N}\cdot\text{m}\times1500\text{r/min}/9550=7.0\text{kW}$。

选用 $P_N=7.5\text{kW}$ 的电动机，仍为负载功率的 2.14 倍。可见，当传动比加大为 2 时，所需电动机的容量减小了一半。

（3）$\lambda=4$ 时：

1）电动机的转速为 $n_M=n_L'=375\text{r/min}\times4=1500\text{r/min}=n_N$；

2）电动机的转矩为 $T_M=T_L'=89\text{N}\cdot\text{m}/4=22.25\text{N}\cdot\text{m}$，即电动机轴上所需转矩又减小了一半；

3）电动机的容量为 $P_M=22.25\text{N}\cdot\text{m}\times1500\text{r/min}/9550=3.5\text{kW}$。

选用 $P_N=3.7\text{kW}$ 的电动机。可见，当传动比加大为 4 时，所需电动机的容量又减小了一半，与负载功率吻合。这已经是最优化的结果了，从能量的角度看，电动机容量已不可能再减小。

（4）结论：若负载转速较低，仅仅依靠电动机调速来带动负载（$\lambda=1$），所需电动机的容量很大。适当加大传动比 λ，可以减小电动机的容量。

2. 传动比与电动机的起动　图 7-22 所示的锯片磨床上有一个直径达 2m 的大卡盘，工件（通常为锯片）安置在卡盘上。加工时，卡盘做旋转运动，另有一砂轮边旋转边做径向运动。由于砂轮在磨削过程中对卡盘的压力不大，负载的阻转矩也不大。如果根据负载在运行时所需的功率来选择电动机容量，则电动机的容量将是比较小的。但由于卡盘的飞轮力矩（GD^2）较大，导致容量较小的电动机起动困难。

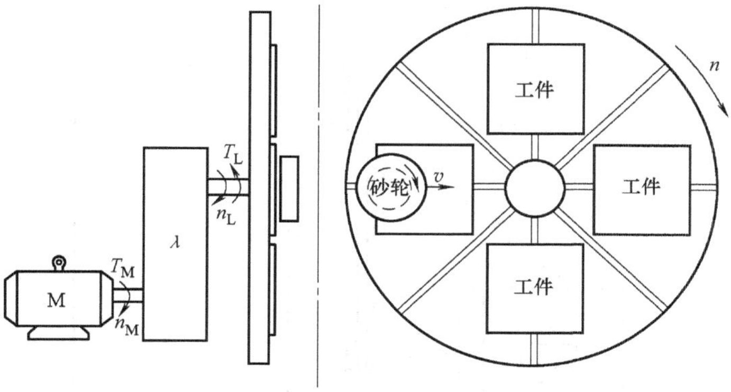

图 7-22　锯片磨床示意图

由前面的知识可知，如适当增大传动比 λ，则电动机轴上的飞轮力矩 $(GD^2)'$ 将大为减小，使拖动系统容易起动。

7.4.4　电动机调速与机械调速的区别

1. 电动机的输出功率随转速下降而下降　任何电动机的电磁转矩都是电流与磁通相互作用的结果。在电动机内，如果电流超过额定值，则电动机要发热；如磁通超过额定值，则磁路要饱和。所以，电流和磁通以及电磁转矩是不能超过额定值的。

电动机输出轴上的机械功率是和转矩与转速的乘积成正比的，所以，当负载不变转速下降时，电动机的输出功率也必将下降。

2. 机械变速具有恒功率的特点　通过机械变速机构变速时，如果不计机械变速机构的功率损失，则减速机构输入轴和输出轴上的功率应相等，如图 7-23 所示，即

$$\frac{T_M n_M}{9550} \approx \frac{T_L n_L}{9550}$$

所以，当 $n_L < n_M$ 时，必有 $T_L > T_M$，如 $n_M / n_L = \lambda$，则 $T_L = \lambda T_M$。可见，机械调速时，输出轴的转矩为输入轴转矩的 λ 倍。

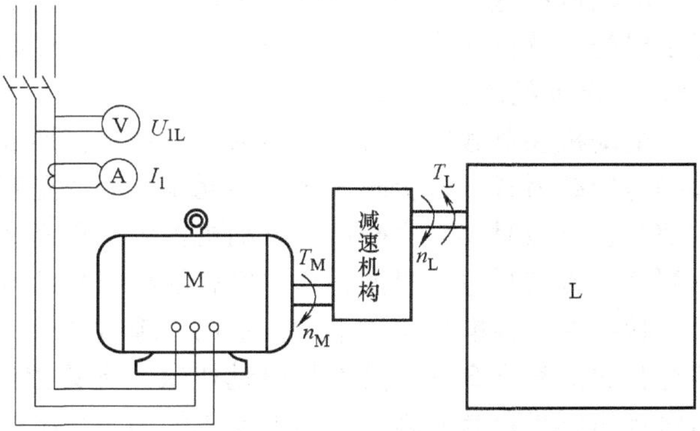

图 7-23　机械调速

3. 功率和转矩两方面之间的关系　在考虑电动机的调速系统时，必须同时注意功率与转矩两方面的关系。

（1）功率：电动机轴上输出的额定功率一定要大于负载在恒转矩区最高转速时的功率，即

$$P_M = \frac{T_M n_M}{9550} \geqslant \frac{T_L n_L}{9550} = \frac{T'_L n_M}{9550} = P_L \quad (7\text{-}18)$$

（2）转矩：电动机经过调速后的有效转矩在所要求的转速范围内，都必须大于负载转矩的折算值，即

$$T_M \geqslant T'_L = \frac{T_L}{\lambda} \quad (7\text{-}19)$$

上述基本关系如图 7-24 所示。

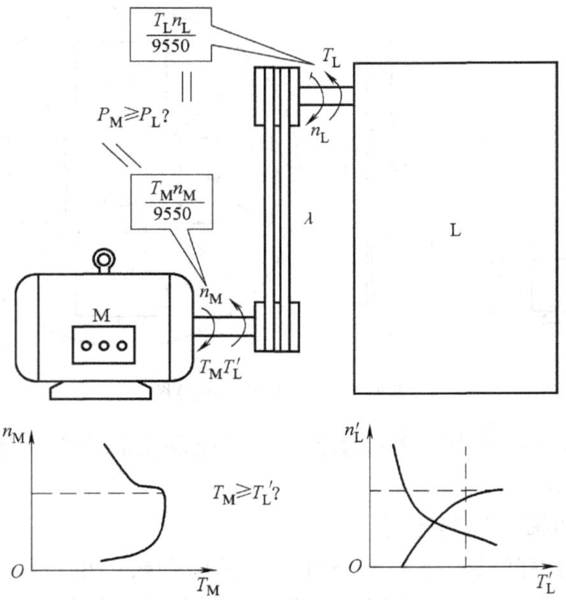

图 7-24　拖动系统的功率和转矩

思考与分析

（1）电动机调速与机械调速的区别是什么？

（2）传动机构的作用是什么？

7.5　电动机的发热与工作方式

电动机在运行时的发热情况是判断它能否正常工作的重要标志之一。电动机的功率选择最主要的是分析和校验电动机在运行中的发热和温升，并校核短时过载能力及起动能力。

7.5.1　电动机的绝缘和温升

电动机在负载运行时，其内部的损耗将转换成热能，导致温度升高。而电动机中耐热最差的是绝缘材料，若负载太大、损耗太大而使温度超过绝缘材料允许的限度，它的寿命就急剧缩短，严重时会完全破坏，电动机发生短路而烧毁。所以这个温度限度称为绝缘材料的允许温度，也就是电动机的允许温度；绝缘材料的寿命，一般就是电动机的寿命。

根据国家标准规定，电动机常用绝缘材料分为若干等级，不同等级有不同的允许温度。绝缘材料的最高允许温升就是电动机最高允许温度与标准环境温度40℃的差值，它表示一台电动机能带负载的限度，而电动机的额定功率就代表了这一限度。电动机铭牌上所标注的额定功率，表示在环境温度为40℃，电动机长期连续工作时，所能达到的最高温度不超过绝缘材料最高允许温度时的输出功率。

7.5.2　电动机的发热和冷却

1. 电动机的发热过程　电动机在运行过程中，随着热量的不断产生，电动机温度升高，就要向周围散热，温差越高，散热越快。当单位时间内发出的热量等于散出的热量时，电动机温度不再增加，而保持稳定，即处于发热与散热平衡的状态。达到平衡的过程是升温加热过渡过程，称之为发热。

当负载不变时，电动机的温升按指数规律变化达到平衡的，如图 7-25 所示，曲线 1 有初始温升，曲线 2 初始温升为零。电动机发热初始阶段，由于温升小，散发出的热量较少，大部分热量被电动机吸收，所以温升增长较快；过一段时间以后，电动机的温升增加，散发的热量也增加，产生的热量因负载恒定而保持不变，因而电动机吸收的热量不断减少，温升速度变慢，温升曲线趋于平缓；当散发热量与发出热量相等时，电动机的温升不再增长，温度最后达到稳定值。

2. 电动机的冷却过程　对负载运行的电动机，在温升稳定以后，如果使其负载减少或使其停车，那么电动机内损耗及发热量都将随之减少或不再继续产生。发热量少于散热量，破坏了热平衡状态，电动机的温度要下降，温升降低。当发热量等于散热量时，电动机不再继续降温，其温升又稳定在一个新的数值上。在停车时，温升将降为零。温升下降的过程称为冷却，电动机冷却过程的温升曲线如图 7-26 所示，曲线 1 为负载减少的情况，曲线 2 为电动机停车的情况。

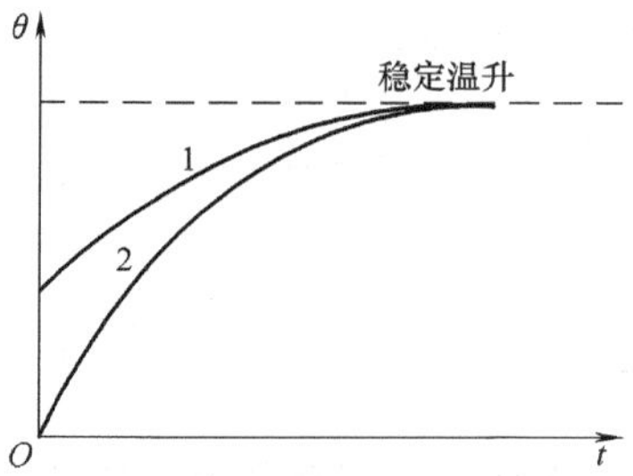

图 7-25　电动机发热过程中的温升曲线

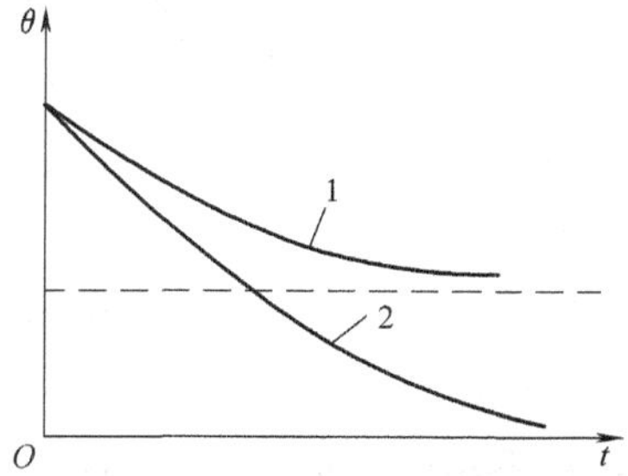

图 7-26　电动机冷却过程中的温升曲线

7.5.3　电动机工作方式对发热和冷却情况的影响

电动机的发热和冷却情况不但与其拖动的负载有关，而且与负载持续的时间有关。负载持续时间不同，即电动机的工作方式不同，其发热情况就不同。

1. 连续工作方式　工作时间内，电动机拖动负载在足够长的时间内不间断地运行，其温升可以达到稳定值。电动机所拖动的负载可以是恒定不变的，也可以是周期性变化的。电动机铭牌上对工作方式没有特殊标注的都属于连续工作方式或连续工作制。

电动机拖动连续恒定负载运行期间，转矩基本不变，如恒速运行的鼓风机和水泵等，其温升曲线如图 7-27a 所示。电动机拖动连续变动负载时，转矩是经常变动的，如金属切削机

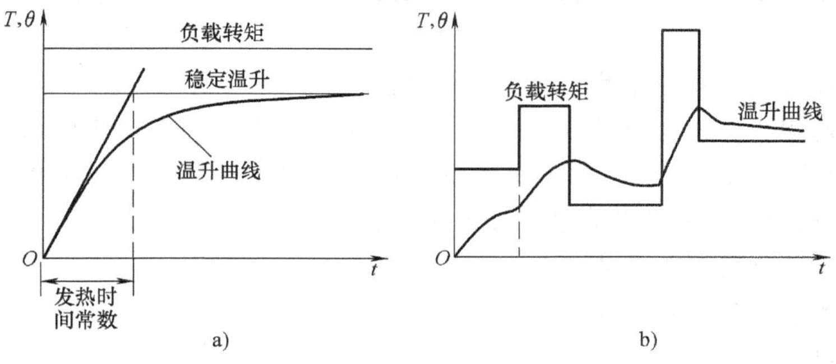

图 7-27　电动机连续工作方式的温升曲线

a）恒定负载　b）变动负载

床、塑料挤出机等，其温升曲线如图 7-27b 所示。对这种连续变动的负载，只要温升不超过允许值，电动机在工作过程中出现短时间过载是允许的。

2. 断续工作方式　电动机时而运行，时而停止。在运行期间，电动机的温升不足以达到稳定值；在停止期间，温升也不降为零，其温升曲线如图 7-28a 所示。

属于这类负载的有起重机械等。这种负载常常允许电动机短时间过载，因此在满足温升方面要求的同时，还必须有足够的过载能力，有时过载能力是主要方面。

3. 短时工作方式　电动机每次运行的时间很短，在运行期间，温升达不到稳定值；而每两次运行之间的间隔时间很长，足以使电动机的温升下降为零，其温升曲线如图 7-28b 所示，属于这类负载的如船闸闸门的拖动系统等。对于这类负载，电动机主要考虑的是要有足够的过载能力，而对温升则只需进行必要的校核即可。

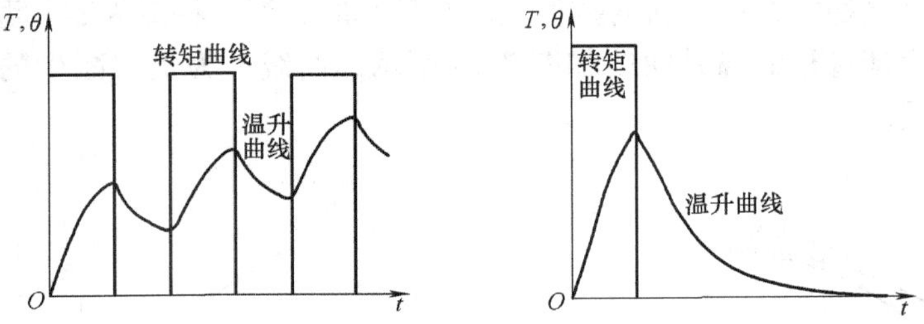

a)　　b)

图 7-28　断续和短时工作方式的温升曲线
a）断续负载　b）短时负载

在调速系统中，要注意在低速运行时电动机的发热和散热的规律及状况。因为普通电动机主要依靠转子上的叶片来散热，当转速下降时，散热效果将变差，从而影响电动机实际的带负载能力。

思考与分析

(1) 对于短时工作的负载，可以选用为连续工作方式设计的电动机吗？

(2) 两台同样的电动机，在下列条件下拖动负载运行时，它们的起始温升、稳定温升是否相同？

1) 相同的负载，但一台环境温度为一般室温，另一台为高温环境。

2) 相同的负载，相同的环境，一台原来没有运行，另一台是运行刚停下后又接着运行。

3) 同一个环境下，一台半载，另一台满载。

4) 同一个房间内，一台自然冷却，另一台用吹风机冷却，都是满载运行。

(3) 同一台电动机，如果不考虑机械强度或换向问题等，在下列条件下拖动负载运行时，为充分利用电动机，它的输出功率是否一样？是大还是小？

1) 自然冷却，环境温度为 40℃。

2) 强迫通风，环境温度为 40℃。

3) 自然冷却，高温环境。

7.6　电动机的选择

选择电动机是使用中遇到的首要问题。选择的内容包括电动机种类选择、额定电压选择、额定转速选择、额定功率(容量)选择及电动机型式选择五方面的内容。其中正确选择电动机的容量最为重要。容量太大，若未得到充分利用，则既增加投资，也增加运行费用。如容量过小，又使电机温升过高，降低其使用寿命。一般情况是，在常温下，当电动机负载为 100% P_N，温度为 100℃时，电动机可使用 10 ~ 20 年；而负载为 125% P_N，温度为 145℃时，只能使用一个半月。

电动机选择的一般原则如下。

选择电动机的种类时，对一般要求的生产机械，优先考虑选用三相笼型异步电动机；对于要求起动转矩大，并且有一定调速要求的生产机械，可选用绕线转子异步电动机；对拖动功率大，需要补偿电网功率因数以及稳定的工作速度时，优先考虑选用三相同步电动机；对调速性能要求高，在要求快速而平滑地起、制动时，考虑优先选用直流电动机。

电动机结构型式的选择应包括安装方式(立式、卧式)和防护式、封闭式和防爆式等，根据不同的工作环境确定。

在选择电动机的电压等级时，应使电动机额定电压与供电电压一致。一般中、小型交流电动机的额定电压为 380V，大型交流电动机的额定电压为 3kV、6kV、10kV 三种。直流电动机的额定电压一般为 110V、220V、440V 和 660V 等。

在选择电动机的额定转速时，根据电机设计知识可知，当电动机功率一定时，高速电动机较经济。但当生产机械的工作速度一定，电动机转速越高，传动机构的传动比越大，导致传动机构更加复杂，整个系统的造价升高。所以选择电动机额定转速时，必须从电动机与机械装置两个方面综合考虑。

在选择电动机的功率时，必须从生产机械的工艺过程、负载转矩的性质、电动机的工作制及经济性等几个方面综合考虑。决定电动机功率时，首先考虑到发热，然后再考虑允许过载能力和起动能力。

电动机的额定功率是在连续运行、正常的冷却条件、周围介质温度为 40℃(我国标准值)时，所能承担的最大负载功率。在短时或断续工作时，电动机可带超过额定值的负载；如果提高散热能力，也能提高电动机带负载能力；如果周温低于 40℃，电动机所带负载可超过额定值。

对长期负载运行的电动机，可按其额定功率 P_N 等于或略大于生产机械所需要的功率来选择。如某些加工时间长的切削机床，可按长期负荷选择功率，电动机功率为

$$P \geqslant \frac{Fv}{10.4 \times 60\eta}$$

式中　P——电动机的功率(kW)；

F——切削力(kg)；

v——切削速度(m/min)；

η——传动机构效率。

若选择系列产品，电动机的额定功率 $P_N > P$。

通常在没有确定的计算公式和资料的情况下，可按生产机械的转矩随时间变化的曲线(可统计测试得到)计算不同时间间隔的等效转矩公式来选择电动机功率，即

$$T_{eq} = \sqrt{\frac{T_1^2 t_1 + T_2^2 t_2 + \cdots}{t_1 + t_2 + \cdots}}$$

$$P_N \geqslant \frac{T_{eq} n}{975}$$

式中 n——生产机械所要求的电动机的速度(r/min)；

T_{eq}——生产机械的等效转矩(N·m)。

同时还应按转矩过载能力进行校验：$\lambda \geqslant T_{max}/T_N$。也可用等效功率法计算等效功率来选择电动机，即

$$P_N \geqslant P_{eq} = \sqrt{\frac{P_1^2 t_1 + P_2^2 t_2 + \cdots}{t_1 + t_2 + \cdots}}$$

对短时工作制电动机功率的选择，如果不需要专用短时运行的特殊设计电动机时，可按连续运行的电动机进行选择，由于工作时间短，惯性温升较慢，因而允许短时过载。故可根据过载系数 λ 选择电动机功率，这时电动机功率按生产机械所要求的功率的 $1/\lambda$ 来计算。

例如机床刀架快速移动电动机的功率为

$$P_N \geqslant P = \frac{G\mu v}{102 \times 60 \eta \lambda}$$

式中 G——被移动元件质量(kg)；

v——移动速度(r/min)；

μ——摩擦系数，通常为 0.1 ~0.2；

η——传动机构效率，通常为 0.1 ~0.2；

λ——所选电动机的过载系数。

对重复短时(断续)工作制的电动机功率的选择：短时工作制和重复短时工作制的区别如图 7-29 所示。图中 τ 为电动机温升时间常数，t_0 为工作时间，t_1 为休息时间。对重复短时工作制的电机，其最终温升比同样负荷下长期运行时的温升要低，但比短时工作制的要高，则电动机功率选择可比生产机械所要求的功率小一些。重复短时工作制的电动机常用运转相对持续系数表示运行工作情况。在供电系统中用负载持续率 ε 表示运行工作情况，即

$$\varepsilon = \frac{t_0}{t_0 + t_1} \times 100\%$$

则电动机的等效持续功率可表示为

$$P_{eq} = P_\varepsilon \sqrt{\varepsilon}$$

式中 P_ε——相对持续率为 ε 时的电动机功率。

由于电动机制造厂家给出的是标准 ε 的值，如 $\varepsilon = 15\%$、25%、40%、60%、100% 等，所以计算重复短时工作制电动机容量通常使用

$$P_N \geqslant P_\varepsilon \sqrt{\frac{\varepsilon}{\varepsilon_N}}$$

如果 $\varepsilon < 10\%$，表示工作时间很短，则可按短时工作制选择电动机功率；如果 $\varepsilon > 60\%$，一

般就按长期运行选择。

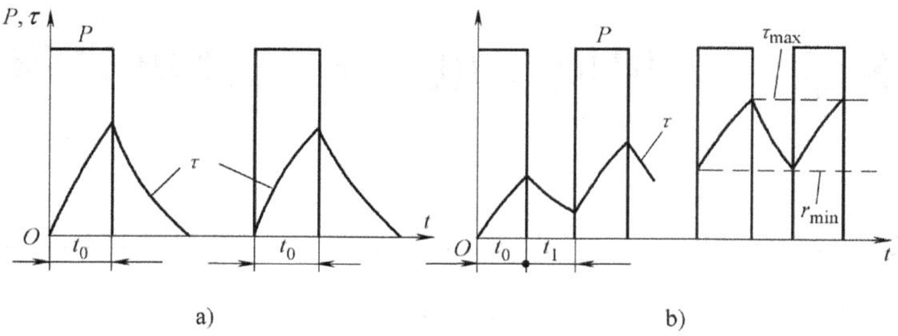

图 7-29　不同工作制的温升曲线

a）短时工作制　b）重复短时工作制

思考与分析

（1） 在选择所需的电机时，如何确定选哪种电机？

（2） 选择电动机额定转速时应注意什么问题？

（3） 电动机周期性地工作 15min、休息 85min，其负载持续率 $\varepsilon=15\%$ 对吗？它属于哪一种工作方式？

（4） 确定电动机额定功率时主要考虑哪些因素？

第 8 章　三相同步电机及其他电机简介

学习目标

1. 掌握三相同步电机的基本原理与控制方法。
2. 了解无刷直流电动机的基本结构与原理。
3. 掌握步进电动机工作原理及特性。
4. 了解交、直流伺服电动机的结构特点及控制方式。
5. 掌握单相串励电动机的结构特点及应用。

8.1　三相同步电机

同步电机主要作发电机使用，电力系统中的电能几乎全是通过同步发电机产生的。同步电机也可作电动机使用，因为同步电机的功率因数是可调的(可使 $\cos\varphi=1$ 或领先)，对那些单机容量较大、转速又恒定的生产机械一般采用同步电动机拖动。随着电力电子技术与控制技术的发展，同步电动机也能实现变频调速，在大容量电力拖动场合，同步电动机的控制性能优于异步电动机。

8.1.1　三相同步电机的结构特点

同步电机主要由定子和转子两部分组成。定子部分与三相异步电动机完全一样，是同步电机的电枢；转子部分由转子铁心、转子绕组(励磁绕组)和集电环组成，其外形如图 8-1 所示。

图 8-1　三相同步电机转子实物图

同步电机有旋转电枢式和旋转磁极式两种。旋转电枢式应用在小容量电机中，而旋转磁极式用于大容量电机中。图 8-2 所示为旋转磁极式同步电机。

同步电机转子上装的磁极，分为凸极式和隐极式两种。当励磁绕组通入电流时，转子上产生 N、S 极。凸极式转子的结构如图 8-2a 所示，这种电机转子与定子之间的气隙不均匀，结构简单、制造方便，但机械强度较差，适用于低速同步电机，如水轮发电机和低速同步电动机等；隐极式转子结构如图 8-2b 所示，这种电动机转子呈圆柱型，无明显的磁极，转子和转轴是由整块钢加工成统一体。在圆周上约有 2/3 的部分铣有齿和槽，槽内嵌放同心式直流励磁绕组，没有开槽的 1/3 部分称为大齿，是磁极的中心区域。励磁绕组也是通过电刷和集电环与直流电源相连接。隐极式转子的特点是，转子与定子之间的气隙均匀，制造工艺比较复杂，机械强度较好，适用于极少数高速的同步电机，如汽轮发电机等。

8.1.2　三相同步电机的工作原理

1. 电动原理　如果三相交流电源加在三相同步电机定子绕组时，就产生旋转速度为 n_1 的旋转磁场(辅助磁场)。转子励磁绕组通电时建立固定磁场(主磁场)。假如转子以某种方法起动，并使其转速 n 接近 n_1，这时转子的磁场极性与定子旋转磁场极性之间异性对齐(定子 S 极与转子 N 极对齐)。根据磁极异性相吸原理，定转子磁场间就产生电磁转矩，促使转子跟旋转磁场一起同步转动即 $n = n_1$，故称为同步电动机，如图 8-3 所示。

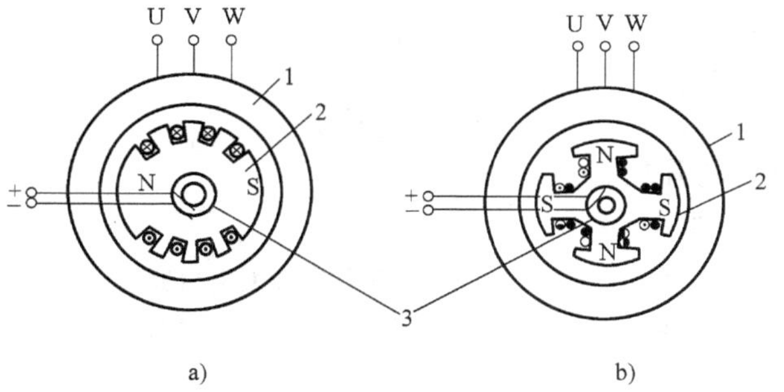

图 8-2　旋转磁极式同步电机
a) 凸极式　b) 隐极式
1—定子　2—转子　3—集电环

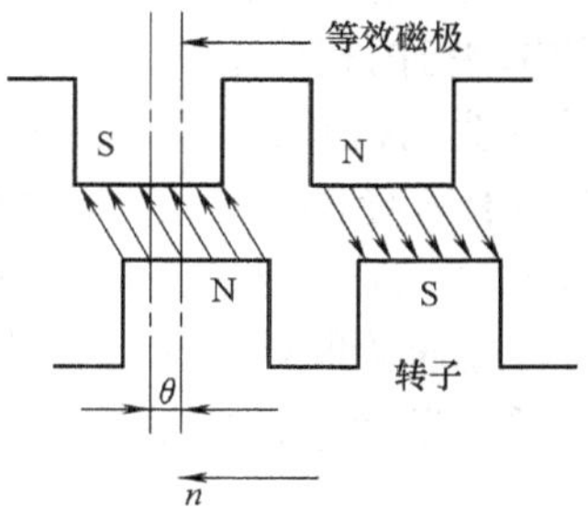

图 8-3　三相同步电动机原理图

同步电动机实际运行时，由于空载总存在阻力，因此转子的磁极轴线总要滞后旋转磁场轴线一个很小角度 θ，促使产生一个异性吸力(电磁转矩)；负载时，θ 角增大，电磁转矩随之增大，电动机仍保持同步状态。当然，负载若超过同步异性吸力(电磁转矩)时，转子就无法正常运转。θ 称为功率角，其物理定义是合成等效磁极与转子磁极轴线之间的夹角，如图 8-3 所示。θ 的大小，表征了同步电动机电磁功率和电磁转矩的大小。

同步电机的磁场全部由转子励磁绕组提供，电枢绕组不从交流电网中吸取无功励磁电流，其电流与外加电压同相，相当于一个纯电阻负载，这时称为正常励磁；当转子直流励磁小于正常励磁，同步电动机的电枢绕组将从交流电网中吸取无功励磁电流，使交流电流滞后交流电压，相当于一个感性负载，称为欠励；当转子直流励磁大于正常励磁，则多余的无功能量会通过电枢绕组回馈电网，表现为电枢电流超前交流电压，相当于一个容性负载，称为过励。根据过励这一基本原理，同步电动机常用来补偿电网的无功功率因数，使电网功率因数提高接近于 1。

同步电动机的转速为常数，与负载大小无关(在不超过其最大拖动能力时)，这是它的一大优点。另外，同步电动机的功率因数可以调节，处于过励状态时，还可以改善电网的功率因数，这也是它最大的优点。三相同步电动机主要用于功率较大、转速不要求调节的生产机械，例如拖动大型水泵、空气压缩机和矿井通风机等。

2. 发电原理　同步电机可以作发电机用，世界上各发电厂和发电站所发的三相交流电能，都是三相同步发电机发出的。交流发电机由水轮机或汽轮机(原动机)拖动，由水、石油、煤、天然气或核能供给动力。

同步发电机像直流发电机一样也是基于电磁感应原理工作的，但交流发电机中没有将电枢中产生的交流电转化为直流电的换向器。同步发电机有两种基本类型：旋转电枢型和旋转磁场型。虽然有一些单相交流发电机作为家庭应急使用的便携式电源或在偏远地区使用的用电工具电源，但是大多数同步发电机仍然是三相的。

旋转电枢同步发电机的电枢和直流发电机相似，只是绕组与集电环相连而不是与换向器相连。它有三个独立绕组，联结成三角形或星形，电枢绕组在磁场里面旋转，通过集电环上的电刷将电能传送到外电路。因为这种发电机输出电压有限，容量不可能太高，所以使用很少。

旋转磁场发电机采用三相同步电动机的结构，如图8-4a 所示。当转子磁场旋转时，在定子的三相绕组中就会感应出电动势。由于绕组在空间互差120°，所以感应电动势的相位也互差120°，如图8-4b所示。

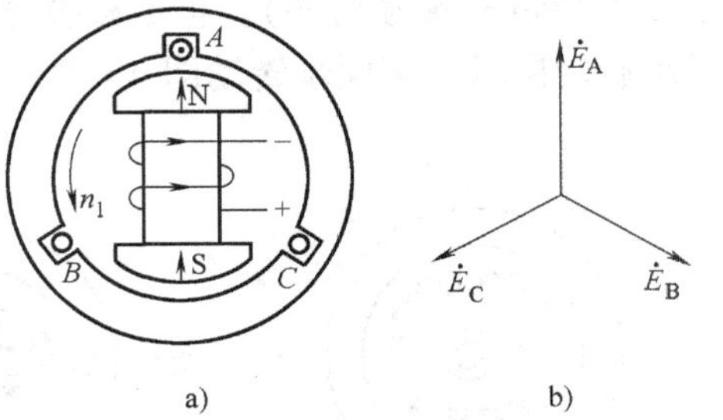

图 8-4　三相同步发电机原理图

a）工作原理示意图　b）电动势相量图

同步发电机输出电压的大小由三个参数确定：定子绕组有效导体的长度和匝数；转子磁场的强度；转子的速度。对一特定的电机来说，定子绕组不会变，而转速通常保持定值，因此可以通过增加或减小转子磁场强度来控制输出电压的大小。通过控制转子直流励磁电流的大小便能控制磁场强度。

同步发电机的输出电压频率由两个因素确定：定子极数和转子的转速。对于特定电机，其定子极数是常数，输出电压频率可通过调节转子转速来控制。当定子极数和转子的转速已知时，电压频率为

$$f=\frac{pn}{60} \tag{8-1}$$

式中　f——发电机的输出电压频率(Hz)；

p——发电机的磁极对数；

n——发电机运行转速(r/min)。

如果要输出 50Hz 频率的交流电，发电机需要的运行转速和定子极数见表 8-1。

表 8-1　发电机输出 50Hz 频率时转子转速与定子极数的关系

转子转速 n/(r/min)	3000	1500	1000	750
定子极数	2	4	6	8

8.1.3　三相同步电动机的特性

1. 功角特性和矩角特性　同步电动机接在电网上运行时，当 θ 变化时，电磁功率 P_M 和电磁转矩 T 的大小也随之变化，通常把 $P_M=f(\theta)$ 和 $T=f(\theta)$ 称为同步电动机的功角特性和矩角特性。

正常工作时，三相同步电动机的转速总等于定子旋转磁场的同步转速，即

$$n=n_1=\frac{60f_1}{p} \tag{8-2}$$

同步电动机不是由定子磁场在转子中产生感应电流来获得转子磁场，其转子磁场是由向转子供电的外接直流电源产生的，这就是同步电动机能运行在旋转磁场转速的原因。

随着电动机加入负载，转子磁场保持与定子旋转磁场同步，转子按相同的速度继续旋转。然而，加入的负载使转子和定子磁场成扭曲状，与两块磁铁的 S 极和 N 极连接在一起然后要设法分开一样。如果用来分开磁铁的力变得比磁铁的吸引力大，那么磁耦合将被破

坏，磁铁将被分离。对同步电动机也是相同的道理，如果电动机的负载变得太大，转子将会与旋转磁场失步。产生失步所需力矩的大小叫做失步转矩。对大多数同步电动机，失步转矩在额定转矩的 150%~200% 范围内变化。如果发生失步现象，电动机必须停止并重起。隐极式同步电动机的功角和矩角特性曲线如图 8-5 所示。

同步电动机额定运行时，$\theta_N = 20° \sim 30°$。当 $\theta_N = 90°$ 时，$P_M = P_{Mmax}$，$T = T_{max}$；当 $\theta > 90°$，会出现"失步"现象，同步电动机不能正常运行。

2. V 形曲线　同步电动机的 V 形曲线是指在电网电压恒定和电动机输出功率恒定的情况下，电枢电流和励磁电流之间的关系曲线，即 $I = f(I_f)$，如图 8-6 所示。由于该曲线是 V 字形，故称为同步电动机的 V 形曲线。

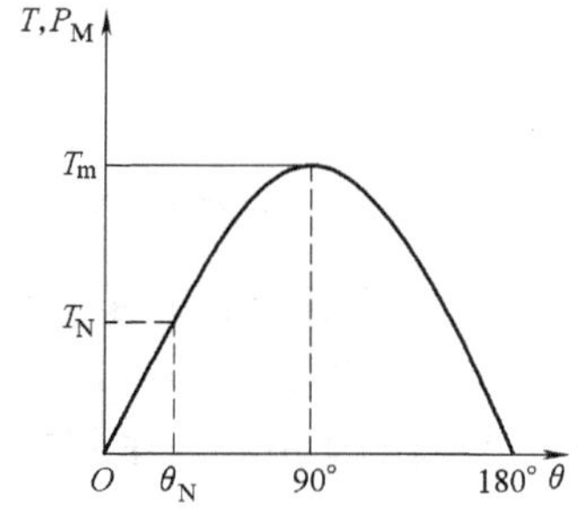

图 8-5　三相同步电动机功角和矩角特性曲线

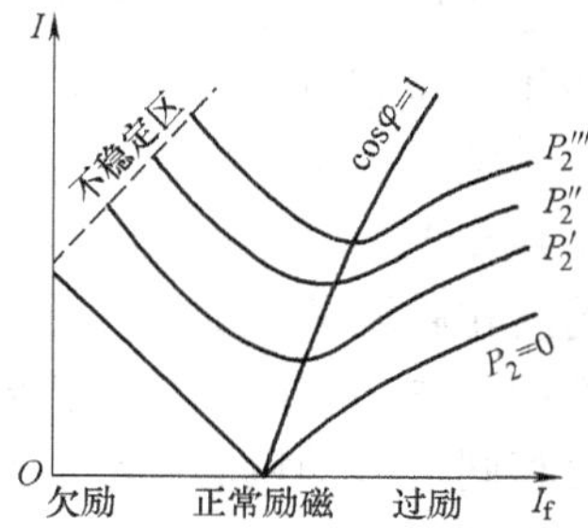

图 8-6　同步电动机 V 形曲线

曲线表明，当电动机带有不同的负载时，对应一组 V 形曲线。输出功率越大，在相同励磁电流条件下，定子电流越大，V 形曲线向右上方移动。对应每条 V 形曲线，电枢电流最小值处，即为正常励磁状态，此时 $\cos\varphi = 1$。左边是欠励区，右边是过励区。欠励时，功率因数是滞后的，电枢电流为感性电流；过励时，功率因数是超前的，电枢电流为容性电流。减小励磁电流时，电动机的过载能力降低，对应功率角则增大，这样，在某一负载下，励磁电流减少到一定值时，θ 就超过 90°，对隐极式同步电动机就不能同步运行。图 8-6 虚线表示了同步电动机不稳定运行的界限。

改变励磁电流可以调节功率因数，这是同步电动机很可贵的特性。由于电网上的负载多为异步电动机等感性负载，因此如果让运行在电网上的同步电动机工作在过励状态下，则除拖动生产机械外，还可吸收超前的无功电流去弥补异步电动机吸收的滞后无功电流，从而提高工厂或系统的总功率因数。所以为了改善电网的功率因数，现代同步电动机的额定功率因数一般均设计在 1 ~0.88（超前）。

当同步电动机不带负载运行时，电磁功率很小，几乎为零，V 形曲线为图 8-6 中最下面一条。过励时，同步电动机只从电网吸取电容性无功功率，相当于一只三相电容器。在这种状态下运行的同步电动机，称同步补偿机，用来改善电网功率因数。

3. 三相同步电动机的特点

（1）稳定运行时转速恒定，只与电源频率有关，不随负载和电压的变化而变化。

（2）运行稳定性好，具有较强的过载能力。

（3）功率因数较高，因为同步电动机可以通过调节励磁电流提高功率因数，因此可在功率因数为 1 的状态下运行；还能改善电网的功率因数，即在领先的功率因数下运行。

（4）运行效率高，低速运行时尤为明显；对于大容量电动机，同步电动机体积反而比异步电动机小。

(5) 随着电力电子技术与控制技术的发展，同步电动机也能实现变频调速，在大容量电力拖动场合，控制性能优于异步电动机。

8.1.4 三相同步电动机起动

三相同步电动机本身没有起动转矩，通电后转子不能起动。下面以图 8-7 说明不能自行起动的原因。

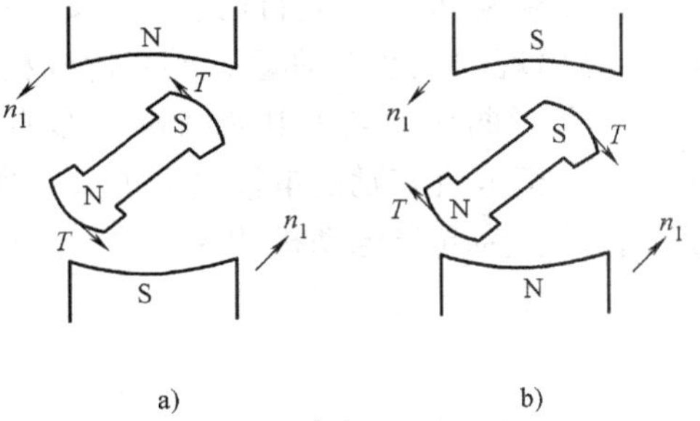

图 8-7 同步电动机的起动

由图 8-7 可看出，当静止的三相同步电动机定、转子接通电流时，定子三相绕组产生旋转磁场，转子绕组产生固定磁场。假设起动瞬间，定、转子磁极的相对位置如图 8-7a 所示，旋转磁场产生逆时针方向转矩。由于旋转磁场以同步速旋转，而转子本身存在惯性，不可能一下子达到同步速。这样定子的旋转磁场转过 180°到了图 8-7b，这时转子上又产生一个顺时针转矩。由此可见，在一个周期内，作用在同步电动机转子上的平均起动转矩为零。所以，同步电动机就不能自行起动。三相同步电动机的起动方法有 3 种：辅助起动法、变频起动法和异步起动法，大多采用异步起动法。

三相同步电动机异步起动法即在转子磁极极掌装上和笼型绕组相似的起动绕组，起动时不先加入直流磁场，只在定子上加入三相对称电压以产生旋转磁场，起动绕组产生感应电流，进行异步起动。当起动速度接近同步转速时，再向励磁绕组中通入直流励磁电流，产生固定极性的磁场，定子旋转磁场与转子励磁的相互作用，便可把转子拉入同步。

如图 8-8 所示，合上开关 QS2 至 1 位，在励磁回路中串联一个约 10 倍于励磁绕组电阻的附加电阻 R_P，构成闭合回路；合上开关 QS1 后，电动机可以看成是一台笼型异步电动机，顺利起动。当转速上升到接近于同步转速时，迅速将开关 QS2 由 1 位合至 2 位，给转子通入直流电流，产生恒定磁场，并将转子牵入同步转速。此时，由于转子导体与定子的旋转磁场相对静止，起动绕组便没有感应电流，失去了作用。

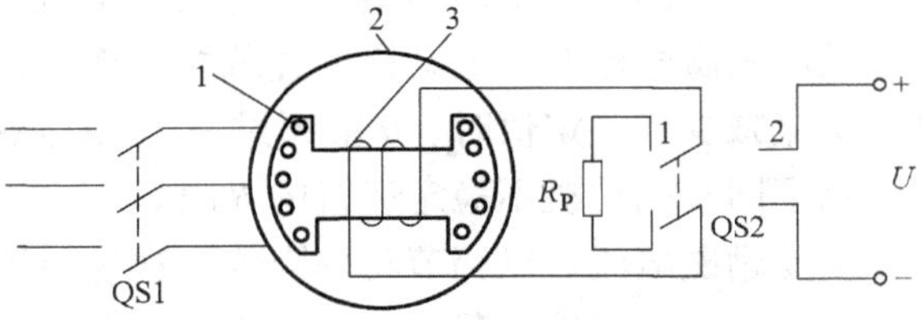

图 8-8 同步电动机异步起动接线原理图

1—笼型起动绕组 2—同步电动机 3—励磁绕组

在三相同步电动机异步起动时，如果为限制起动电流，可采用减压起动，当转速达到同步转速时，电压恢复至额定值，然后再给直流励磁，使同步电动机进入同步运行。

应注意，当转子加有直流电时，同步电动机绝对不能起动。如果转子加了直流电，转子磁极成为电磁铁，当定子也供电时，旋转磁场开始以同步转速转动，电磁铁交替吸引和排斥磁场，其结果是转子不动，而由于过高的感应电压，转子和电源可能被损坏；起动时励磁绕组不能开路，否则转子会感应很高的电动势，可能击穿绕组绝缘；起动时励磁绕组也不得短接，否则励磁绕组中有较大电流，与定子旋转磁场作用，可能会使电动机在一半同步速度附近“卡住”，不能继续升速；当从转子撤除直流电时，应迅速将 R_P 接入 1 位，以减小因转子磁场消失在转子绕组中产生的感应电压。

当前使用变频电源的同步电动机逐渐增多，若有变频电源，也可使用变频法起动。起动时，转子直流励磁，而定子侧加极低频率的电压，定子旋转磁场转速很低，待定、转子磁场间建立“磁力”关系后，再逐渐升高频率，转子也被拖着升高转速，直到定子侧电源频率达额定值，转子转速也达到额定值，完成了起动过程。

8.1.5　三相同步电动机能耗制动和调速

1. 三相同步电动机的能耗制动　同步电动机的制动均采用能耗制动。能耗制动时，首先切断运转的同步电动机定子绕组交流电源，然后将定子绕组接入一组外接电阻上，并保持转子励磁绕组的直流励磁。这时，同步电动机就成为电枢与电阻 R 并联的同步发电机，将机械能变换为电枢中的电能，最终变为热能消耗在电阻 R 上，同步电动机因能耗制动而停转。简化的同步电动机能耗制动主电路如图 8-9 所示。

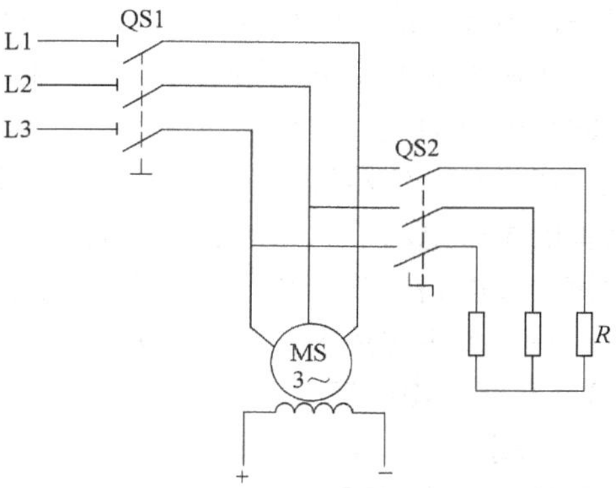

图 8-9　同步电动机能耗制动主电路图

2. 三相同步电动机的调速　一般由三相同步电动机、变频器及磁极位置检测器，再配上控制装置等，就构成了自控式同步电动机调速系统。改变同步电动机电枢电压即可调节其转速，它具有类似直流电动机的调速特性。

自控式同步电动机调速系统可以用于拖动轧钢机、造纸机以及数控机床用伺服电动机等要求高精度，高静、动态特性的场合；也可以用于拖动风机、泵类负载等只要求调速节能而对特性要求不高的场合。有些大容量同步电动机，为了能平稳起动，在起动过程中，改接成自控式同步电动机运行，待起动完毕，再把同步电动机直接并网运行。显然，针对不同的使用场合，应采用不同的控制方法。

思考与分析

(1) 同步电动机是感应电动机吗？
(2) 旋转磁场交流发电机中集电环的作用是什么？
(3) 同步电动机转子励磁电流是直流还是交流？
(4) 确定交流发电机输出频率的两个参数是什么？
(5) 确定交流发电机输出电压大小的三个参数是什么？
(6) 当向转子加直流励磁电流时，为什么同步电动机决不允许起动？
(7) 同步电动机的转速与什么量有关？能否任意调节？
(8) 哪种电机可以用来改善电网的功率因数？为什么？
(9) 同步电动机的 V 形曲线是指什么特性？
(10) 要想让同步电动机的定子电流超前于电网电压，应如何调节？

8.2　无刷直流电动机

传统的直流电动机有电刷和换向器，以机械方式进行换向，因而存在相对的机械摩擦，由此带来了噪声、火花、无线电干扰以及寿命短等致命弱点，再加上制造成本高及维修困难等缺点，从而大大地限制了它的应用范围。

20 世纪 70 年代以来，随着电力电子工业的飞速发展，许多新型的高性能半导体功率器件，如 GTR、MOSFET、IGBT 等相继出现，以及高性能永磁材料，如钐钴、铷铁硼等的问世，均为无刷直流电动机的广泛应用奠定了坚实的基础。特别是我国稀土材料的储量为世界第一，为高性能无刷直流电动机的发展创造了得天独厚的条件。

无刷直流电动机是用半导体逆变器取代一般直流电动机中的机械换向器，构成没有换向器的直流电动机。这种电动机结构简单、运行可靠、没有火花、电磁噪声低，广泛应用于现代生产设备、仪器仪表、计算机外围设备和高级家用电器。如计算机硬盘驱动器和软盘驱动器里的主轴电动机、录像机中的伺服电动机，均数以百万计地运用无刷直流电动机。随着大规模集成电路的普及和市场竞争的激烈化，各生产厂家纷纷推出各种功能的电子控制电路集成在一片多用芯片内，即可大大地降低成本，这已成为目前产品的主要发展趋势。

8.2.1 基本组成环节

无刷直流电动机的基本组成环节如图 8-10 所示。它主要由电动机本体、位置传感器和电子开关线路三部分组成。电动机本体基本结构如图 8-11 所示，它也是由定子和转子两大部分构成，与永磁同步电动机类似，但没有笼型绕组和其他起动装置。

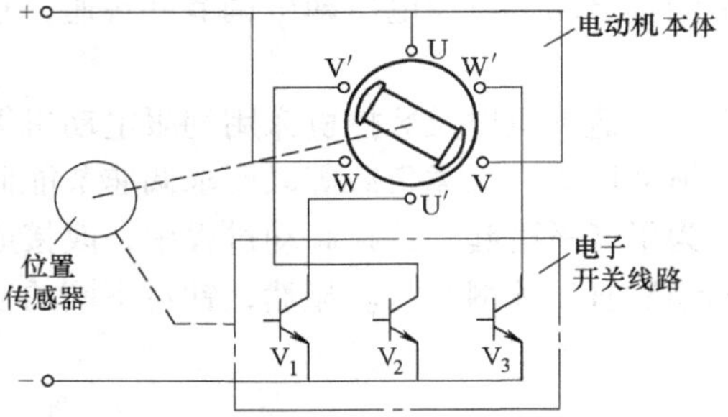

图 8-10　无刷直流电动机的基本组成环节

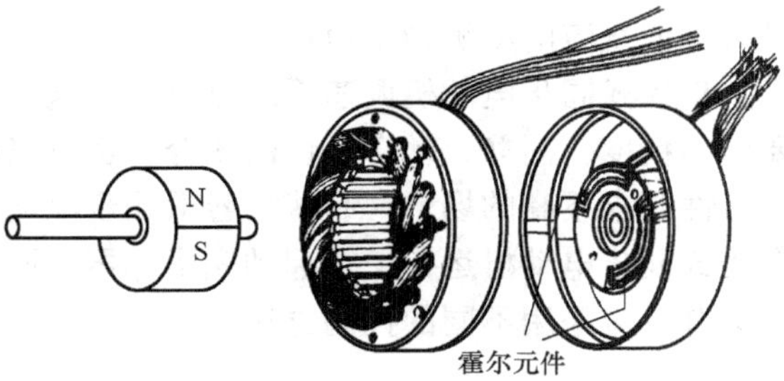

图 8-11　电动机本体基本结构

无刷直流电动机的定子与异步电动机相同，主要由硅钢冲片同分布在它们槽内的绕组以及机壳、端盖、轴承等部件组成。其定子绕组一般制成多相，通常是三相的，但有些设计为四相或两相条件下运行，两相定子绕组电动机一般用来拖动小型风扇。

无刷直流电动机的转子由转轴、永久磁钢及磁轭等部件组成。磁钢主要作用是在电动机的气隙内产生足够的磁感应强度，并同通电后的定子绕组相互作用产生转矩，以驱动自身运转。

图 8-10 所示电动机本体为三相两极，三相定子绕组分别与电子开关线路中相应的功率开关器件连接，U 相、V 相、W 相绕组分别与功率开关管 V_1、V_2、V_3 相接，位置传感器跟踪转子位置，与电动机转轴相连接。

8.2.2 基本工作原理

用一般直流电源给定子上各绕组供电，只能产生固定磁场，它不能与运动中的转子磁钢所产生的永磁磁场相互作用，来产生单一方向的转矩驱动转子转动。无刷直流电动机除了由定子和转子组成电动机的本体外，还要由位置传感器、控制电路以及功率开关共同构成换向装置，使其在运行过程中定子绕组所产生的磁场和转动中的转子磁钢产生的永磁磁场在空间始终保持在 90°左右的电角度。

当定子绕组的某一相通电时，该相电流与转子永久磁钢所产生的磁场相互作用而产生转矩，驱动转子旋转，再由位置传感器将转子磁钢位置变换成电信号，经过一定逻辑处理后，去控制电子开关线路，从而控制定子绕组按一定次序导通，即定子相电流随转子位置的变化而按一定的次序换相。由于电子开关线路的导通次序是与转子转角同步的，因而起到了机械换向器的换向作用。

三相定子绕组在位置传感器的控制下，一相一相地依次馈电，实现各相绕组电流的换相，图 8-12 示出了各相绕组的导通顺序，图 8-13 示出了对应各相绕组电流产生的旋转磁场及转子磁极受力后的运动方向。

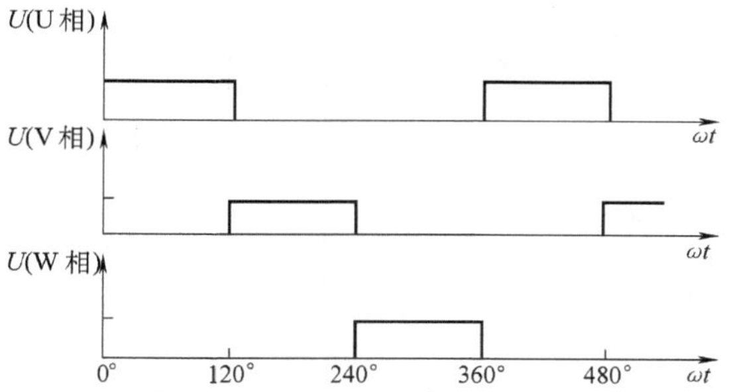

图 8-12　各相绕组的导通示意图

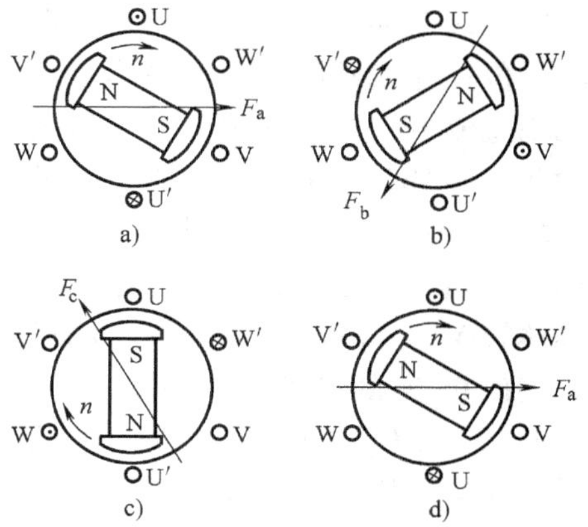

图 8-13　开关顺序及定子旋转磁场示意图

不难看出，在换相过程中，定子各相绕组在工作气隙内所形成的旋转磁场是跳跃式的。这种旋转磁场在360°电角度范围内有三种磁状态，每种磁状态持续120°电角度。图 8-13a 为第一状态，F_a 为绕组 U-U′通电后所产生的磁动势。显然，绕组电流与转子磁场的相互作用，使转子沿顺时针方向旋转；转过120°电角度后，便进入第二状态，这时绕组 U-U′断电，而绕组 V-V′随之通电，即定子绕组所产生的磁场转过了120°，如图 8-13b 所示，电动机转子继续沿顺时针方向旋转；再转过120°电角度，便进入第三状态，这时绕组 V-V′断电，而绕组 W-W′随之通电，定子绕组所产生的磁场又转过了120°电角度，如图 8-13c 所示；它继续驱动转子沿顺时针方向转过120°电角度后就恢复到初始状态。这样周而复始，电动机转子便连续不断地旋转。

8.2.3　位置传感器

位置传感器在无刷直流电动机中起着测定转子磁极位置的作用，为逻辑开关电路提供正确的换相信息，即将转子磁钢磁极的位置信号转换成电信号，然后去控制定子绕组换相。位置传感器种类较多，且各具特点，一般使用霍尔元件作为磁极检测器。

通电半导体放置在与电流垂直的磁场中，其两侧间就显示出电压，称为霍尔电压，这种现象称为霍尔效应，利用霍尔效应产生电压的元件称为霍尔元件。因为霍尔元件所产生的电压很低，随着半导体集成技术的发展，将霍尔元件与半导体集成电路一起制作在同一块 N 型硅外延片上，这就构成了霍尔集成电路。图 8-14 所示为典型的霍尔集成电路，图 8-14a 为其外形，它与一般的小型晶体管相类似，可制成任意形状的两端子元件，也可以制成多端子元件，这有利于电路设计，应用起来非常方便。

其内部电路如图 8-14b 所示，它通过简单开环放大器（运算放大器）来驱动输出级。霍尔集成电路有线性型和开关型两种，其灵敏度特性曲线如图 8-15 所示。选择何种形式的霍尔集成电路需根据具体用途而定，一般而言，无刷直流电动机的位置传感器宜选用开关型，其灵敏度特性曲线如图 8-15b 所示。应当特别注意，霍尔元件输出电压的极性随磁场方向的变化而变化。

图 8-16 所示为一台用霍尔元件作为转子位置检测元件的小型晶体管控制无刷直流电动机。图中两个霍尔磁敏检测元件 HG_1 和 HG_2 安放在电动机定子的 U 相和 V 相绕组的轴线上。它们的输出端子 x_1、x_2，y_1、y_2 分别控制晶体管 VT_4、VT_2、VT_1 和 VT_3 的通断。当磁极 N 的轴线对着霍尔元件 HG_1 时，在 HG_1 中产生 x_1 方向上的信号。此信号使晶体管 VT_4 导通，于是在相绕组 W_{x1} 中有电流流通，在 X 相轴线上产生一个 S 极磁场，它将吸引转子上的 N 极旋转 90°。当转子 N 极转到 X 相轴线上时，HG_1 的输出将变为零，VT_4 关断，而在霍尔元件 HG_2 中将产生 y_2 方向上的信号，使晶体管 VT_3 导通，相绕组 W_{y2} 中通入电流。又在 V_2 相轴线上产生 S 极，它再次吸引转子继续旋转 90°。依此类推，定子绕组将按照 $W_{x1} \rightarrow W_{y2} \rightarrow W_{x2} \rightarrow W_{y1} \rightarrow W_{x1}$ 的顺序轮流通电，形成一个步进式的旋转磁场，吸引着转子不断地转动。

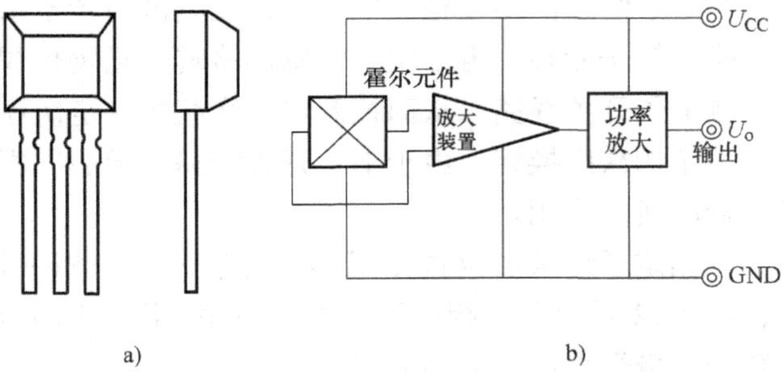

图 8-14　霍尔集成电路
a）外形　b）内部电路

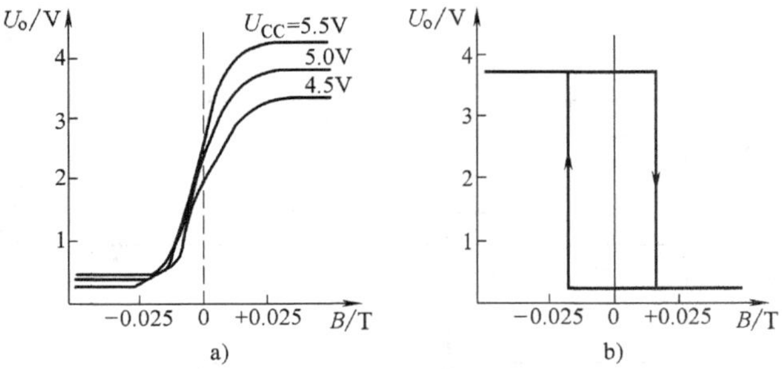

图 8-15　霍尔集成电路灵敏度特性曲线
a）线性型　b）开关型

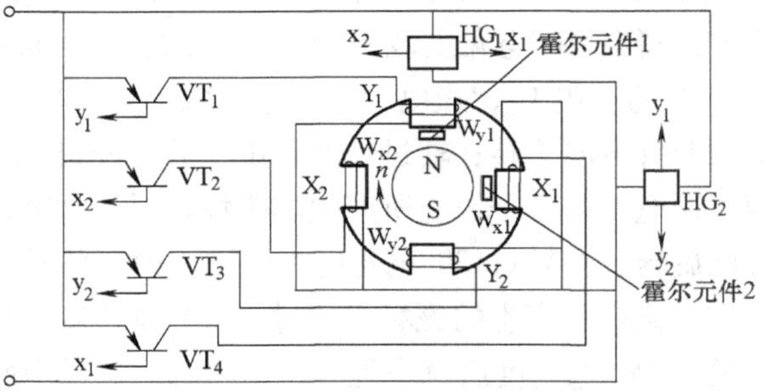

图 8-16　带霍尔元件的无刷电动机原理示意图

8.2.4　无刷直流电动机的逆变器

在小型无刷直流电动机中逆变器常用晶体管半波逆变(如图 8-17a 所示)。这种线路结构比较简单，但电动机电枢绕组中的电流只沿一个方向流通半个周期，材料利用率较低。在容量较大的无刷直流电机中通常采用晶闸管桥式逆变(如图 8-17b 所示)，电枢绕组能在正负两个半周中均通过电流，产生转矩。

无刷直流电动机中采用的是自控式逆变器。与一般的逆变器不同，它的输出频率不是独立调节的，而是受安装在电动机轴上的转子位置检测器控制的。每当转子转过一定位置(例如 90°或 120°电角度)，位置检测器便产生相应的信号，作用于对应的半导体器件，使相应的相绕组通电，产生转矩。电动机转子每转过一对磁极，各半导体器件轮流导通一周，逆变器输出的交流电相应地变化一个周期。所以自控式逆变器的输出频率和电动机的转速始终保持同步，不会出现失步现象。

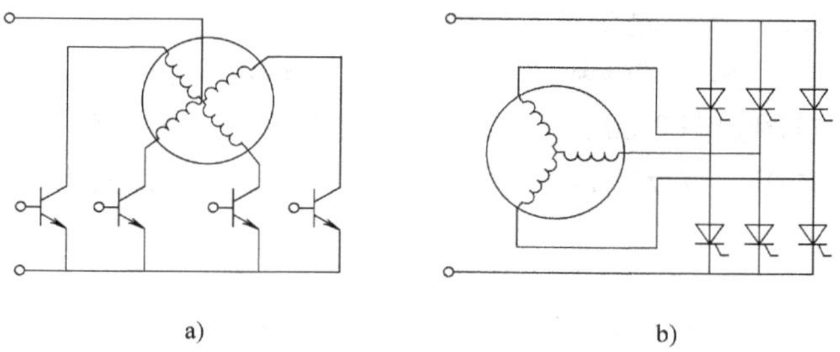

图 8-17　无刷直流电动机的逆变器
a）晶体管半波逆变　b）晶闸管桥式逆变

在小型无刷直流电动机中，逆变器由晶体管组成。由于晶体管具有自关断能力，只要其基极上的控制信号消失，晶体管就自行关断，所以控制比较简单。在容量较大的无刷直流电机中，逆变器由晶闸管组成。晶闸管没有自关断能力，不能靠除去触发信号使其关断。所以当一相电流需要截止、让另一相通电时，如何关断原先导通的晶闸管、把电流转移到新的一相晶闸管中，即晶闸管之间的换流问题是技术关键。

思考与分析

（1）试比较无刷直流电动机与普通永磁直流电动机的区别。

（2）位置传感器在无刷直流电动机中起什么作用？如果电动机转子是多极的，如何设计位置传感器的结构？

（3）试分析利用位置传感器进行反转控制的原理。

8.3　步进电动机

步进电动机是一种将电脉冲转化为机械运动的设备，图 8-18 所示为一台步进电动机的外形。步进电动机与其他类型的直流或交流电动机区别在于电动机每接收到一个脉冲信号，电动机的输出轴就转动一个角度。它的输入既不是正弦交流电，又不是恒定直流电，而是电脉冲，所以又称它为脉冲电动机。它输出的角位移与输入的脉冲数成正比，转速与脉冲频率成正比，可以按速度、角位移或角位置方式控制负载运动。这种电动机控制性能非常精确，通常每转角误差不超过 5%，并且无论转动多少角度这个误差都不积累。

图 8-18　一种步进电动机外形图

步进电动机种类繁多，按定子绕组相数的不同又可分为三相、四相、五相和六相等多种，按运动方式可分为旋转型和直线型两种。通常使用的旋转型步进电动机又可分为反应式、永磁式和混合式三种。

8.3.1　步进电动机的基本结构

六极反应式步进电动机的结构示意图如图 8-19 所示。它的定子铁心具有分布均匀的六个极，磁极上装有绕组，两个相对的磁极组成一相。转子铁心具有均匀分布的四个齿。定子及转子的铁心均由硅钢片叠成，反应式步进电动机利用磁阻转矩使转子转动。

8.3.2 步进电动机工作原理

1. 矩角特性和稳定平衡点　三相六极和转子四齿反应式步进电动机的静转矩和失调角示意图如图8-20所示。当U相绕组通入直流电流时，由电磁力作用原理，电动机中产生反应转矩，该反应转矩称为静转矩。设逆时针方向为正。

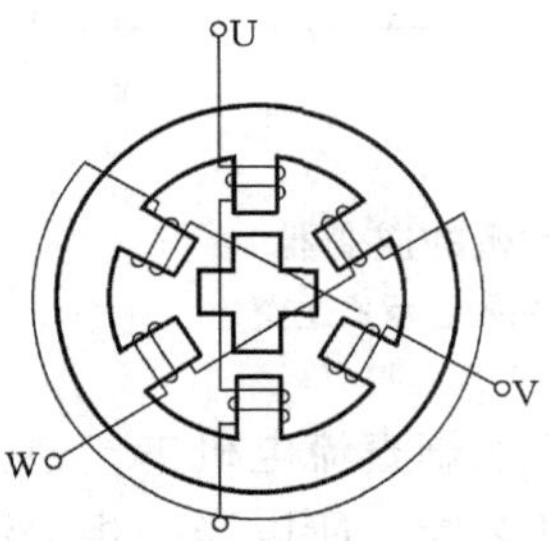

图8-19　六极反应式步进电动机的结构示意图

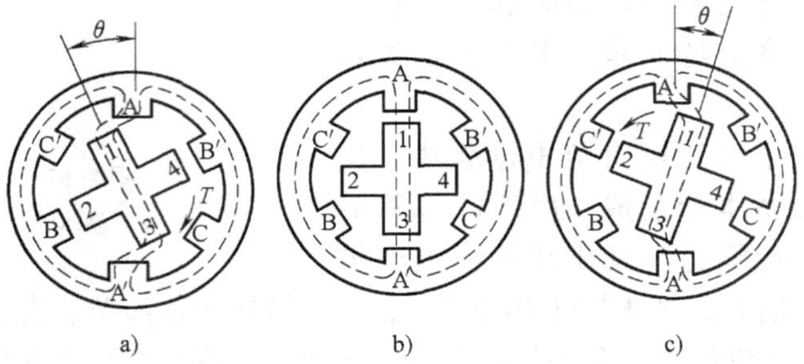

图8-20　静转矩和失调角示意图
a) $0<\theta<180°$　b) $\theta=0°$　c) $-180°<\theta<0$

定子磁极A轴线方向与转子齿1轴线方向的夹角称为失调角θ。设转子齿1领先定子磁极A的轴线失调角为正，单位为弧度。当控制绕组匝数一定、忽略磁饱和的影响时，则静转矩T与失调角θ的关系为

$$T=-T_c\sin\theta \tag{8-3}$$

式中　T_c——与控制绕组电流I的大小和绕组匝数及气隙磁阻有关的常数。

式(8-3)称为步进电动机的矩角特性。

当电动机空载时，转子位置只要在$-\pi<\theta<\pi$区域，对U相绕组通电，在$-\pi<\theta<0$范围内转子的静转矩$T>0$，在T的作用下，转子必将逆时针加速转动然后减速，到达$\theta=0$，此时$T=0$；同样在$0<\theta<\pi$范围内，$T<0$，转子将顺时针反向加速，然后减速也到达$\theta=0$，此时$T=0$。如果考虑到转子的惯性，有可能经过多次震荡，最后衰减到$\theta=0$位而静止下来。称$\theta=0$为U相的稳定平衡点。我们将$-\pi<\theta<\pi$区域称为静稳定区。同理，V相及W相控制绕组通入直流电流I，情况与U相通电一样。

2. 步进电动机通电运行方式　反应式步进电动机按相电流通电的顺序分为三种工作方式，即单三拍、双三拍和单双六拍。

(1) 单三拍工作方式。三相单三拍工作方式每次只有一相绕组通电，而每一个循环只有三次通电。设三相步进电动机U相首先通电，V、W相不通电，则产生A-A′轴线方向的磁通，形成A-A′极的电磁铁。在磁场的作用下，由矩角特性可知，转子力图使θ为零，即转到转子齿与A-A′轴线对齐的位置。接着V相通电，U、W相不通电，转子便顺时针转过30°，使2、4齿与B-B′极对齐。随后W相通电，U、V两相不通电，转子又顺时针转过30°，又使齿3、1与C-C′极对齐。当电脉冲信号以一定频率，按U→V→W→U→……的顺序轮流通电，不难理解，电动机转子便按顺时针方向一步一步地转动，每一步转过30°(又称为步距角θ_b)。相电流换接三次，磁场旋转一周，转子前进了一个齿距角，即$3\times30°=90°$。

如果三相电流脉冲的通电顺序改为U→W→V→U→……，则步进电动机将反方向一步步转动。单三拍工作方式时转子的位置如图8-21所示。单三拍工作方式每次只有一相控制绕组通电吸引转子，容易使转子在平衡位置附近产生震荡，运行稳定性较差。另外，在切换

时一相控制绕组断电而另一相开始通电，容易造成失步，因而实际上很少采用这种通电方式。

(2) 双三拍工作方式。上面讨论的是三相六极步进电动机单三拍方式。每改变一次通电方式称为“一拍”，改变三次通电方式为一个通电循环，称为“三拍”。“单”是指每拍只有一相定子绕组通电。“双三拍”是每拍有两相绕组通电，即通电方式按 UV→VW→WU→UV 的顺序进行，或按 UW→WV→VU→UW 的顺序进行。双三拍工作方式转子步进位置如图 8-22 所示。

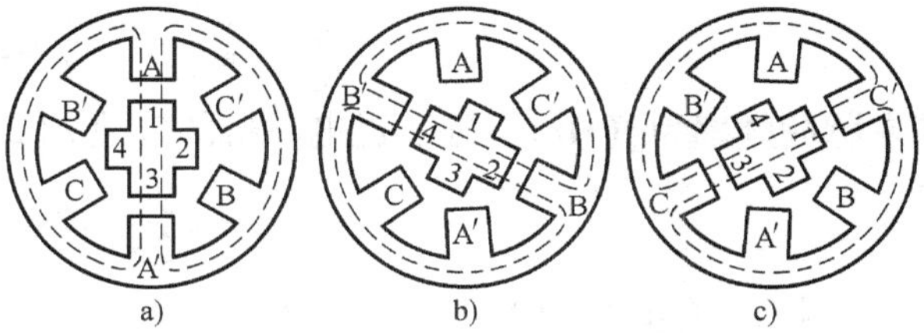

图 8-21　单三拍工作方式时转子的位置

a）U 相通电　b）V 相通电　c）W 相通电

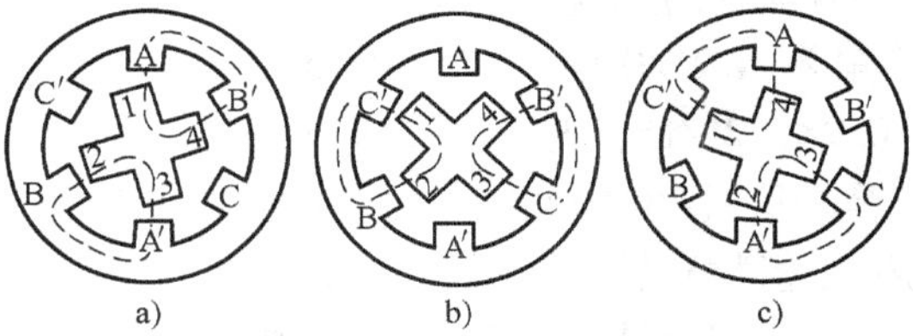

图 8-22　双三拍工作方式转子步进位置

a）U、V 相通电　b）V、W 相通电　c）W、U 相通电

双三拍方式步距角 $\theta_b = 180° \times 1/6 = 30°$，与单三拍方式相同。但是，双三拍的每一步因转子受到两个相反方向的转矩而平衡，因而稳定性优于单三拍方式，不易失步。

(3) 单、双六拍工作方式。单、双六拍工作方式也称六拍方式，如图 8-23 所示。设 U 相首先通电，转子齿 1、3 稳定于 A-A′磁极轴线，如图 8-23a 所示。然后在 U 相继续通电的情况下，接通 V 相，这时定子 B-B′磁极对转子齿 2、4 产生拉力，使转子顺时针转动，但此时 A-A′极继续拉住齿 1、3。转子转到两磁拉力平衡为止，转子位置如图 8-23b 所示。从图中看到，转子从 A 位置顺时针转过了15°。接着，U 相断电，V 相继续通电，这时转子齿 2、4 又和 B-B′磁极对齐而平衡，转子又转过15°角，如图 8-23c 所示。在 V 相通电下，而后 W 相又通电。这时 B-B′和 C-C′共同作用使转子又转过了15°，其位置如图 8-23d 所示。依此规律，按 U→UV→V→VW→W→WU→U→……的顺序循环通电，即每一循环共六拍，其中三拍为单相通电，三拍为两相通电，则转子便顺时针一步一步地转动。电流换接六次，磁场旋转一周，转子前进的齿距角为 $6 \times 15° = 90°$，其步距角 $\theta_b = 180° \times 1/12 = 15°$，其运行稳定性比前两种方式更好。如果按 U→UW→W→WV→V→VU→U→…的顺序循环通电，则电动机逆时针方向转动。

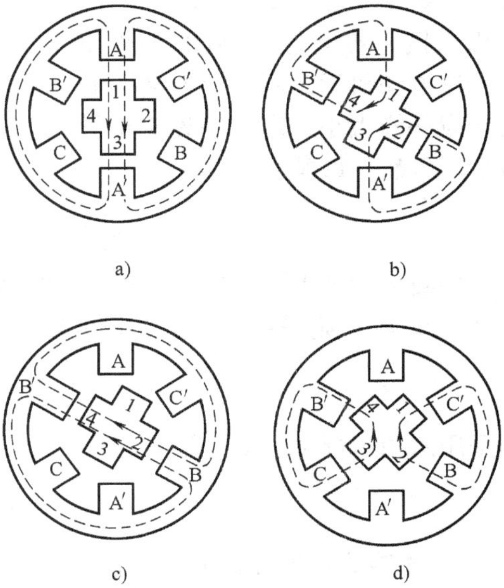

图 8-23　单、双六拍工作方式

a）U 相通电　b）U、V 相通电

c）V 相通电　d）V、W 相通电

3. 步进电动机的转速及实际小步距角步进电动机　设步进电动机的拍数为 N，通常拍数即为相数或相数的 2 倍。设步距角为 θ_b，转子齿数为 Z，定子绕组相数为 m，则

$$\theta_b=\frac{360°}{NZ}=\frac{360°}{mZ}\text{或}\ \theta_b=\frac{360°}{2mZ} \tag{8-4}$$

如果脉冲频率为f(Hz)，则步进电动机的转速n(r/min)为

$$n=\frac{f\theta_b}{360}\times 60=\frac{60f}{NZ} \tag{8-5}$$

三相六拍步距角为15°，步距角较大，不适合一般用途的要求，实际的步进电动机步距角做得很小。国内常见的反应式步进电动机步距角有1.2°/0.6°、1.5°/0.75°、1.8°/0.9°、2°/1°、3°/1.5°、4.5°/2.25°等。从式(8-4)可见增加步进电动机的相数和转子齿数，可减小步距角，但相数越多，驱动电源越复杂，成本越高，一般步进电动机做成二相、三相、四相、五相和六相等。因此减小步距角主要靠增加转子齿数Z。图8-24a所示为一台三相六极、转子为40齿的小步距角步进电动机示意图。为使转子和定子齿一样大小，定子每磁极也做成齿。显然，每极下的齿数为

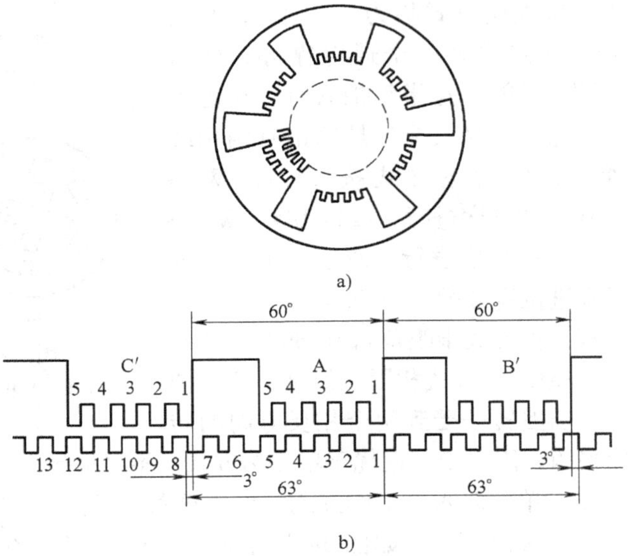

图8-24 小步距角步进电动机示意图
a）截面结构示意图 b）展开图

$$\frac{Z}{2mp}=\frac{40}{2\times3\times1}=6\frac{2}{3}=7-\frac{1}{3}$$

每极下做成7个齿时，差1/3，实际定子每个极面上做成5个齿，如图8-24b所示。若相数为$m=3$，则采用单三拍或双三拍运行时步距角为

$$\theta_b=\frac{360°}{3\times40}=3°$$

当采用六拍运行时，步距角为

$$\theta_b=\frac{360°}{6\times40}=1.5°$$

8.3.3 永磁式和混合式步进电动机

反应式步进电动机的转子直径可以做得很小，这样它的惯性转矩就小，在执行控制命令时，就可以显示出高速响应的特性。但是因为转子磁极是通过定子磁化而来的，效率低是它的缺点，最近已不怎么使用了。

1. 永磁式步进电动机 永磁式步进电动机的典型结构如图8-25所示。这种电动机定子上有两相或多相绕组，转子为一对或几对极的星形永磁磁极，转子的极数与定子每相的极数相同，定子和转子上都没有小齿。本例给出的是定子为两相集中绕组(AO、BO)、每相为两对极、转子磁极也是两对极的情况。

从图中不难看出，当定子绕组按A→B→(－A)→(－B)→A……的顺序轮流通以直流

电时，转子将沿顺时针方向转动。此处，(- A)、(- B)分别表示对 A、B 相绕组反向通电。

每次通电使转子在空间转过 45°，即其步距角为 45°。一般来说，永磁式步进电动机的步距角为

$$\theta_b = \frac{360°}{2mp} \tag{8-6}$$

式中　p——转子极对数。

星形磁极的加工工艺比较复杂，如采用图 8-26 所示的爪形磁极结构，将磁钢做成环形，则可简化加工工艺。这种爪极式永磁步进电动机的磁钢为轴向充磁，磁钢两端的两个爪形磁极分别为 S 和 N。由于两个爪形磁极是对插在一起的，从转子表面看，沿圆周方向各个极爪是 N、S 极性交错分布的，极爪的极对数与定子每相绕组的极对数相等。爪极式永磁步进电动机的运行原理与星形磁钢结构的相同。

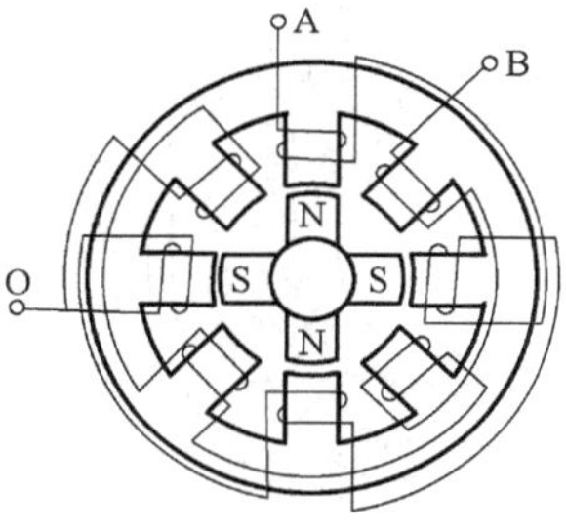

图 8-25　永磁式步进电动机的典型结构

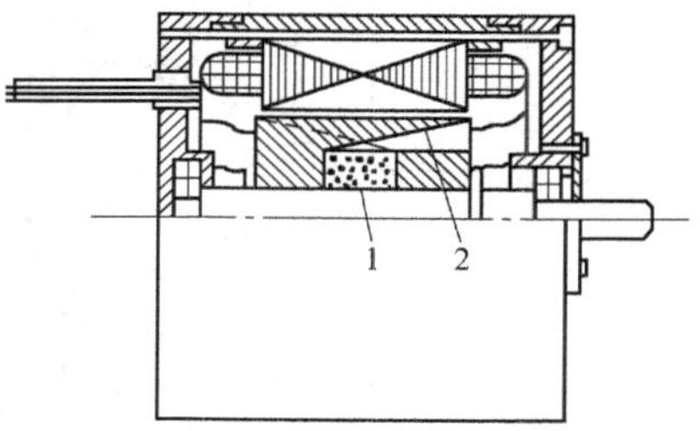

图 8-26　爪形磁极结构

1—磁钢　2—爪形磁极

与反应式步进电动机不同，永磁式步进电机要求电源供给正、负脉冲，否则不能连续运转。一般永磁式步进电动机的驱动电路做成双极性驱动，这使供电电源的线路复杂化。这个问题也可以通过在同一相的极上绕两套绕向相反的绕组、电源只供给正脉冲的方法来解决，但这种方法增加了用铜量和电动机的尺寸。

永磁式步进电动机的特点为：

(1) 大步距角，例如 15°、22. 5°、30°、45°、90°等。

(2) 起动频率较低，通常为几十到几百 Hz(但转速不一定低)。

(3) 控制功率小。

(4) 在断电情况下有定位转矩。

(5) 有强的内阻尼力矩。

2. 混合式步进电动机　混合式步进电动机的结构如图 8-27 所示，定、转子结构如图 8-28 所示。它的定子铁心与反应式步进电动机相同，即分成若干大极，每个极上有小齿及控制绕组；定子控制绕组与永磁式步进电动机相同，也是两相集中绕组，每相为两对极，按 A→B→(- A) →(- B) →A……的顺序轮流通以正、负电脉冲(也可在同一相的极上绕上两套绕向相反的绕组,通以正脉冲)；转子中间为环形轴向磁化的永磁体，磁体两端各套有一段开有齿槽的铁心，两段铁心错开半个齿距，且转子齿距与定子小齿的齿距相等。

转子永磁体充磁后，一端(如右端)为 N 极，则右端转子铁心的整个圆周上都呈 N 极性，左端转子铁心则呈 S 极性。当定子 A 相通电时，定子 1—3—5—7 极上的极性为 N—S—N—S，这时转子的稳定平衡位置为：定子磁极 1 和 5 上的齿与转子右端的齿和转子左端的槽对

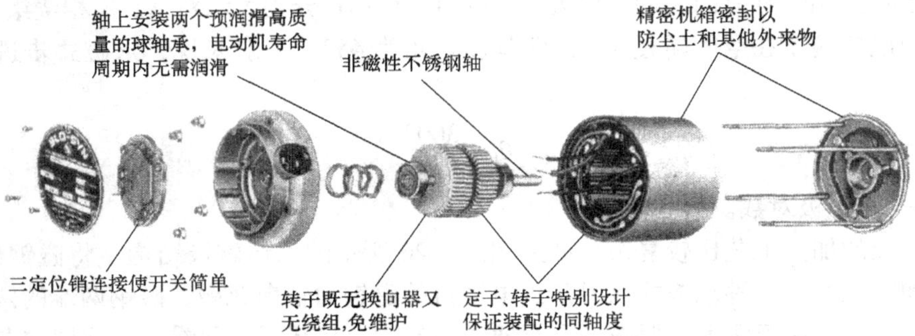

图 8-27　混合式步进电动机结构分解图

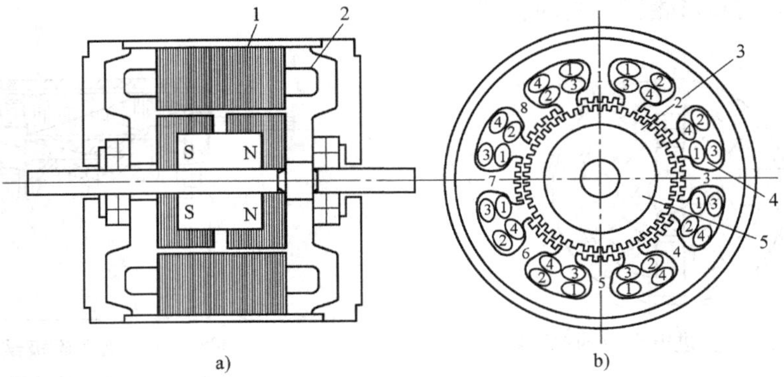

图 8-28　混合式步进电动机的定、转子结构

a）剖面图　b）结构图

1—定子铁心　2—绕组　3—转子铁心　4—线圈　5—永磁体

齐，定子磁极 3 和 7 上的齿与转子左端的齿及右端的槽对齐，而 B 相 4 个极(2、4、6、8 极)上的齿与转子齿都错开 1/4 齿距。

由于定子同一个极的两端极性相同，转子两端极性相反，且错开半个齿距，所以当转子偏离平衡位置时，两端作用转矩的方向是一致的。当定子各相绕组按顺序通以直流脉冲时，转子每次将转过一个步距角，其值为

$$\theta_b = \frac{360°}{2mZ}$$

这种电动机可以像反应式步进电动机那样做成小步距角，并有较高的起动频率，同时它又具有控制功率小的优点。当然，由于采用永磁体，转子铁心须分成两段，结构和工艺都比反应式步进电动机复杂一些。

8.3.4　步进电动机的应用

1. 软磁盘驱动系统　图 8-29 所示为计算机中软磁盘的驱动装置。磁盘上有许多宽约 0.5mm 的磁道，磁头由这些磁道进行信息的存取。磁头在磁道间的移动是通过装有滚珠丝杠的步进电动机进行的。这个滚珠丝杠决定电动机轴旋转一周(360°)磁头水平方向移动的距离。例如，当轴旋转15°时，磁头移动一个磁道的距离。

2. 数控机床　图 8-30 所示为数控机床控制系统示意图。机床工作时，先根据加工要求编好程序，数控装置按程序发出指令产生脉冲信号，驱动电源将脉冲信号放大并以一定的方

式供给步进电动机。步进电动机则将接收到的脉冲信号转换成轴上的角位移输出，再通过机床的丝杠等传动装置带动机床工作台运动，以完成自动加工任务。

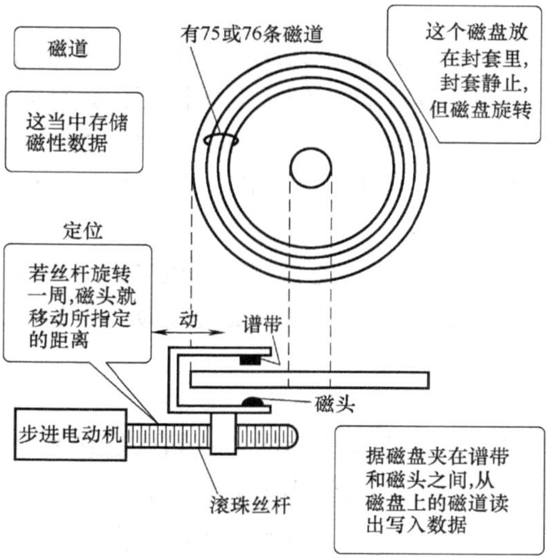

图 8-29　计算机中软磁盘的驱动装置

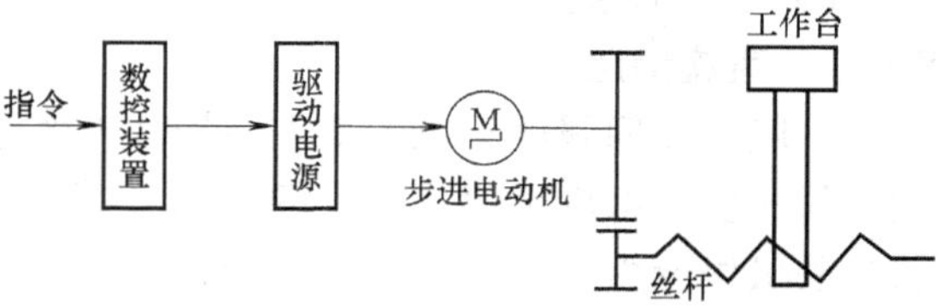

图 8-30　数控机床控制系统示意图

显然，每输出一个脉冲，工作台就有一个相应的移动量(称为脉冲当量)，其值根据机床加工精度要求，同时考虑编制程序的方便性和步进电动机的步距角及减速器的速度比等来选择。例如脉冲当量为 0.01mm/步，步进电动机的运行频率为 16000 步/s，则工作台移动速度为 0.01mm/步 × 16000 步/s = 160mm/s，假如要求工作台移动 320mm/(160mm/s) = 2s，或者说，步进电动机只需走 16000 步/s × 2s = 32000 步，即在 2s 时间内发 32000 个脉冲，便完成工作台移动 320mm 距离。

思考与分析

(1) 步进电动机的工作原理是什么？为什么步进电动机在定子极靴和转子上有齿？

(2) 解释步进电动机和普通直流电动机在运行时有什么区别？

(3) 如何控制步进电动机输出的角位移或线位移量、转速或线速度？

(4) 为什么步进电动机的连续运行频率比起动频率要高得多？

(5) 三相反应式步进电动机按 A→B→C→A 通电方式运行时，电动机顺时针方向旋转，步距角为 1.5°，那么

1) 顺时针方向旋转，步距角为 0.75°时，应该采用什么样的通电方式？

2) 逆时针方向旋转，步距角为 1.5°时，应该采用什么样的通电方式？

3) 逆时针方向旋转，步距角为 0.75°时，应该采用什么样的通电方式？

(6) 一台五相反应步进电动机采用五相十拍运行方式时，步距角为 1.5°，当控制信号脉冲频率为 3kHz 时，求该电动机的转速。

(7) 当步进电动机接交流电源时，必须用几相电源向电动机供电？

(8) 当接两相 60Hz 交流电时，八极步进电动机的同步转速是多少？

8.4 伺服电动机

伺服电机又称执行电动机，在自动控制系统中作为执行元件，其任务是将输入的电信号转换为轴上的转角或转速，以带动控制对象。按电流的种类不同，伺服电动机可分为交流和直流两种。它们的最大特点是转矩和转速受信号电压控制，当信号电压的大小和极性(或相位)发生变化时，电动机的转动方向和转速将非常灵敏和准确地跟着变化。它与普通电动机相比具有如下特点。

(1) 调速范围宽广，伺服电动机的转速跟着控制电压改变，能在宽广范围内连续调节。

(2) 转子惯性小，响应快速，随控制电压改变反应很灵敏，能实现迅速起动、停转。

(3) 控制功率小，过载能力强，可靠性好。

8.4.1 直流伺服电动机

一般直流伺服电动机的基本结构和工作原理与普通直流电动机相同，不同点是它做得比较细长一些，可满足快速响应的要求，其外形如图 8-31 所示。按励磁方式之不同，直流伺服电动机可分为电磁式和永磁式两种。电磁式又分为他励式、并励式和串励式，但一般多用他励式。永磁式的磁场由永久磁铁产生。图 8-32a 所示的为电磁式，图 8-32b 所示的为永磁式。除一般式外，还有低惯量式直流伺服电动机，它有无槽、杯形、圆盘、无刷电枢几种。

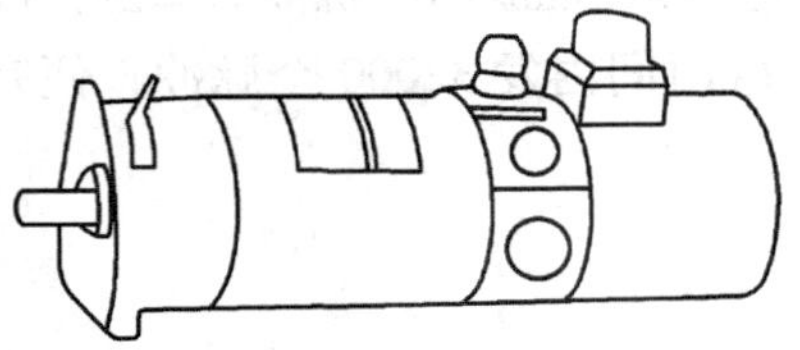

图 8-31 伺服电动机的外形

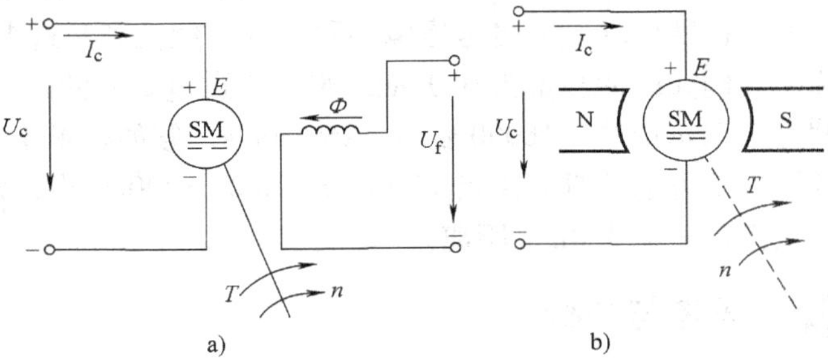

图 8-32 直流伺服电动机的接线图

a) 电磁式(他励) b) 永磁式

根据直流电动机机械特性公式可知，改变控制电压 U_c 或改变磁通 Φ 都可以控制直流伺服电动机的转速和转向，前者称为电枢控制，后者称为磁场控制。由于电枢控制具有响应速度快、机械特性硬、调速线性度好的优点，在实际生产中广泛采用(永磁式伺服电动机只能采用电枢控制)。

图 8-33 所示的为直流伺服电动机机械特性曲线。从图中可以看出，其机械特性是一组平行的直线，理想空载转速与控制电压成正比，起动转矩(堵转转矩)也是与控制电压成正比，机械特性是下垂的直线，故起动转矩也是最大转矩。在一定负载转矩下，当磁通 Φ 不变时，如果升高电枢电压 U_c，电动机的转速就上升；反之，转速下降，当 $U_c=0$ 时，电动机立即停止，因此无自转现象。

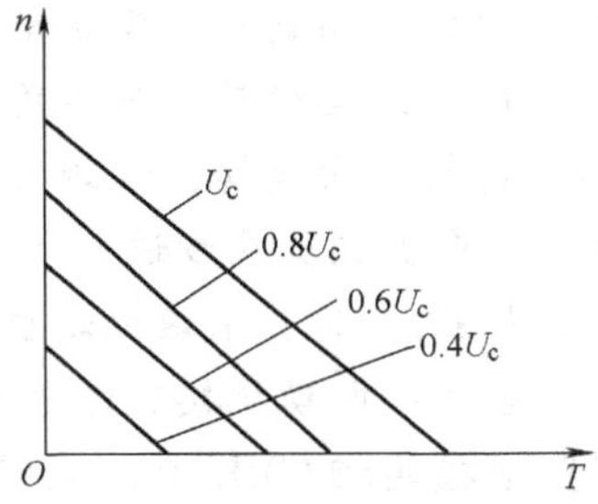

图 8-33 直流伺服电动机的机械特性曲线

8.4.2　交流伺服电动机

两相交流伺服电动机的结构与单相电容电动机的结构相似，定子上装有两个绕组，一个是励磁绕组，另一个是控制绕组，它们在空间相隔90°。两个绕组通常是分别接在两个不同的交流电源(二者频率相同)上，此点与单相电容电动机不同，如图 8-34 所示。

交流伺服电动机的转子分两种：笼型转子和杯形转子。笼型转子和三相笼型异步电动机的转子结构相似，只是为了减小转动惯量而做得细长一些。杯形转子伺服电动机的结构如图 8-35 所示。为了减小转动惯量，杯形转子通常用高电阻系数的非磁性铝合金或铜合金制成空心薄壁圆筒，在空心杯形转子内放置固定的内定子，起闭合磁路的作用，以减小磁路的磁阻。杯形转子可以把铝杯看作无数根笼型导条并联组成，因此，它的原理与笼型转子相同。这种形式的伺服电动机由于转子质量轻、惯性小、起动电压低、对信号反应快、调速范围宽，多用于要求运行平滑的系统。目前用得最多的是笼型转子交流伺服电动机。

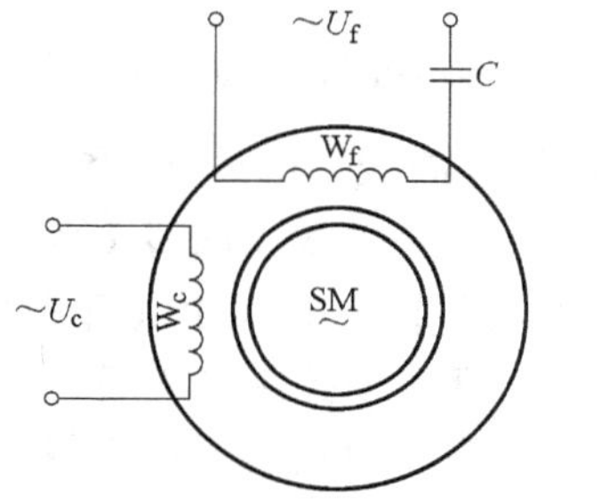

图 8-34　交流伺服电动机的接线图

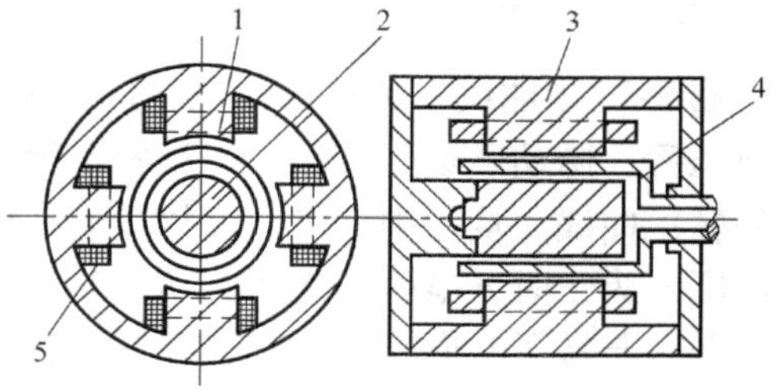

图 8-35　杯形转子伺服电动机的结构
1—控制绕组　2—内定子
3—外定子　4—转子　5—励磁绕组

1. 工作原理　两相交流伺服电动机是以单相异步电动机原理为基础的。从图 8-34 可以看出，励磁绕组接到电压一定的交流电网上，控制绕组接到控制电压 U_c 上，当有控制信号输入时，两相绕组便产生旋转磁场。该磁场与转子中的感应电流相互作用产生转矩，使转子跟着旋转磁场以一定的转差率转动起来，其同步转速 n_0(r/min)为

$$n_0 = 60f/p$$

转向与旋转磁场的方向相同，把控制电压的相位改变180°，则可改变伺服电动机的旋转方向。

对伺服电动机的要求是控制电压一旦取消，电动机必须立即停转，但根据单相异步电动机的原理，若起动以后再取消控制电压，仅由励磁电压单相供电，则电动机将继续转动，即存在“自转”现象，这意味着控制电压失去控制作用，这是不允许的。如何解决这个矛盾呢?

2. 消除自转现象的措施　消除自转现象的办法就是使转子导条具有较大电阻。从三相异步电动机的机械特性可知，转子电阻对电动机的转速、转矩特性影响很大(如图 8-36 所示)，转子电阻越大，达到最大转矩的转速越低，转子电阻增大到一定程度(例如图中 r_{23})时，最大转矩出现在 $s_c=1$ 附近。为此目的，一般把伺服电动机的转子电阻 r_2 设计得很大，这可使电动机在失去控制信号成单相运行时，正转矩或负转矩的最大值处均出现在 $s_c>1$ 的地方，这样就可得出图 8-37 所示的机械特性曲线。同时，r_2 增大，还使电动机稳定运行段加宽，起动转矩增大，有利于调速和起动。因此两相交流伺服电动机的笼型导条通常都用高

电阻率材料制成，杯形转子的壁做得很薄(一般只有0.2～0.8mm)。

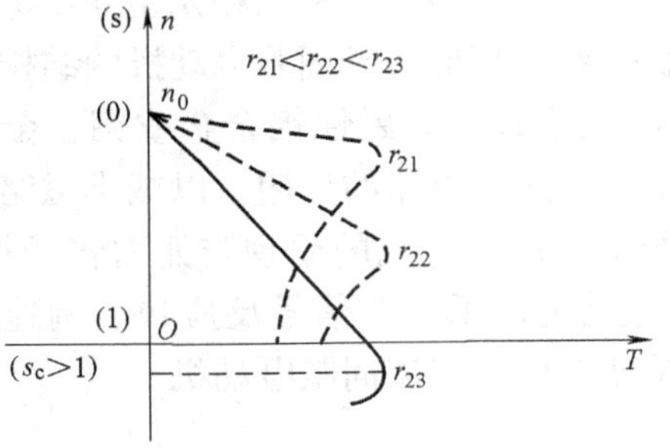

图8-36　对应不同转子电阻时机械特性

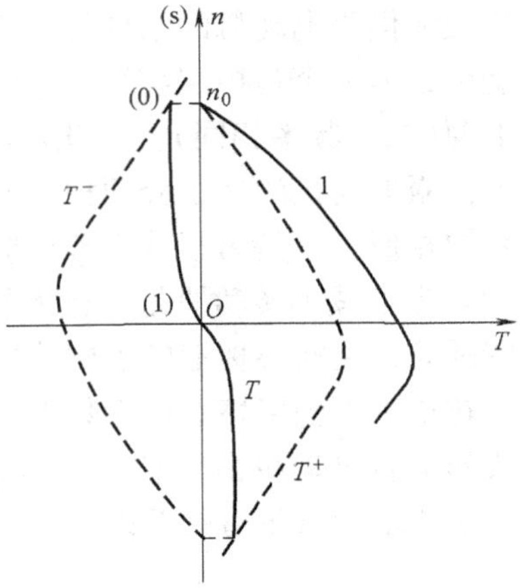

图8-37　没有控制电压时的机械特性曲线

图8-37中曲线1为有控制电压时伺服电动机的机械特性曲线，曲线T^+和T^-为去掉控制电压后，脉动磁场分解为正、反两个旋转磁场对应产生的转矩曲线。曲线T为T^+和T^-合成的转矩曲线。从图中看出，与异步电动机的机械特性曲线不同，它在第Ⅱ和第Ⅳ象限内。当速度n为正时，电磁转矩T为负；当n为负时，T为正，即去掉控制电压后，电磁转矩的方向总是与转子转向相反，是一个制动转矩。制动转矩的存在，可使转子迅速停止转动，保证了不会出现"自转"现象。停转所需要的时间，比两相电压U_c和U_f同时取消、单靠摩擦等制动方法所需的时间要短得多。这正是两相交流伺服电动机工作时，励磁绕组始终接在电源上的原因。

3. 特性和应用　交流伺服电动机运行时，若改变控制电压的大小或改变它与励磁电压之间的相位角，则旋转磁场将发生变化，从而影响到电磁转矩。当负载转矩一定时，可以通过调节控制电压的大小或相位来达到改变转速的目的。因此，两相交流伺服电动机的控制方法有三种。

(1) 幅值控制：即保持$\dot{U}_c$和$\dot{U}_f$相位差为90°的条件下，改变$\dot{U}_c$幅值大小。

(2) 相位控制：即保持$\dot{U}_c$幅值不变的条件下，改变$\dot{U}_c$和$\dot{U}_f$之间的相位差。

(3) 幅相控制：即同时改变$\dot{U}_c$的幅值和相位。

幅值控制的控制电路比较简单，生产中应用最多，下面只讨论幅值控制法。图8-38所示为幅值控制的一种接线图。从图中看出，两相绕组接于同一单相电源，适当选择电容C，使$\dot{U}_c$和$\dot{U}_f$相位差90°，改变R的大小，即改变控制电压$\dot{U}_c$的幅值，可以得到图8-39所示的不同控制电压下的机械特性曲线族。由图8-39可见，在一定负载转矩下，控制电压越高，转差率越小，电动机的转速就越高。

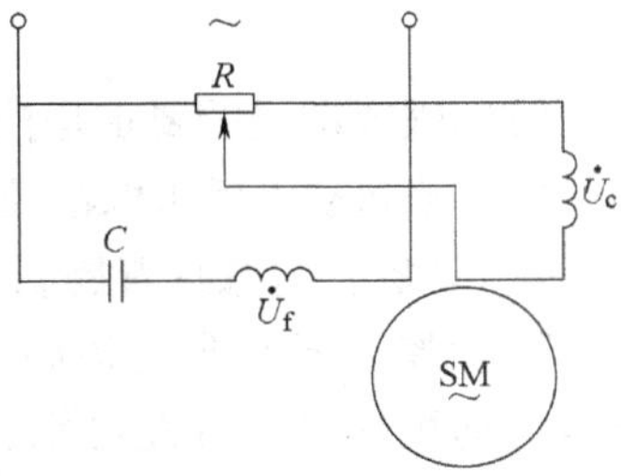

图8-38　幅值控制接线图

交流伺服电动机可以方便地利用控制电压$\dot{U}_c$的有无来进行起动、停止控制；利用改变控制电压$\dot{U}_c$的幅值(或相位)大小来调节转速的高低；利用改变$\dot{U}_c$的极性来改变电动机的转向，它是控制系统中的原动机。例如雷达系统中扫描天线的旋转、流量和温度控制中阀门的开度、数控机床中刀具的运动、甚至连船舶的方向舵与飞机驾驶盘的控制都是用伺服电动机来带动的。图 8-40 所示的为交流伺服电动机在自动控制系统中的典型应用框图。

由图 8-40 可以看出，伺服电动机的性能直接影响着整个系统的性能。因此，系统对伺服电动机的静态特性、动态特性都有相应的要求，在选用时应该注意。

直流伺服电动机和交流伺服电动机广泛应用于自动控制系统中，各有其特点：就机械特性和调节特性相比，前者的堵转矩大，机械特性曲线线性度好而且硬；后者特性曲线为非线性的，这将影响到系统的动态精度。一般来说，机械特性曲线的非线性度越大，系统的动态精度越低。

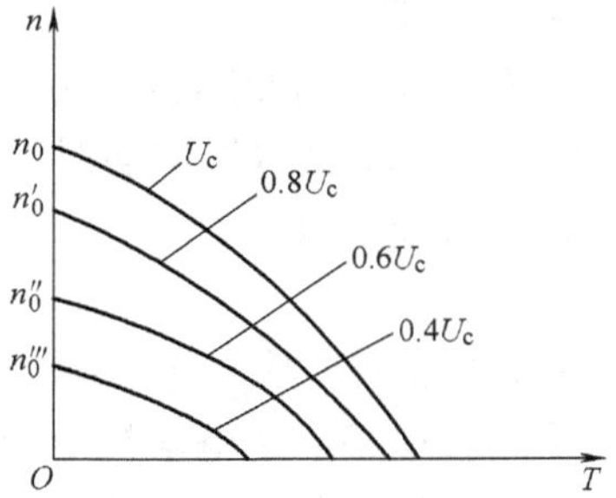

图 8-39　不同控制电压时的机械特性

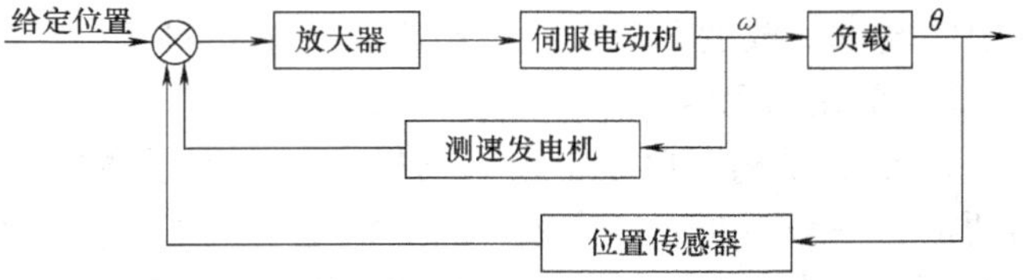

图 8-40　交流伺服电动机的典型应用框图

交流伺服电动机中负序磁场的存在会产生制动转矩，使得电动机的损耗增大，电磁转矩减小。当输出功率相同时，交流伺服电动机的体积大、质量重、效率低，只适用于小功率系统，其输出功率约为 0.1 ~ 100W，电源频率有 50Hz、400Hz 等几种，其中最常用的功率在 30W 以下。而对于功率较大的控制系统则普遍采用直流伺服电动机，其输出功率约为 1 ~ 600W，有的可达数千瓦。

直流伺服电动机由于有电刷和换向器，因而结构复杂、制造麻烦、维护困难，换向器还能引起无线电干扰。而交流伺服电动机结构简单，运行可靠，维护方便。在确定系统中采用何种电动机时，要综合考虑各种电动机的特点。

思考与分析

(1) 与单相电容运转电动机相比，交流伺服电动机的转子有何特点？

(2) 直流伺服电动机与直流电动机的主要区别有哪些？

(3) 一台直流伺服电动机带一个恒定负载，起动电压为 4V，当电枢电压为 50V 时，转速为 1500r/min，若要求转速达到 3000r/min，则需加多大电压？

(4) 保持永磁式直流伺服电动机电枢电压不变增加将负载转矩，此时电动机的电枢电流、电磁转矩、转速将如何变化？

(5) 什么是自转现象，如何消除？

(6) 直流伺服电机的励磁电压下降对电动机的机械特性和调节特性有何影响？

(7) 简述交流伺服电动机的工作原理。

(8) 简述交流伺服电动机不同控制方式的特点。

(9) 改变交流伺服电动机转向的方法有哪些？

8.5 单相串励电动机

单相串励电动机结构上与串励直流电动机相似，其励磁绕组与电枢绕组串联，由单相交流电励磁。它主要接单相交流电源，也可接直流电源，故又称为交、直流两用电动机(或通用电动机)。主要用于各种电动工具如手电钻、电动扳手、吸尘器等，它常常和工具制成一体。

8.5.1 单相串励电动机的工作原理

由于励磁电流为交流电，串励电动机的主磁极磁场为脉动磁场。设电源接通后某瞬间，电枢绕组电流方向如图 8-41a 所示，根据左手定则可知，电动机的电磁转矩为逆时针方向；当交流电进入另半个周期时，电枢绕组和励磁绕组中电流同时改变方向，因此励磁磁场与电枢电流作用后仍产生逆时针方向的电磁转矩 T_{em}，如图 8-41b 所示，电动机将维持逆时针方向继续转动。改变励磁绕组与电枢绕组的相对接线，电动机的转向可随之改变。

8.5.2 单相串励电动机的结构特点

1. 定子结构　单相串励电动机定子由定子线包套在定子磁极铁心上构成，定子磁极均为两极，一般不装设换向极。与直流电动机采用实心整块铁心不同，单相串励电动机定子铁心由厚度不大于 0.05mm 的硅钢片叠压成型，磁极和磁轭制成一体，如图 8-42a 所示。定子绕组是集中绕组，由绝缘导线在绕线模上绕成，绕成后包上绝缘就构成了定子线包，其外形如图 8-42b 所示。

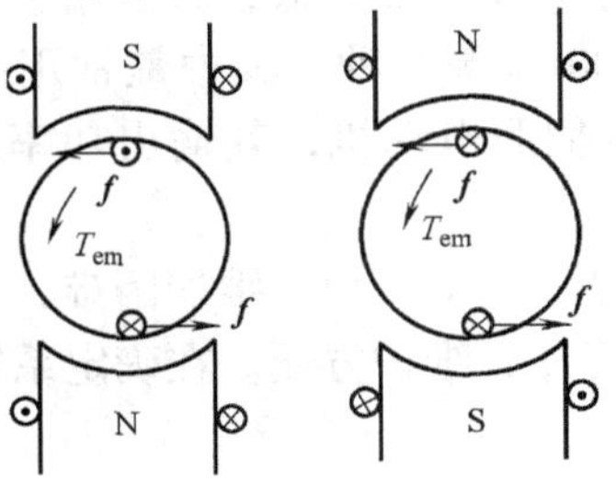

a)　　b)

图 8-41　通用电动机转动原理

a）电枢电流方向为正

b）电枢电流方向反向

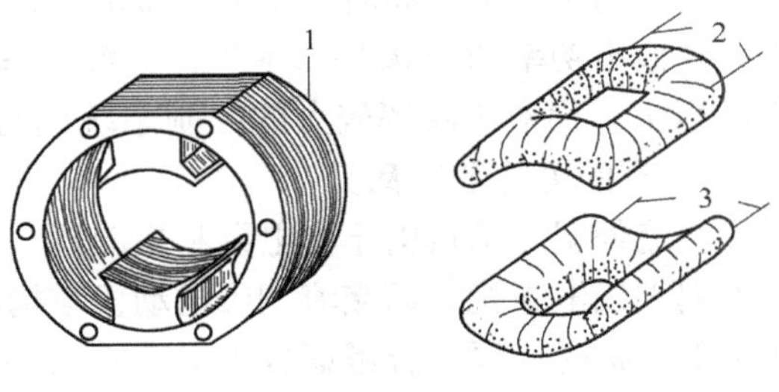

a)　　b)

图 8-42　单相串励电动机定子结构

a）定子铁心　b）定子线包(绕组)

1—叠片铁心　2、3—引线

2. 转子结构　单相串励电动机的转子结构如图 8-43 所示。与直流电动机转子类似，单相串励电动机的转子铁心为叠片铁心，电枢绕组为单叠绕组，转子上也设有换向器。为了防止电枢绕组端部引线甩出，换向器侧的绕组端部绕上了扎线。在转子铁心的端面，为了加强绝缘垫上了绝缘纸板，而在绕组端部和转轴之间为了同样的目的垫上了轴绝缘。

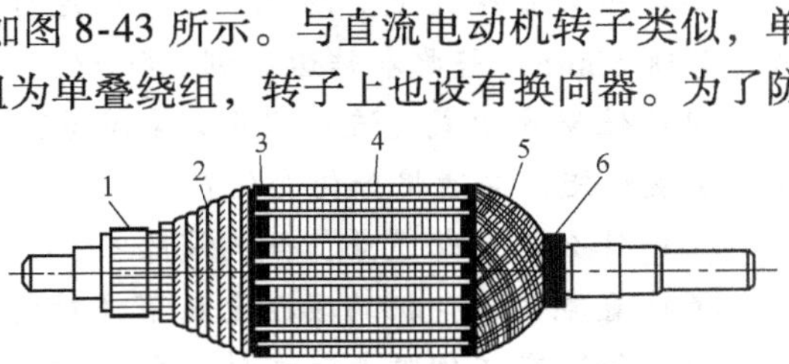

图 8-43　单相串励电动机的转子结构

1—换向器　2—扎线　3—端部绝缘纸板　4—铁心

5—绕组　6—轴绝缘

与直流电动机相比，单相串励电动机转子绕组的特点在于它的每一槽内都容纳了 2 ~ 3 个线圈，线圈数为铁心槽数的 2 ~ 3 倍。同时，因为电枢绕组的线圈个数与换向片数相等，故它的换向片数目也为铁心槽数的 2 ~ 3 倍。单相串励电动机增加换向片数和绕组元件数的主要目的是为了改善换向。

3. 定子线包和电枢绕组的连接方式　单相串励电动机的定子线包和电枢绕组通过换向器、电刷串联，串联方式有两种，如图 8-44 所示，这两种串联方法并无实质性差别。连接时，注意通电后应当使两磁极极性相反。要做到这一点，必须注意串联时线包导体的绕向。当线包导体绕向不易判别（如线包已缠上绝缘带）时，可用图 8-45 所示的方法来验证极性。在如图 8-45 所示接线中通入低压电源（电压高低以电流不超过额定值为准，一般为额定电压的 10% 以下）。若铁钉直立于两极间，则极性正确，否则应换掉一个线包的端头，重新试验，直到铁钉直立为止。

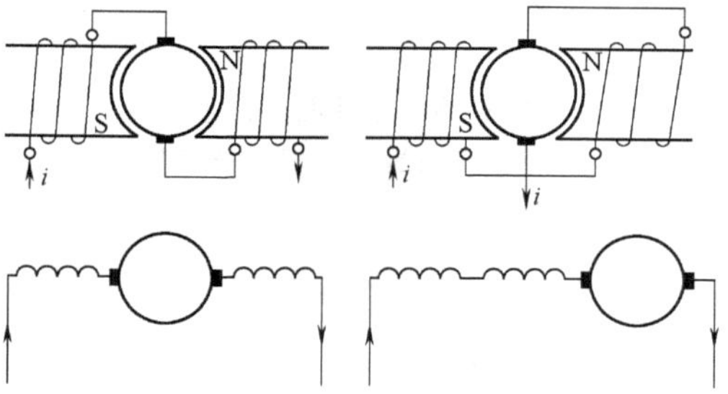

图 8-44　定子线包和电枢绕组的连接方式

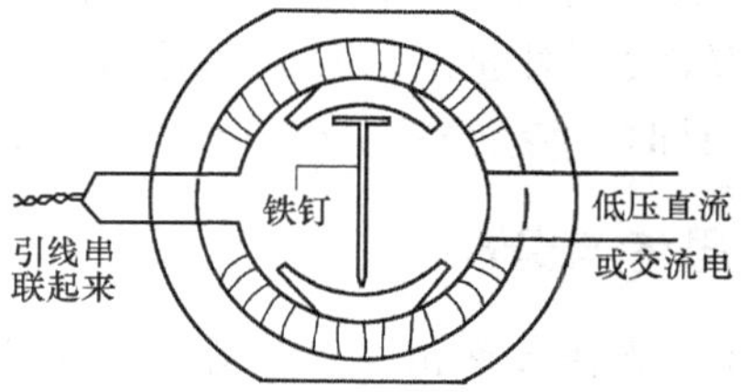

图 8-45　用铁钉验证定子线包极性的方法

4. 补偿绕组的连接方式　补偿绕组在定子周围绕制，其作用是抵消电枢绕组中的感抗。当交、直流两用电动机工作在交流电源下时，补偿绕组可按两种方式连接：图 8-46 所示补偿绕组与电枢串联，称为传导补偿；图 8-47 所示补偿绕组两端短接，就像变压器短路的二次绕组那样产生感应电流使其工作，称为感应补偿。当交、直流两用电动机接直流电时不能用感应补偿。

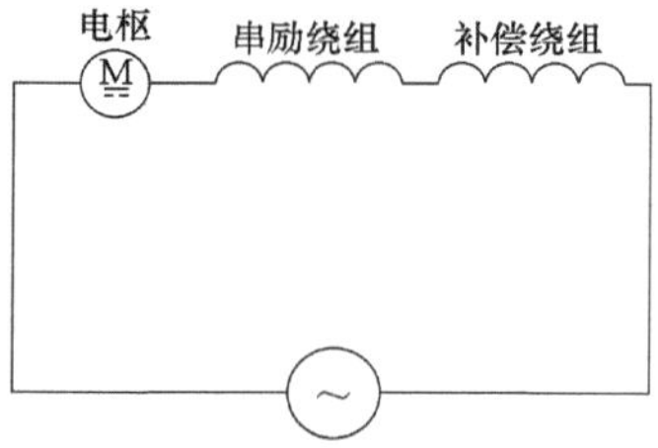

图 8-46　传导补偿

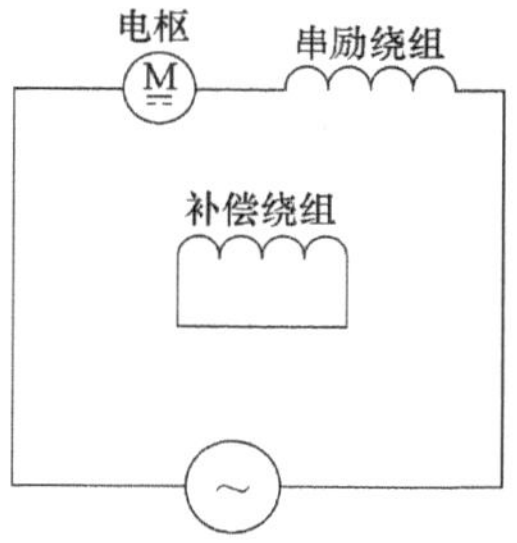

图 8-47　感应补偿

5. 中性面位置的设置　中性面位置的设置就是将电刷放在几何中性线上。在交、直流两用电动机中，串励绕组和补偿绕组都可用来设置中性面。用串励绕组设置中性面的位置时，电枢接线端要通入交流电源，如图 8-48a 所示。将电压表与串励绕组串联，然后向电枢通电，并不断移动电刷位置直到电压表读数最小。如果用补偿绕组来设置中性面的位置，电枢仍接交流电源且电压表与补偿绕组相连接，如图 8-48b 所示。然后向电枢通入交流电流，随后移动电刷直到电压表读数最大。

8.5.3　单相串励电动机的特点及应用

单相串励电动机的转速与电源频率无关，这是它与其他交流电动机的主要区别，而且设计转速都很高，目前在 8000～18000r/min 之间。

单相串励电动机的电磁转矩含有很大的脉振分量，这是它与其他交流电动机又一个显著的区别。转矩的波动将导致电动机振动，频率为工频的 2 倍。

单相串励电动机具有体积小、转速高、起动转矩大等优点，主要用作电动工具及家用电器(如普通电钻、冲击电钻、电刨子、吸尘器、电吹风、电动缝纫机等)的动力，已成为世界上用量最多的一种电动机。但这种电动机换向条件比直流电动机更差，使用中往往会出现火花，且噪声较大，对通信信号极易造成干扰，使用电动工具时，特别要注意防止触电事故。

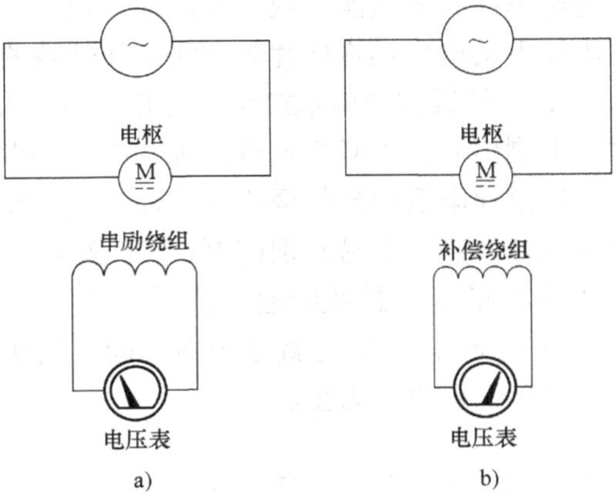

图 8-48　中性面的设置

a）用串励绕组设置　b）用补偿绕组设置

思考与分析

(1) 为什么单相串励电动机常常叫做交、直流两用电动机?

(2) 补偿绕组的功能是什么?

(3) 如何使交、直流两用电动机的转向相反?

(4) 当交直流两用电动机接直流电时，补偿绕组必须怎样连接?

(5) 试述利用串励绕组如何设置中性面的位置。

(6) 试述利用补偿绕组如何设置中性面的位置。

第 9 章　变压器应用与维修

学习目标

1. 掌握变压器的基本原理与结构特点。
2. 熟悉变压器的外特性及电压变化率的概念。
3. 了解三相电力变压器的结构特点和铭牌数据的含义。
4. 掌握自耦变压器、仪用互感器的原理及使用规范。
5. 熟悉小型变压器常见故障的判断及处理方法。
6. 能够对小型变压器进行修理与测试。
7. 能够正确判定变压器绕组的同名端。

变压器是一种静止的电磁装置，是输配电中不可缺少的设备，对电能的经济传输、灵活分配与安全使用具有重要的意义。它主要用来改变线路电压，也可以用来改变电流、阻抗或在控制系统中变换传递信号。

9.1　变压器的基本原理与结构

不妨拆开一个废旧收音机中的变压器。可以看到，变压器主要由一块钢铁周围绕着两组铜线构成。这块钢铁称为铁心，它是用软磁材料做的，用涂有绝缘漆的硅钢薄片叠合而成。铜线称为线圈，其中一组用来连接电源，称为一次绕组，另一个连接后面的用电器，称为二次绕组。

9.1.1　变压器的基本原理

1. 变压器的空载运行　变压器空载运行原理如图 9-1 所示，在一个闭合的铁心磁路上，一次绕组匝数为 N_1，二次绕组匝数为 N_2。

当二次绕组开路，一次绕组在外加交流电压 u_1 作用下，流过交流电流 i_0（称为空载电流），并建立交变磁动势，在铁心中产生交变磁通 Φ。该磁通同时交链一、二次绕组，根据电磁感应定律，在一、二次绕组中产生感应电动势 e_1、e_2。通过分析可得电动势有效值为

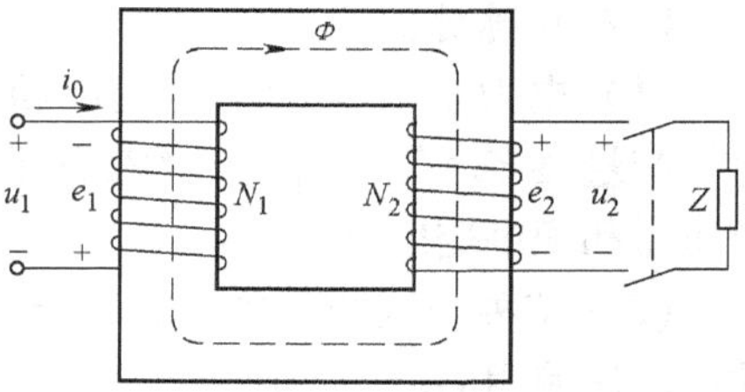

图 9-1　变压器空载运行原理

$$E_1 = 4.44 f N_1 \Phi_m \quad (9\text{-}1)$$

$$E_2 = 4.44 f N_2 \Phi_m \quad (9\text{-}2)$$

式中　Φ_m——交变磁通的最大值；

f——交流电的频率。

由此可得

$$\frac{E_1}{E_2}=\frac{N_1}{N_2}$$

如略去一次绕组中的阻抗不计，则外加电源电压 U_1 与一次绕组中的感应电动势 E_1 可近似看作相等，即

$$U_1 \approx E_1$$

在空载情况下，由于二次绕组开路，故端电压 U_2 与电动势 E_2 相等，即

$$U_2 = E_2$$

因此

$$\frac{U_1}{U_2}\approx\frac{E_1}{E_2}=\frac{N_1}{N_2}=k_u=k \tag{9-3}$$

式中　k_u——变压器的电压比，也可以用 k 来表示，它是变压器中最重要的参数之一。

2. 变压器的负载运行　变压器一次绕组接额定电压，二次绕组与负载相连的运行状态称为变压器的负载运行，运行原理如图 9-2 所示。

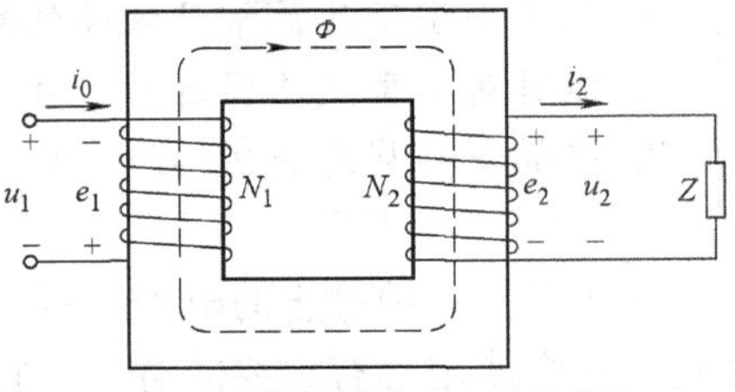

图 9-2　变压器负载运行原理

此时二次绕组中有电流 i_2 通过，由于该电流是依据电磁感应原理由一次绕组感应产生的，因此一次绕组中的电流也由空载电流 i_0 变为负载电流 i_1。通过分析可得一、二次绕组中的电流关系为

$$\frac{I_1}{I_2}=\frac{U_2}{U_1}\approx\frac{N_2}{N_1}=\frac{1}{k_u}=k_i \tag{9-4}$$

式中　k_i——变压器的电流比。

当变压器负载电流 i_2 变化时，一次电流 i_1 会相应地变化，以抵消负载电流的影响，使铁心中的磁通基本保持不变。正是负载电流的去磁作用和一次电流的相应变化维持了主磁通近似不变的效果，使得变压器可以通过磁的关系，把输入到一次侧的功率传递到二次侧。同时，也说明了二次电流变化时，一次电流也跟着变化。

9.1.2　变压器的分类

变压器原理虽然简单，但形式却多种多样，大变压器可重达数十吨，而小变压器比钮扣还小，通常可按用途、绕组结构、铁心结构、相数、冷却方式等进行分类。

1. 按用途分类

（1）电力变压器：用来实现电能的输送与分配，通常见到的变压器大都为电力变压器，它是产量最多、使用最广泛的变压器。按功能不同，电力变压器又可分为升压变压器、降压变压器和配电变压器等。

（2）特种变压器：在特殊场合使用的变压器，如作为焊接电源的电焊变压器、专供大功率电炉使用的电炉变压器等。

（3）仪用互感器：用于电工测量领域，如电流互感器、电压互感器等。

（4）其他变压器：如实验用的高压变压器、输出电压可调的调压变压器和产生脉冲信号的脉冲变压器等。

2. 按绕组结构分类　有双绕组变压器、三绕组变压器、多绕组变压器和自耦变压器等。

3. 按铁心结构分类　有心式变压器、壳式变压器。

4. 按相数分类　有单相变压器、三相变压器和多相变压器。

5. 按冷却方式分类　有干式变压器、油浸式自冷变压器、油浸式风冷变压器、强迫油循环变压器和充气式变压器等。

9.1.3　变压器的基本结构

变压器主要由铁心和绕组(又称线圈)两部分组成。

1. 铁心　铁心构成变压器的磁路系统，并作为变压器的机械骨架。铁心由铁心柱和铁轭两部分组成，铁心柱上套装变压器绕组，铁轭起连接铁心柱使磁路闭合的作用。对铁心的要求是导磁性能要好，磁滞损耗及涡流损耗要尽量小，因此，一般采用 0.35mm 厚的硅钢片叠压而成。

变压器按铁心的结构可分为心式变压器和壳式变压器两大类。心式变压器在两侧的铁心柱上放置绕组，形成绕组包围铁心的形式，如图 9-3a 所示；壳式变压器则是在中间的铁心柱上放置绕组，形成铁心包围绕组的形式，如图 9-3b 所示。

根据变压器铁心的制作工艺可分叠片式铁心和卷制式铁心两种。图 9-3c 所示为采用卷制式铁心的 C 形变压器。

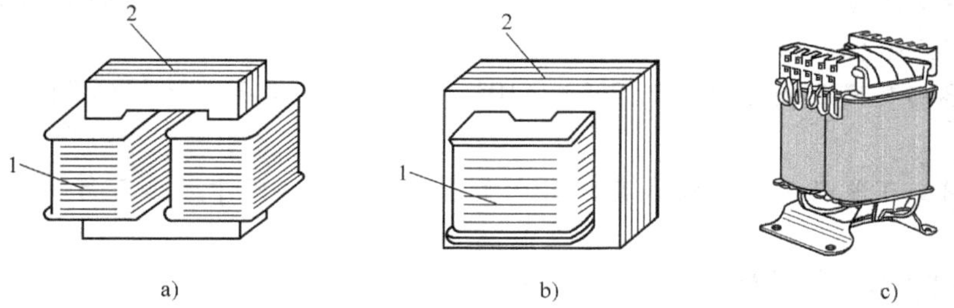

图 9-3　变压器铁心形式

a) 心式　b) 壳式　c) C 形变压器

1—绕组　2—铁心

2. 绕组(线圈)　变压器的线圈通常称为绕组，它是变压器中的电路部分，小型变压器一般用涂有绝缘漆的圆铜线绕制而成，容量稍大的变压器则用扁铜线或扁铝线绕制。

在变压器中，接到高压电网的绕组称高压绕组，接到低压电网的绕组称为低压绕组。按高压绕组和低压绕组的相互位置和形状不同，可分为同心式和交叠式两种。

(1) 同心式绕组将高、低压绕组同心地套装在铁心柱上，如图 9-4 所示。为了便于与铁心绝缘，把低压绕组套装在里面，高压绕组套装在外面。

同心式绕组按其绕制方法的不同又可分为圆筒式、螺旋式和连续式等多种，它的结构简单、制造容易，是一种最常见的绕组结构形式。

(2) 交叠式绕组又称饼式绕组，它将高压绕组及低压绕组分成若干个线饼，沿着铁心柱的高度交替排列，如图 9-5 所示。这种安装方式比较牢固，但绝缘复杂。

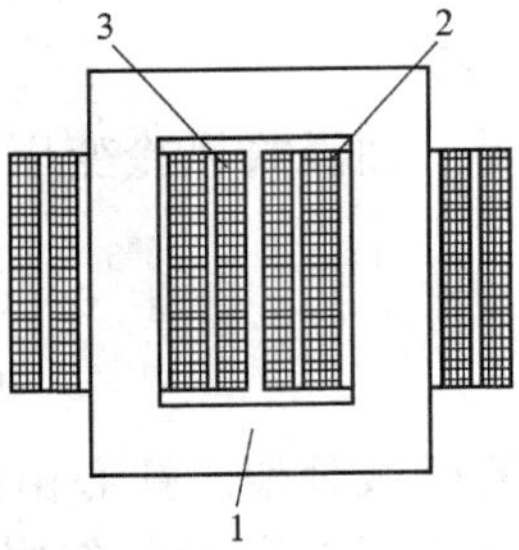

图 9-4　同心式绕组
1—铁心　2—低压绕组
3—高压绕组

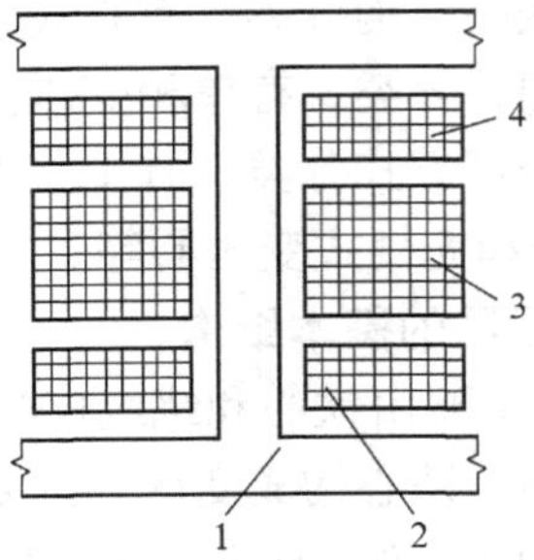

图 9-5　交叠式绕组
1—铁心　2、4—低压绕组
3—高压绕组

思考与分析

(1) 变压器的基本工作原理是什么？

(2) 变压器的铁心为什么要用硅钢片叠成？如果回路中有间隙，对变压器有何影响？

(3) 一台变压器，若把一次侧误接到直流电源上，其电压大小与额定电压相同，问励磁电流将有何变化？

(4) 某单相变压器额定电压为 220V/110V，如不慎将低压侧误接到 220V 交流电源上，将有何影响？

(5) 不用变压器而用一个滑线变阻器来变压，试问在实际中是否可行？

9.2　变压器的运行特性

变压器负载运行时的主要指标有电压变化率和效率，它们可从变压器运行的外特性与效率特性上获得。

9.2.1　变压器的外特性

1. 变压器的外特性　变压器加上负载之后，随着负载电流 I_2 的增加，二次绕组输出的电压 U_2 随之发生变化。当一次绕组电压 U_1 和负载的功率因数 $\cos\varphi_2$ 一定时，二次绕组电压 U_2 与负载电流 I_2 的关系，称为变压器的外特性。将功率因数不同时的几条外特性绘于图 9-6 中，称为外特性曲线。可以看出，当 $\cos\varphi_2=1$ 时，U_2 随 I_2 的增加而下降得并不多。

2. 变压器的电压变化率　一般情况下，变压器的负载大多数是感性负载，因而当负载增加时，输出电压 U_2 总是下降的，其下降的程度常用电压变化率来描述。当变压器一次绕组接 50Hz 的额定电压，二次绕组空载时的电压 U_{2N} 与额定负载时的电压 U_2 之差与 U_{2N} 之比的百分值就称为变压器的电压变化率，用 $\Delta U\%$ 来表示，即

$$\Delta U\% = \frac{U_{2N} - U_2}{U_{2N}} \times 100\% \tag{9-5}$$

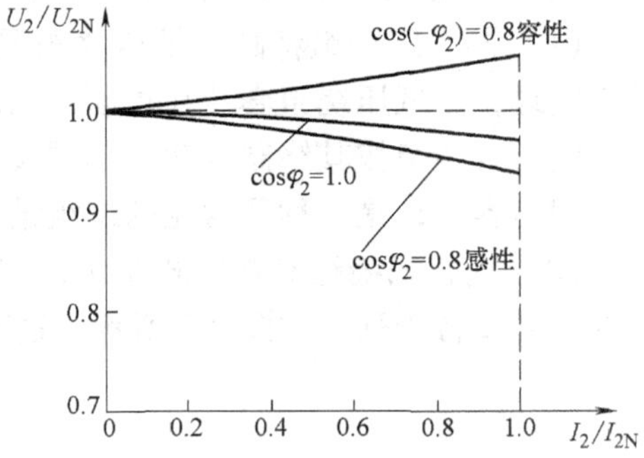

图 9-6　变压器的外特性曲线

式中　U_{2N}——变压器空载时二次绕组的电压(称为额定电压);

U_2——二次绕组输出额定电流时的电压。

电压变化率反映了供电电压的稳定性，是变压器的一个重要性能指标。$\Delta U\%$越小，说明变压器二次绕组输出的电压越稳定，因此要求$\Delta U\%$越小越好。常用的电力变压器从空载到满载，电压变化率约为3%~5%。

9.2.2　变压器的损耗及效率特性

变压器从电源输入的有功功率P_1和向负载输出的有功功率P_2可分别用下式计算

$$P_1 = U_1 I_1 \cos\varphi_1$$

$$P_2 = U_2 I_2 \cos\varphi_2$$

两者之差为变压器的损耗ΔP，它包括铜损耗p_{Cu}和铁损耗p_{Fe}两部分，即

$$\Delta P = p_{Cu} + p_{Fe} \tag{9-6}$$

1. 铁损耗p_{Fe}　变压器的铁损耗主要是铁心中的磁滞损耗和涡流损耗。它与一次绕组上所加的电源电压大小有关，而与负载电流的大小无关。当电源电压一定时，铁心中的磁通基本不变，故铁损耗也就基本不变，因此铁损耗又称为“不变损耗”。

2. 铜损耗p_{Cu}　变压器的铜损耗主要是指电流在一、二次绕组电阻上产生的损耗，在变压器中铜损耗与负载电流的平方成正比，所以铜损耗又称“可变损耗”。

3. 效率　变压器的输出功率P_2与输入功率P_1之比称为变压器的效率η，即

$$\eta = \frac{P_2}{P_1}\times 100\% = \frac{P_2}{P_2+\Delta P}\times 100\% = \frac{P_2}{P_2+p_{Cu}+p_{Fe}}\times 100\% \tag{9-7}$$

变压器的效率一般都比较高，中、小型电力变压器效率在95%以上，大型电力变压器效率可达99%以上。

当变压器的负载功率因数$\cos\varphi_2$一定时，效率只与负载系数β有关($\beta = I_2/I_{2N}$)。我们把负载功率因数一定时，效率与负载系数的关系称为效率特性，如图9-7所示。

变压器的效率特性曲线是非线性的，一般β在0.6左右时，变压器的效率最高。在相同的负载系数下，负载的功率因数越高其效率越高。要提高变压器的效率，不应使变压器在较低的负载下运行。

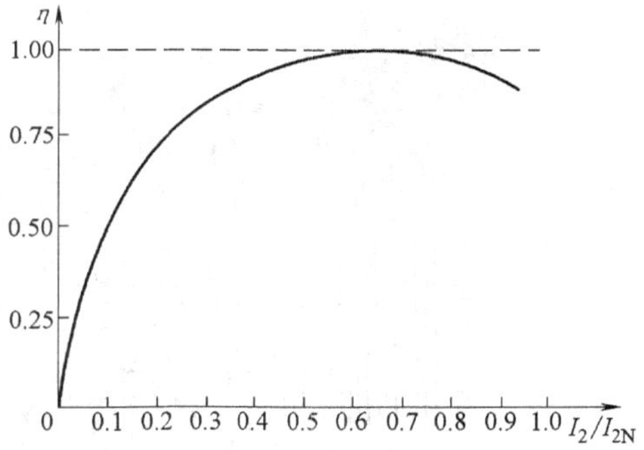

图9-7　变压器的效率特性曲线

思考与分析

(1) 某低压照明变压器$U_1=380V$，$I_1=0.263A$，$N_1=1010$匝，$N_2=103$匝，试求二次绕组对应的输出电压U_2及输出电流I_2。该变压器能否给一个60W且电压相当的低压照明灯供电?

(2) 有一台单相照明的变压器，容量为2kV·A，电压为380V/36V，现在低压侧接上$U=36V$、$P=40W$的白炽灯，使变压器在额定状态下工作，问能接多少盏?此时的I_1和I_2各为多少?

(3) 变压器的一、二次绕组并没有直接的电路联系，但在负载运行时，当负载电流增

大或减小时，一次电流也跟着变化，这是何原因？

(4) 变压器在运行中有哪些基本损耗？它们各与什么因素有关？

(5) 变压器带何种负载时，有可能使电压变化率为零？

9.3 三相电力变压器

现代的电力系统都采用三相制供电，因而广泛采用三相变压器来实现电压的转换。电能传输过程如图 9-8 所示。

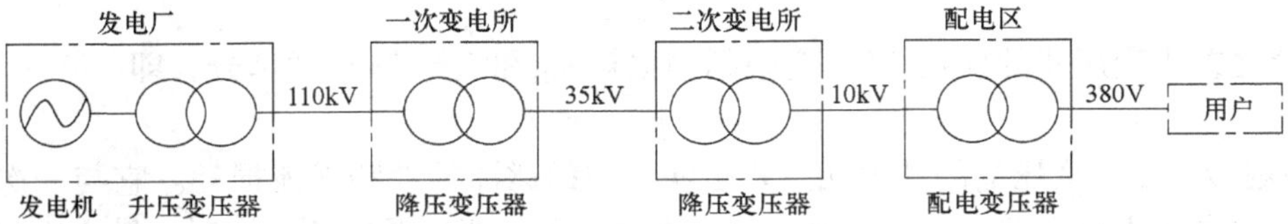

图 9-8　电能传输过程

9.3.1 三相电力变压器的结构

在三相电力变压器中，目前使用最广的是油浸式电力变压器，它主要由铁心、绕组、油箱、冷却装置和保护装置等部件组成，其外形如图 9-9 所示，现简介如下。

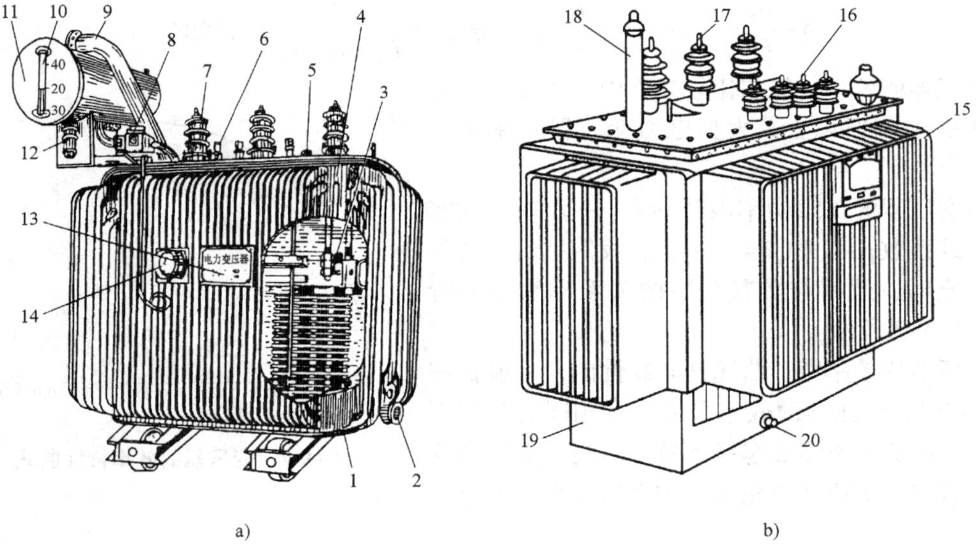

图 9-9　三相电力变压器的外形

a) SJ1 系列变压器　b) S 系列变压器

1—线圈　2、20—放油阀门　3—铁心　4、19—油箱　5—分接开关　6、16—低压套管　7、17—高压套管　8—气体继电器　9—安全气道　10—油位计　11—储油柜　12—吸湿器　13—铭牌　14—温度计　15—散热器　18—防爆装置

1. 铁心　铁心是三相电力变压器的磁路部分，与单相变压器一样，它也是由 0.35mm 厚的硅钢片叠压（或卷制）而成，新型电力变压器铁心均用冷轧晶粒取向硅钢片制作，以降低损耗。三相电力变压器铁心均采用心式结构，如图 9-10 所示。

通常心式结构的铁心采用交叠式叠装工艺，即把剪成条状的硅钢片用两种不同的排列方法交错叠放，每层将接缝错开叠装，如图 9-11 所示。交叠式铁心的优点是各层磁路的接缝相互错开，气隙小，故空载电流较小。另外交叠式铁心的夹紧装置简单经济，且可靠性高，因而在国产电力变压器中得到广泛采用。

自 20 世纪 80 年代起，高磁导率、低损耗的冷轧晶粒取向硅钢片在电力变压器中被广泛采用，为了减少附加损耗，广泛采用图 9-12 所示的 45°斜切硅钢片进行叠装。

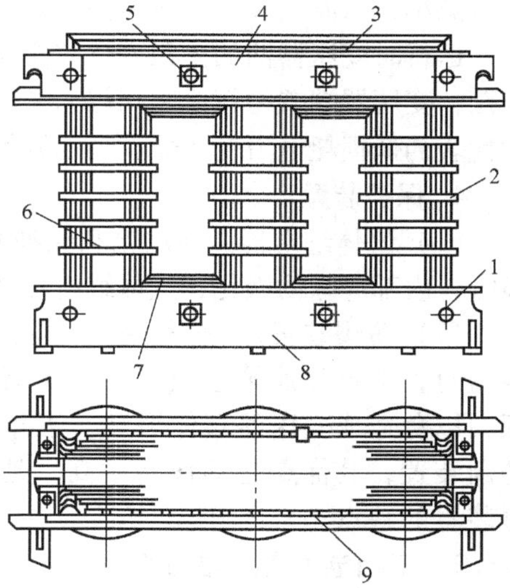

图 9-10 三相电力变压器铁心
1—方铁螺栓 2—无纬玻璃线带 3—上铁轭 4—上夹件 5—夹紧螺栓 6—铁心柱 7—下铁轭 8—下夹件 9—夹件绝缘

2. 绕组 绕组是三相电力变压器的电路部分。一般用绝缘纸包的扁铜线或扁铝线绕成，大多数电力变压器都采用同心式绕组，即一次绕组和二次绕组套装在同一铁心柱上。为了便于绝缘，一般低压绕组套在里面，高压绕组套在外面。同心式绕组按其绕制方法不同，又分为圆筒式、螺旋式、分段式和连续式等 4 种，不同结构具有不同的电气、机械性能。图 9-13 所示为常用的圆筒式和连续式绕组结构图。

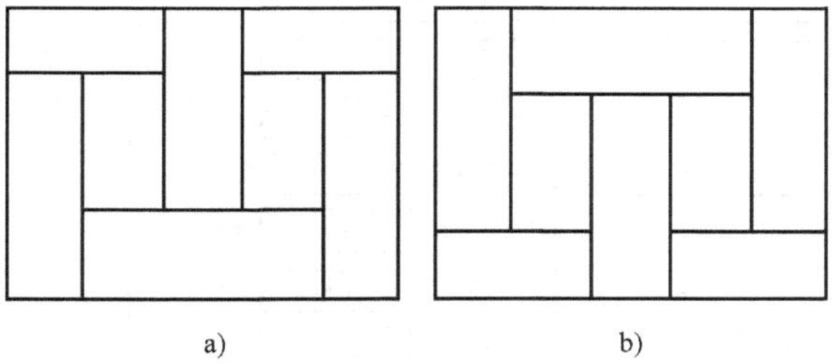

图 9-11 三相交叠式铁心叠片方式
a）奇数层 b）偶数层

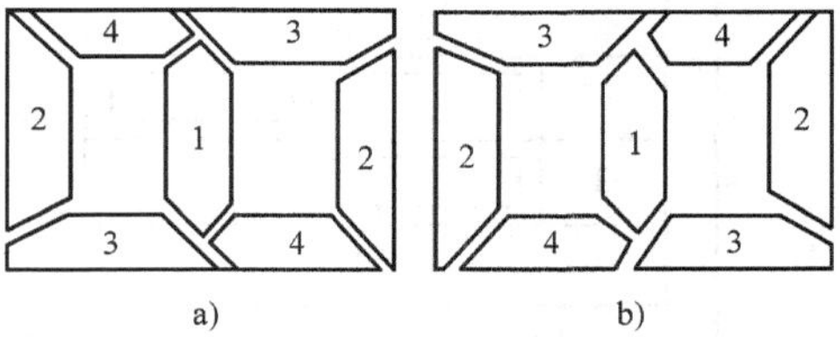

图 9-12 45°斜切硅钢片叠装
a）奇数层 b）偶数层

3. 油箱和冷却装置 由于三相变压器主要用于电力系统进行电能的传输，容量都比较大，电压也比较高。为了铁心和绕组的散热和绝缘，均将其置于绝缘的变压器油箱内，如图 9-9 所示。为了增加散热面积，一般在油箱四周加装散热装置，老型号电力变压器采用在油箱四周加焊扁形散热油管，如图 9-9a 所示。新型电力变压器以采用片式散热器散热为多，如图 9-9b 所示。

较多的变压器在油箱上部还安装有储油柜，它通过连接管与油箱相通。储油柜内的油面高度随变压器油的热胀冷缩而变动。使变压器油与空气的接触面积

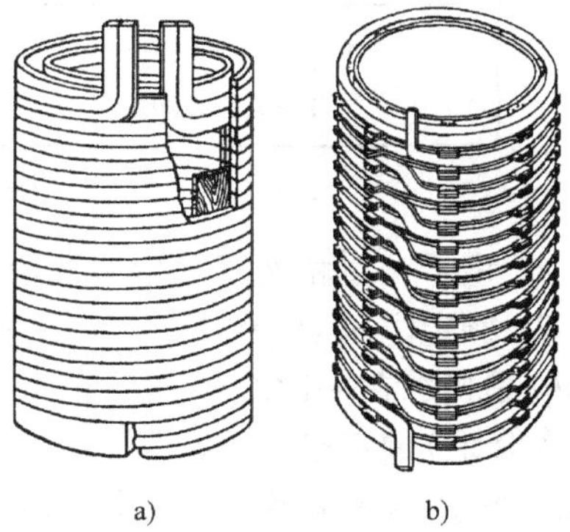

图 9-13 常用的圆筒式和连续式绕组结构图
a）圆筒式绕组 b）连续式绕组

大为减小，从而减缓了变压器油的老化速度。新型的全充油密封式电力变压器则取消了储油柜，运行时变压器油的体积变化完全由设在侧壁的膨胀式散热器(金属波纹油箱)内的油来补偿，变压器端盖与箱体之间焊为一体，设备免维护、运行安全可靠。在我国，以 S10 系列为代表的低损耗电力变压器，现已开始批量生产。

4. 保护装置

(1) 气体继电器。在油箱和储油柜之间的连接管中装有气体继电器，当变压器发生故障时，内部绝缘物汽化，气体继电器动作，发出信号或使开关跳闸。

(2) 防爆装置(安全气道)。装在油箱顶部，它是一个长的圆形钢筒，上端用酚醛纸板密封，下端与油箱连通。若变压器发生故障，油箱内压力骤增时，则油流冲破酚醛纸板，以免造成变压器箱体爆裂。近年来，国产电力变压器已广泛采用压力释放阀来取代防爆装置，其优点是动作精度高、延时时间短、能自动开启及关闭，克服了停电更换防爆装置的缺点。

9.3.2 三相电力变压器的铭牌

在每台电力变压器的油箱上都有一块铭牌，标志其型号和主要参数，作为正确使用变压器的依据，如图 9-14 所示。

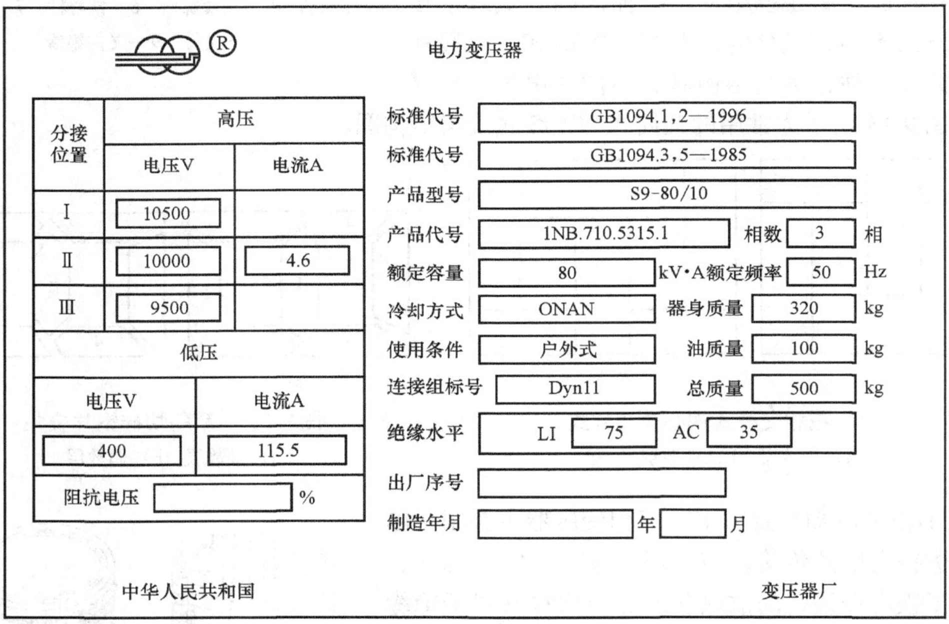

图 9-14 三相电力变压器铭牌

1. 型号 三相变压器型号及含义如图 9-15 所示。

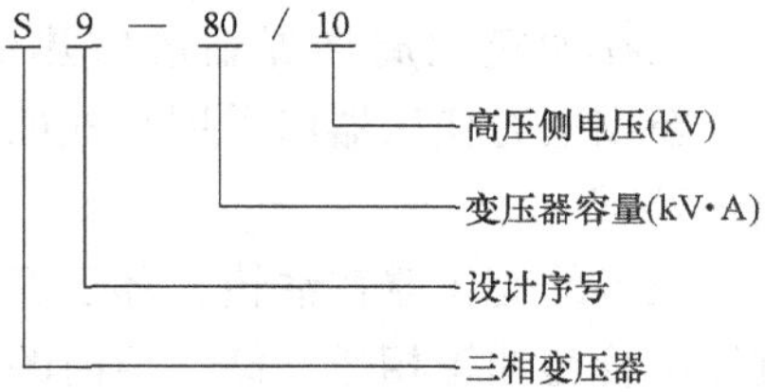

图 9-15 三相变压器型号及含义

2. 额定电压 U_{1N} 和 U_{2N} 高压侧(一次绕组)额定电压 U_{1N} 是指加在一次绕组上的正常工作电压值；低压侧(二次绕组)额定电压 U_{2N} 是指变压器空载、高压侧加额定电压时，二次绕组两端的电压值。

变压器接上负载后，二次绕组的输出电压 U_2 将随负载电流的增加而下降，为保证在额定负载时能输出

380V 的电压，考虑到电压变化率为 5%，故该变压器空载时二次绕组的额定电压 U_{2N} 为 400V。在三相变压器中，额定电压均指线电压。

3. 额定电流 I_{1N} 和 I_{2N}　额定电流是指根据变压器容许发热的条件而规定的满载电流值。在三相变压器中额定电流是指线电流。

4. 额定容量 S_N　额定容量是指变压器在额定工作状态下，二次绕组的视在功率，其单位为 kV · A。

单相变压器的额定容量为

$$S_N = \frac{U_{2N} I_{2N}}{1000}$$

三相变压器的额定容量为

$$S_N = \frac{\sqrt{3} U_{2N} I_{2N}}{1000}$$

5. 联结组标号　指三相变压器一次、二次绕组的连接方式，可根据实际需要采用星形联结或三角形联结。Y(高压绕组作星形联结)、y(低压绕组作星形联结)；D(高压绕组作三角形联结)、d(低压绕组作三角形联结)；N(高压绕组作星形联结且有中性线)、n(低压绕组作星形联结且有中性线)。

6. 阻抗电压　阻抗电压又称为短路电压。通常用额定电流时变压器阻抗压降与额定电压 U_{1N} 的百分比来表示。

思考与分析

为什么目前我国生产的变压器(特别是电力变压器)铁心均用冷轧硅钢片制作?

9.4　自耦变压器和仪用互感器

在实际工业生产中，除前面讲述的电力变压器外，还有各种用途的变压器。本节仅介绍常用的自耦变压器和仪用互感器的工作原理及特点。

9.4.1　自耦变压器

1. 结构特点　变压器的一、二次绕组合二为一，二次绕组成为一次绕组的一部分，这种变压器称为自耦变压器，如图 9-16 所示。自耦变压器的一、二次绕组之间除了有磁的耦合外，还有电的直接联系。

2. 电压、电流关系　自耦变压器的电压比 k 为

$$k = \frac{E_1}{E_2} = \frac{N_1}{N_2} \approx \frac{U_1}{U_2}$$

流经公共绕组的电流 I 为

$$I = I_2 - I_1$$

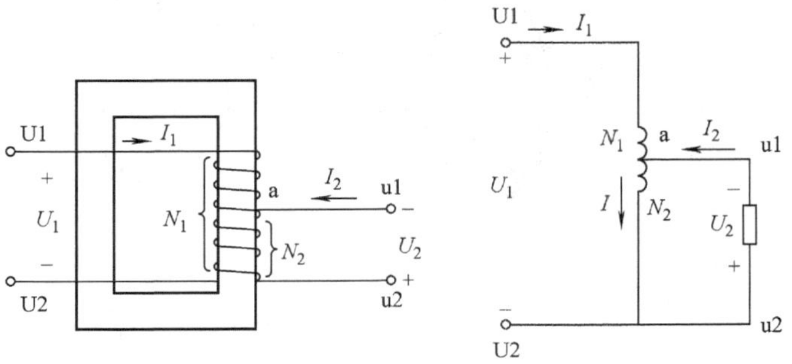

图 9-16　自耦变压器原理图

可见，流经公共绕组的电流总是小于输出电流 I_2。当电压比 k 接近于 1 时，则 I_1 与 I_2 的数值相差不大，即公共绕组中的电流 I 很小，因而这部分绕组可用截面积较小的导线绕

制，以节约用铜量，并减小自耦变压器的体积与重量。

3. 自耦调压器　如果把自耦变压器的抽头做成滑动触点，就可构成输出电压可调的自耦变压器，称为自耦调压器，其外形图和电路原理如图 9-17 所示。常用的单相调压器一次绕组输入电压 $U_1 = 220\text{V}$，二次绕组输出电压 $U_2 = 0 \sim 250\text{V}$。使用时注意：一、二次绕组的公共端 U2 或 u2 接中性线(零线)，U1 端接电源相线(俗称火线)，u1 和 u2 作为输出端。此外还必须注意自耦调压器在接电源之前，必须把手柄转到零位，使输出为零，接电源后再慢慢顺时针转动手柄，使输出电压逐步上升。

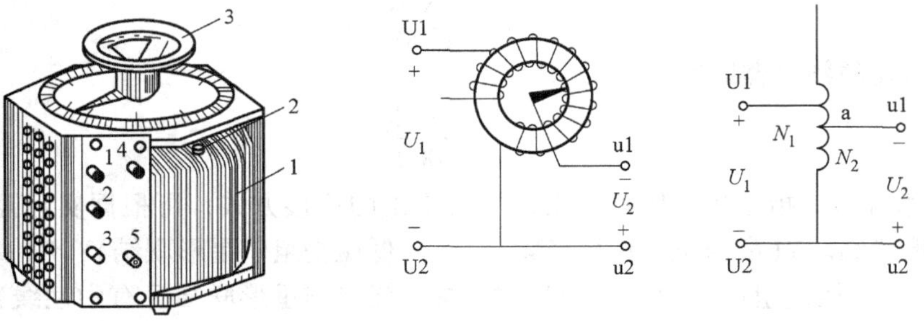

a)　　b)

图 9-17　自耦调压器

a）外形图　b）原理电路图

1—绕组　2—接触臂　3—手柄

9.4.2　仪用互感器

仪用互感器是作为测量用的专用设备，分电流互感器和电压互感器两种，它们的工作原理与变压器相同。使用仪用互感器：一是为了测量人员的安全，使测量回路与高压电网相互隔离；二是扩大测量仪表(电流表及电压表)的测量范围。

1. 电流互感器　在电工测量中用来按比例变换交流电流的仪器称为电流互感器。电流互感器一次绕组串联在被测交流电路中，流过的是被测电流 I_1，一般只有一匝或几匝，用粗导线绕制；二次绕组匝数较多，与交流电流表(或电能表、功率表)相接，如图 9-18 所示。

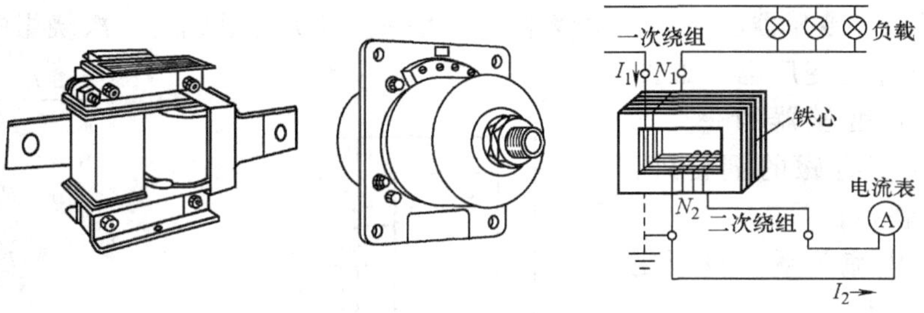

a)　　b)

图 9-18　电流互感器

a）外形图　b）原理电路图

由变压器工作原理可得

$$\frac{I_1}{I_2} = \frac{N_2}{N_1} = k_i$$

故

$$I_1 = k_i I_2 \tag{9-8}$$

k_i 称为电流互感器的额定电流比，标在电流互感器的铭牌上，只要读出接在电流互感器二次侧电流表的读数，则一次电路的待测电流就很容易根据式(9-8)得到。一般二次侧用量程为 5A 的电流互感器。只要改变接入的电流互感器的电流比，就可测量大小不同的一次电流。使用电流互感器时必须注意以下事项：

（1）电流互感器的二次绕组绝对不允许开路。

（2）电流互感器的铁心及二次绕组一端必须可靠接地，如图 9-18b 所示，以防止绝缘击穿后，电力系统的高压危及工作人员及设备的安全。

2. 电压互感器　在电工测量中用来按比例变换交流电压的仪器称为电压互感器，如图 9-19 所示。

电压互感器的一次绕组匝数为 N_1，与待测电路并联；二次绕组匝数为 N_2，与电压表并联。一次电压为 U_1，二次电压为 U_2，其电压比 k_u 为

$$k_u = \frac{U_1}{U_2} = \frac{N_1}{N_2} \tag{9-9}$$

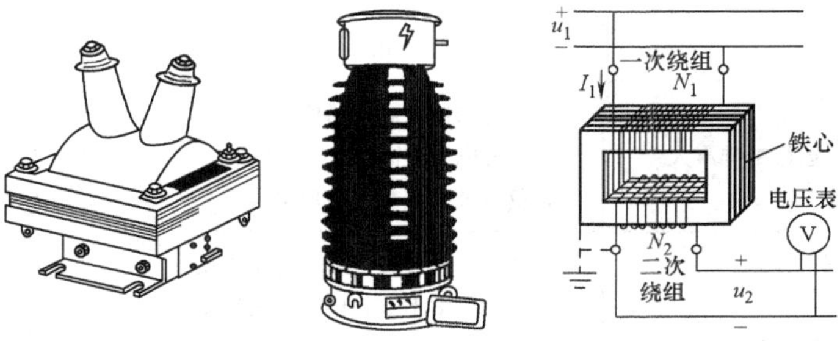

a)　b)

图 9-19　电压互感器

a）外形图　b）原理电路图

k_u 常标在电压互感器的铭牌上，只要读出二次侧电压表的读数，一次电压即可由式(9-9)算出。一般二次侧均用量程为 100V 的电压互感器。只要改变接入的电压互感器的电压比，就可测量高低不同的电压。使用电压互感器时必须注意以下事项：

（1）电压互感器的二次绕组在使用时绝对不允许短路。

（2）电压互感器的铁心及二次绕组的一端必须可靠接地。

思考与分析

（1）互感器是变压器吗？电流互感器与电压互感器分别是测量什么的？它们在测量时连接方式有什么区别？

（2）仪用互感器使用时应注意什么？并说明其原因。

（3）电流互感器铭牌上标注的额定电流比是什么含义？

（4）自耦变压器的结构特点是什么？自耦变压器的优点有哪些？

9.5　小型变压器的故障与修理

小功率电源变压器专门用作某些小功率负载的供电电源，按工作频率的不同可分工频电源变压器、中频电源变压器和高频电源变压器。按铁心结构形式的不同可分为 E 形及口形变压器、C 形变压器、R 形变压器、O 形(环形)变压器。在使用和维护中，经常会碰到变压

器出现故障而需要检修的问题，现介绍 E 形变压器的检修。

变压器发生故障的原因很多，为正确、顺利地判断、排除故障，可按表 9-1 所列的几方面进行分析和处理。

表 9-1　小型变压器常见故障的判断及修复方法

故障现象	故障分析	修复办法
接通电源后无电压输出	1. 一、二次绕组开路或引出线脱焊 2. 电源插头接触不良或外接电源线开路	1. 拆换，处理开路点或重绕绕组，焊牢引出线头 2. 检查、修理或更换插头电源线
空载电流偏大	1. 铁心叠厚不够 2. 硅钢片质量太差 3. 一次绕组匝数不足 4. 一、二次绕组局部匝间短路	1. 若有可能，则增加铁心厚度，或重做骨架、重绕线包 2. 更换高质量的硅钢片 3. 增加一次绕组匝数 4. 拆开绕组，排除短路故障
运行中响声大	1. 铁心未插紧或插错位 2. 电源电压过高 3. 负载过重或有短路现象	1. 插紧、夹紧铁心，纠正错位硅钢片 2. 检查、稳定电源电压 3. 减轻负载，排除短路故障
温升过高或冒烟	1. 负载过重，输出端有短路现象 2. 铁心厚度不够，硅钢片质量差 3. 硅钢片涡流过大 4. 层间绝缘老化 5. 绕组有局部短路现象	1. 减轻负载，排除短路故障 2. 加足厚度或更换高质量硅钢片 3. 重新处理硅钢片绝缘 4. 浸漆、烘干增强绝缘或重绕绕组 5. 检查、处理短路点或更换新绕组
电压过高或过低	1. 电压过高或过低 2. 一、二次绕组匝数绕错	1. 检查、稳定电源电压 2. 重新绕制线包
铁心或底版带电	1. 一、二次对地绝缘损坏或老化 2. 引出线碰触铁心或底版	1. 绝缘处理或更换重绕绕组 2. 排除碰触点，作好绝缘处理

实训 1　小型变压器的修理

1. 小型变压器的拆卸　由于小型变压器铁心一般采用交错式叠片方法进行叠制，因此它的拆卸难度比较大。它的铁心又分为 E 形及 F 形两种，E 形铁心的拆卸较 F 形稍微容易，下面以 E 形铁心为例介绍。

（1）将铁心四角的紧固螺钉拆去。

（2）用电工刀撬开 E 形铁心片和 I 形铁心之间的缝隙，再逐步取出 I 形铁心片，如图 9-20所示。

（3）全部(或大部分)I 形铁心片取出后，再用敲打法设法取出 E 形铁心片，E 形铁心片的取出难度一般较大，要耐心细致，不能损坏铁心片，若实在无法取出，则只有在绕组的侧面把损坏的绕组锯开，再取出铁心片。

图 9-20　E 形铁心的拆卸

2. 小型变压器绕组的重绕

（1）框架的制作。按该变压器的绕组参数在绕组框架上重绕绕组，如框架已损坏，则可按原框架尺寸形状用绝缘纸板重做，或重新计算制作框架，具体步骤如下。

1）制作木芯。木芯的作用是穿在绕线机轴上，用以支撑线圈骨架，方便绕线，如图 9-21所示。木芯通常按铁心中心柱（见图 9-22）$a \times b$ 稍大一点的尺寸 $a' \times b'$制作，木芯的长 h'应比铁心窗口高度 h 稍小一些，木芯中心孔必须钻垂直，孔径为 10mm。为了使绕组绕好后连同骨架一起能方便地取出，木芯边角应用砂布磨成略呈圆形。

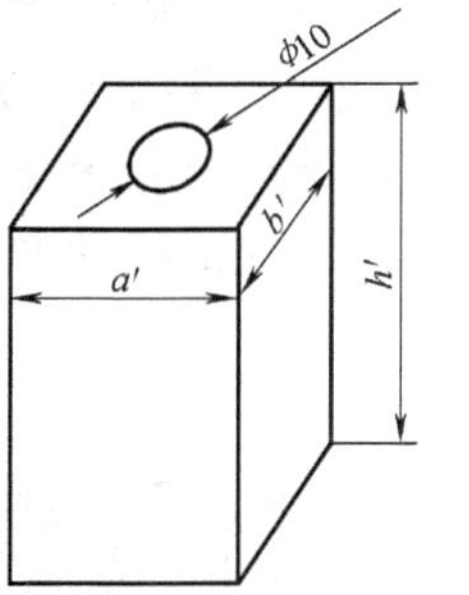

图 9-21　变压器木芯

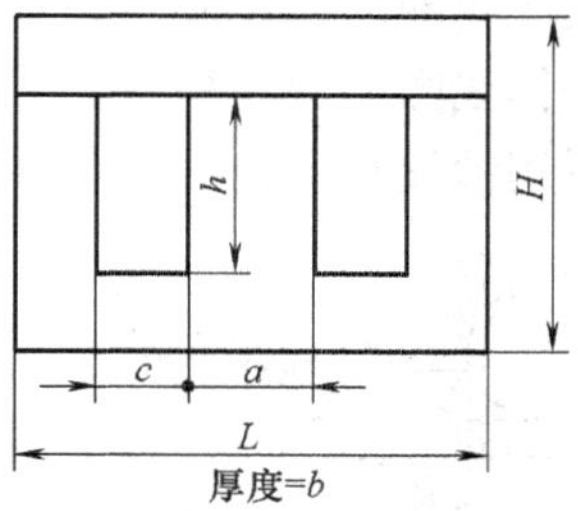

图 9-22　小型变压器硅钢片尺寸

2）制作骨架。线圈骨架分纸质无框骨架和有框骨架。骨架起支撑绕组和对铁心绝缘作用。因此，应具有一定的绝缘性能和机械强度。

无框骨架一般采用压制板制作。制作时，在压制板上截取宽 h'，h'应比铁心窗高 h 约短 1mm 左右，即

$$L=2(b'+t)+a'+2(a'+t)=2b'+3a'+4t$$

式中　t——压制板厚度。

按图 9-23a 中虚线用电工刀划出浅沟，沿沟痕折成四方形，如图 9-23 所示。

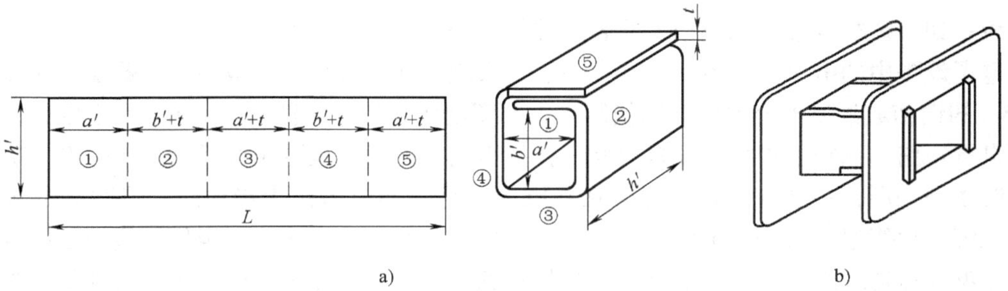

图 9-23　变压器骨架

a）无框骨架　b）有框骨架

有框骨架用于绕制要求较高的变压器。框架采用钢板或玻钎板制作。板材不宜过厚，过厚则会减小铁心窗口的有效绕线面积。由两端的两块框板和四侧的两种形状夹板拼合成为一个完整的骨架，如图 9-23b 所示。有框骨架制作较困难，对应标准型铁心尺寸，一般可以在市场上购得。

（2）准备绝缘材料。按约等于 h 的宽度剪裁好绝缘带备用。各线圈间的绝缘一般用聚酯薄膜青壳绝缘纸，层间绝缘用 0.015mm 电容器纸、白蜡纸或其他绝缘纸均可。

（3）绕制线圈。首先将线圈骨架套上木芯，穿入绕线机轴上，上好夹板夹紧，如图

9-24a 所示。将绕线机上的计数转盘调零。起绕时，在骨架上垫好绝缘层，然后在导线引线处压入一条绝缘带的折条，将最初一匝穿过白布带的“环”中，然后压上若干匝导线，以便抽紧起始线头，如图 9-24b 所示。绕制时，要求线圈紧密、平整、不出现叠线。其要领是：持导线的手以工作台边缘为支撑点，将导线稍微拉向绕组前进的反方向约 5°～10°的倾角，拉线的手顺绕线前进方向慢慢移动，拉力的大小随导线线径的大小而变化，能使导线绕紧即可。每绕完一层绕组应垫层间绝缘。一组绕组绕制近结束时，要垫上一条绝缘带折条，继续绕制，当该绕组结束时，检查匝数无误后，留足余量剪断导线，将剪断后的线头插入折条缝中，完成线圈的线尾固定，如图 9-24c 所示。每绕完一组绕组，要垫好绕组间的绝缘，并用万用表作线圈的通路检查。线圈所有绕组均绕制完后，应用绝缘材料聚酯薄膜青壳绝缘纸包好，再用纱线将引出线绑扎在线圈表面，然后再包上绝缘带，完成线圈的绝缘包扎。

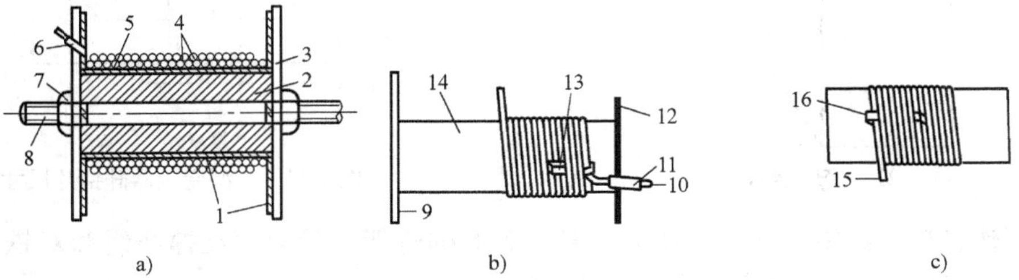

图 9-24　绕制绕组时的安装与紧固方法

a）绕组框架在绕线机上的安装　b）绕组线头的紧固　c）绕组线尾的紧固

1、9—绕组骨架　2—木芯　3—夹板　4—层间绝缘　5—导线　6、11—套管　7—螺母

8—机轴　10—绕组线头　12—绝缘衬垫　13、16—黄蜡带

14—第一层层间绝缘　15—绕组

绕制线圈时引出线应在铁心中心柱面的侧。线圈导线线径在 0.3mm 以上，可直接作为引出线；如果线径较细，则应用多股软线焊接并处理好绝缘后引出。

电子设备中的电源变压器，需要在一、二次绕组间设置静电屏蔽层。屏蔽层可用厚度约 0.1mm 的铜箔或油质电容器的金属箔制作，其宽度比骨架长度稍短 1～3mm，匝数为一匝且不能自行短路，铜箔上焊接一根多股软线作为引出接地线；也可用线径为 0.12～0.15mm 的漆包线密绕一层，一端处理好绝缘留在线圈内，另一端引出作为接地线。线圈的层次顺序是：先绕一次绕组、再绕静电屏蔽层，然后绕二次绕组，按高压绕组至低压绕组依次叠绕。

小型变压器绕组绕完后，也有作浸漆处理的，也有不再作绝缘处理的，可视情况选取。

3. 变压器的装配　按拆卸相反的步骤进行装配，装配时应注意 E 形铁心片与 I 形铁心片的接缝(间隙)应越小越好。通常将 2～3 片 E 形铁心片叠合在一起，再交错进行装配。

4. 小型变压器的测试

（1）绝缘电阻值的测定。修后或重绕的变压器线圈，用 500V 兆欧表检查各绕组间及对地绝缘电阻，应大于 1MΩ。

（2）各绕组电压值的测量。将被测变压器一次绕组接入可调电源，并调至额定电压值，再测量二次绕组电压值，应符合原变压器的电压值。

（3）满载电流试验。将一次绕组接额定电压，二次绕组接满负载，输出额定电流，然后检查变压器各部分温升情况，60℃以下为正常。如果温升超过 60℃，则有可能是变压器线圈内部有短路现象，或线圈匝数不够。

思考与分析

（1）小型变压器通电后二次侧无输出，试分析原因，提出处理方法。

（2）小型变压器运行时温度过高，可能是什么原因，怎样处理？

（3）小型变压器运行中有较大噪声，分析其原因并提出修理方案。

实训 2　变压器绕组同名端的判定

因为变压器的一、二次绕组绕在同一个铁心上，都与磁通 Φ 交链，故当磁通交变时，在两个绕组中感应出的电动势有一定的方向关系，即当一次绕组的某一端点瞬时电位为正时，二次绕组也必有一个电位为正的对应端点。这两个对应的端点，称为同极性端或同名端，通常用符号“·”表示。

在使用变压器或其他磁耦合线圈时，经常会遇到两个线圈极性的正确连接问题，例如某变压器的一次绕组由两个匝数相等、绕向一致的绕组组成，如图 9-25a 中的绕组 1—2 和 3—4。若每个绕组额定电压为 110V，则当电源电压为 220V 时，应把两个绕组串联起来使用，采用如图 9-25b 所示接法；若电源电压为 110V，则应将它们并联起来使用，采用如图 9-25c 所示接法。接法正确时，两个绕组所产生的磁通方向相同，它们在铁心中互相加强。如接法错误，则两个绕组所产生的磁通方向相反，它们在铁心中互相抵消，使铁心中的合成磁通为零，如图 9-26 所示。在每个绕组中也就没有感应电动势产生，相当于短路状态，会把变压器烧毁。因此在进行变压器绕组的连接时，事先确定好各绕组的同名端是十分必要的。

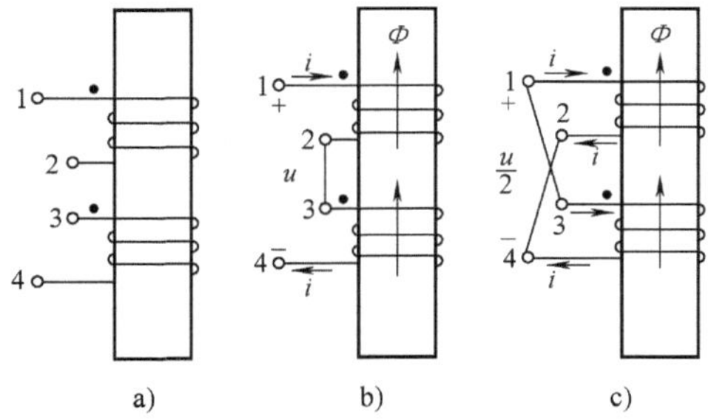

图 9-25　变压器绕组的正确连接

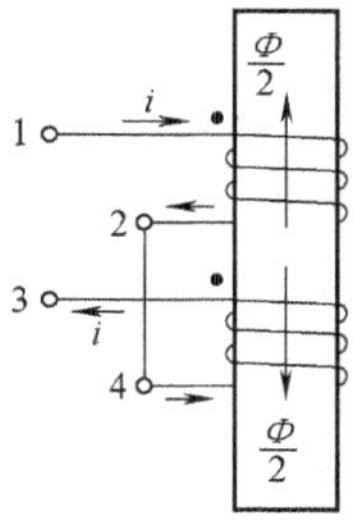

图 9-26　变压器绕组的错误连接

变压器同名端判定方法如下：

（1）分析法。对两个绕向已知的绕组而言，当电流从两个同极性端流入（或流出）时，铁心中所产生的磁通方向是一致的。在图 9-26 中，1 端和 3 端为同名端，电流从这两个端点流入时，在铁心中产生的磁通方向相同。同样可判断图 9-27 中两个绕组的 1 端和 4 端为同名端。

（2）实验法。对于一台已经制成的变压器，无法从外部观察其绕组的绕向，因此无法辨认其同名端，此时可用实验的方法进行测定，测定的方法有交流测定法和直流测定法两种。

1）交流测定法。如图 9-28 所示，将一、二次绕组各取一个接线端连接在一起，如 2（即 U2）和 4（即 u2），并在一个绕组上（图中为 W_1 绕组）加一个较低的交流电压 u_{12}，再用交

流电压表分别测量 U_{12}、U_{13}、U_{34}。如果测量结果为 $U_{13}=U_{12}-U_{34}$，则说明 W_1、W_2 为反极性串联，1 和 3 为同名端；如果 $U_{13}=U_{12}+U_{34}$，则 1 和 4 为同名端。

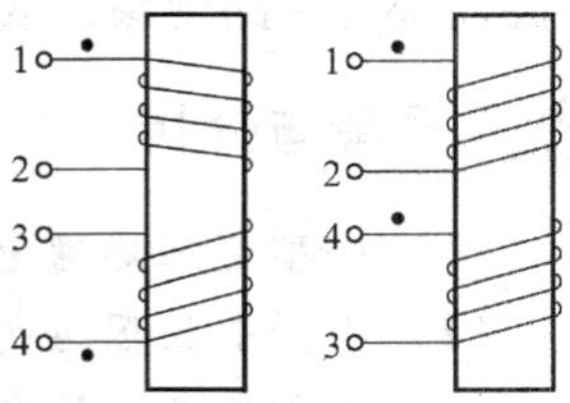

图 9-27　同名端的判定

2）直流测定法。用 1.5V 或 3V 的直流电源，按图 9-29 所示连接，直流电源接在高压绕组上，而直流毫伏表接在低压绕组两端。当开关 S 合上的瞬间，如毫伏表指针向正方向摆动，则接直流电源正极的端子与接直流毫伏表正极的端子为同名端。

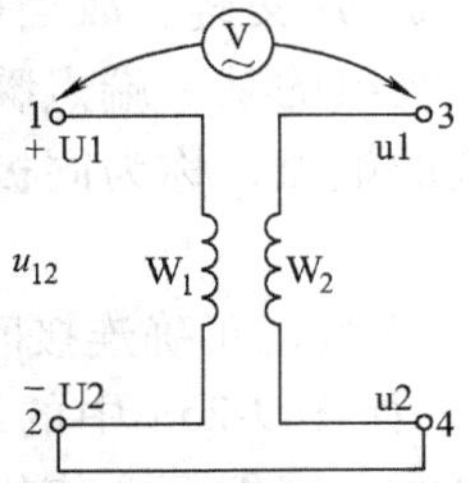

图 9-28　交流法测定同名端

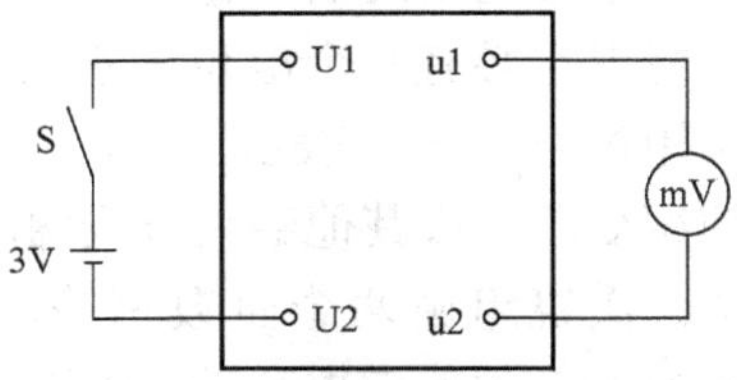

图 9-29　直流法测定同名端

思考与分析

变压器的同名端与电动机的首尾端有何不同？判定方法有何区别？

参 考 文 献

[1] 李显全，等．维修电工[M]．北京：中国劳动社会保障出版社，1998.
[2] 王建，马伟．维修电工(取证问答)[M]．北京：机械工业出版社，2005.
[3] 赵承荻，王新初．维修电工实习与考级[M]．北京：高等教育出版社，2005.
[4] 朱照红．电气设备安装工[M]．北京：机械工业出版社，2005.
[5] 黄永铭．电动机与变压器维修[M]．北京：高等教育出版社，2005.
[6] 张忠夫．机电传动与控制[M]．北京：机械工业出版社，2001.
[7] 许实章．电机学[M]．北京：机械工业出版社，1982.
[8] 牛维扬．电机应用技术基础[M]．北京：高等教育出版社，2001.
[9] 孙建忠，白凤仙．特种电机及其控制[M]．北京：中国水利水电出版社，2005.
[10] Stephen L Herman．电机与变压器[M]．王勇，叶勤，译．北京：高等教育出版社，2005.
[11] 张燕宾．SPWM 变频调速应用技术[M]．北京：机械工业出版社，1997.
[12] 黄立培．电动机控制[M]．北京：清华大学出版社，2003.
[13] 李国瑞．电气控制技术项目教程[M]．北京：机械工业出版社，2009.

参考文献

[illegible]